U0142882

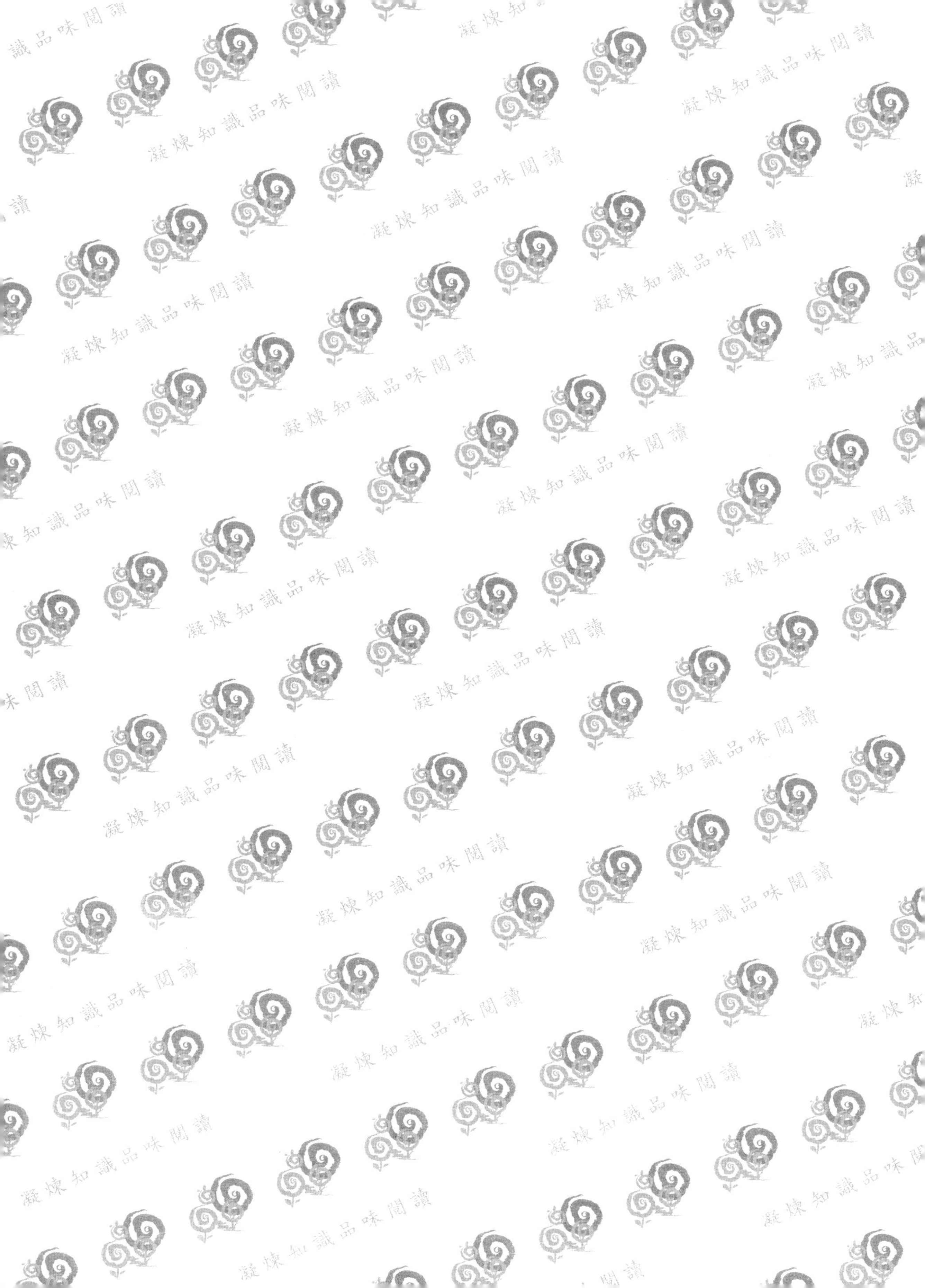

國際行銷管理

實務個案分析

● 戴國良博士 著

五南圖書出版公司 印行

作者自序

本課程的重要性

對於從事海外市場的行銷人員或是跨國公司在海外各個國家的當地行銷人員而言，國際行銷是一門必要的入門基礎知識；而本書則是進一步的蒐集及整理出有關國際行銷的數十個個案內容而成。

在面對跨國公司全球化行銷時代來臨，以及台商跨向中國大陸與海外市場的征戰興起，本書《國際行銷管理——實務個案分析》提供了這方面的實戰知識與經驗，此對任何一個行銷從業人員、或是企業高階經營者、或是國際企業系、企管系、行銷系等同學而言，這是一門重要且關鍵的學習課程；也是在修習《國際行銷管理》之後，應繼續再選修的一門課。希望透過這些實務個案的分析與討論，進一步驗證國際行銷的理論、思維、架構及其成功關鍵因素之所在。我們希望任何一門課的學習安排是：理論內容＋實務個案分析；如此將使學習效果提升到最好的狀況，並不斷增強學生們的分析能力、應對能力及視野能力。

本書的五大特色

本書在國內，目前仍是少見的。希望透過本書的前瞻性，能夠帶動國際行銷課程領域不斷地向前進步及更多元化與實務化，並且培育出更多、更優秀的國際行銷或跨國企業本土化行銷的人才資源。

作者認為本書具有五大特色，如下：

第一：本書計有97個個案，應該算是相當具有充分性及完整性，並且兼顧到多元面向。本書由3大篇所組成，包括：跨國企業征戰全球行銷個案、跨國企業在台灣行銷成功個案，以及台商（台灣企業）行銷全球個案等，這三者都有不同的行銷操作手法與差異的工作使命，這會讓我們了解及看到更廣泛的世界是如何。

第二：本書的個案，基本上都是屬於短個案型態，內容較為精簡有力，容易學習，能夠抓到幾個關鍵重點，這與複雜的長個案型態是有所不同的。如果能夠在短個案型態中，學習到一、兩個重要的國際行銷知識的操作或思維，那算是值得的。

第三：本書的個案，多屬跨國性知名企業或台商企業，大家均能耳熟能詳，具有一種熟悉感與貼近感，此對學習效果及互動研討效果，應該具有較佳的成效。這亦是與單純翻譯美國教科書的方式，有很大的不同。

第四：本書的個案，基本上它們的年代，均是最近幾年的，絕對沒有二、三十年前的老個案出現。因此，本書是「與時俱進」的，能夠反映出現今與21世紀（2000年之後）最新的國際行銷與跨國企業在地行銷的發展狀況。由於這種與時俱進的原則，使本書能夠掌握跨國企業在地行銷的新脈動與新發展。

第五：本書的個案，絕大部分都是全球知名的跨國企業，因此具有高度的國際化功能，能夠學習到全球行銷操作與全球化經營視野；另一方面，本書的個案亦兼具著本土化的功能，包括跨國企業在台灣的本土化行銷，以及台商赴海外市場行銷的狀況等。因此，本書具國際化視野，亦兼具本土化需求。

本書的資料來源

本書的參考資料來源，在國外原文部分主要有日本的《日經商業周刊》、《東洋經濟周刊》、《日本經濟日報》、《美國商業周刊》等。在國內部分主要有《經濟日報》、《工商時報》、《天下雜誌》、《遠見雜誌》、《貿易雜誌》、《商業周刊》，以及其他的相關網站等。這些參考資料豐富了本書的內涵，也讓我們看到了多元化、多樣化、跨國化及本土化的國際行銷操作與管理的最新趨勢、知識與實戰經驗。如果能夠完全理解及吸收本書97個企業實戰個案，相信您必然可以成為一位卓越、優秀而且是全方位與國際化的行銷人才及企業經營人才。

衷心感謝、期待與祝福

本書的完成，感謝我的家人、我的長官、我的朋友、我的學生，大力幫助與鼓勵，使得在漫長的寫作過程中，不斷的保持動機與力量，終能完成本書之寫作。筆者相信這是一本與其他教科書完全不同的書籍。

最後，衷心期望本書確實有助於全國學習這門學科的大學學子們以及企業界的朋友們，並且在終身學習的旅途上，皆能不斷獲得令人驚喜的成長與躍進。祝福永遠努力上進、勤奮不懈以及追求卓越的大學同學們及企業界朋友們。您們的努力與付出，終將有所收穫與代價的。

當有一天，再回過頭來，看看這些辛苦的歲月痕跡時，您將會發覺，這一切都是值得的。祝福大家、感恩大家。

最後，願以我生平最喜歡的座右銘，與各位讀者一起勉勵奮進：

1.「一燈能滅千年暗，以永恆的愛與智慧，點燃無數人內心的光明。」
2.「找到希望，那希望會支持自己走下去。扭轉生命的機會就此展開。」
3.「回首來時路，嘗盡的辛苦，成功克服求學的壓力時，您最終會發覺：一切付出，終究是會得到成果的。辛苦是值得的，也是人生過程中的必要歷練。」
4.「莫令時間空渡，時間用到無餘，生命的精華才益形光彩。」
5.「曾經，不知道還要走多久，不知道還要走多遠。我累了、倦了。如今，我活過來了。」
6.「長夜將盡，光明很快就到來。」
7.「牽手情最難忘，它是我記憶中最幸福的事。」
8.「成功的祕訣：積極追求，永不放棄。」
9.「堅持，就會等到機會。」
10.「走自己的路，做最好的自己。」
11.「在變動的年代裡，堅持以真心相待。」
12.「博學、審問、慎思、明辨，然後力行。」
13.「面對變化、觀察變化，然後改變自己。」
14.「上帝要擦去他們一切的眼淚；不再有死亡、也不再有悲哀、哭嚎及疼痛，因為以前的事都過去了。」
15.「信念的腳步；我說：『請賜我一盞燈，好讓我安全步入未知之境。』但接著傳來一個聲音說：『不，是拉著上帝的手，步入黑暗，它比光更好，比已知之道還更安全。』」
16.「碧雲天，賞花地，春風起，花滿開，美好相逢永人間。」

作者　戴國良
敬上
hope88 @ xuite.net

本書架構

第1篇：跨國企業征戰全球行銷個案（計47個個案）

‧P&G、資生堂、大金空調、ZARA、LV、COACH、Lexus、寶格麗、星巴克、三星手機、聯合利華、OSIM、金百利克拉克、IBM、愛馬仕、Family Mart、麥當勞、松下、YAMADA、迪士尼、索尼愛立信、雀巢、日本7-11、嬌聯……

國際行銷管理——實務個案分析

第3篇：跨國企業在台灣行銷成功個案（計29個個案）

‧LG、Lexus、博士倫、MAZDA、TOYOTA、青箭、Sony Ericsson、Converse、莎莎、SK-II、靠得住、COACH、家樂福、歐米茄……

第2篇：台商（台灣企業）行銷全球個案（計21個個案）

‧宏碁、捷安特、聯強、華碩、友訊、麗嬰房、統一企業、寶成製鞋、百和、三陽機車、成霖、花仙子、寶熊……

前言

關於「實務個案教學」的進行步驟、要點說明及學習目的總論述。

壹、個案研討教學七步驟

有關本書Case Study（個案研討教學）的進行方式有以下幾點說明：

第一：原則上「個案教學法」應該在碩士班或在職碩士班進行比較理想。因為碩士班的學生人數較少，而且培養他們的思考力、分析力、組織力及判斷力，遠重於純理論與背記的方式。但是，現在，很多個案教學法亦向下延伸到大學部，因為大學部學生也不希望四年時間都是在學習及背記一些純理論名詞或解釋其意義。這一些已不能滿足他們，亦無法提升他們的就業能力。

第二：對於Case Study進行的步驟及方式有幾點說明：

1.上課前一週，請同學們每一個人務必要事先研讀完下一週要上課的個案內容。過去，採取分組認養某些個案的方式，使大部分的人只專心自己的個案，對其他個案卻不看，在討論時也就無法參與了，這樣達不到好的學習效果。

2.上課時，開始依照每一個個案後面的「問題研討」題目，逐一請同學們提出答覆及看法，如果沒看書的同學自然講不出來。

3.在所有題目問完之後，接著請同學說明研讀本個案的綜合心得或看法。此時老師可與學生展開互動討論。

4.接著，由授課老師做綜合講評。包括：此個案的綜合結論是什麼、同學們表達的意見是如何，以及是否有其他不同的看法、理論與實務互相印證與應用說明等。

5.下課後，請每一位同學要做1-2頁的「個人心得記錄」，表達您個人從這一個個案，以及從教室內的個案討論互動中，您的學習心得是什麼。然後在學期結束之時，請每位同學繳交一本每次上課的個人心得記錄。如此的訓練，目的在逼每位同學在Case Study之後，能夠回顧每週課程及整個課程，並且用心記錄下您所看到及聽到的事情，並且組織成為一份研習報告。這就是一種訓練、一種培養、一種過程及一種學習。一定要嚴格，嚴師出高徒，是永遠的真理。

6.最後幾週，要請分組的組別同學以PPT（powerpoint）的簡報方式，做出本學期這麼多個案研討之後的歸納式、綜合式及主題式的期末總報告。這是一次重要的報告，報告方式、格式、內容並不拘，各組可以從不同角度切入去看待及做出歸納與結論。透過PPT的簡報方式，可以讓我們更強烈吸收到更精簡、更有系統、更關鍵及更歸納的表達方式與結果。這可以讓大家更為印象深刻，並達到良好的學習成效。

茲彙整如下圖：

圖
個案研討教學七步驟

1.要求全班每一位同學，一定要事前研讀好下週要討論的個案內容。

2.上課時，授課老師可依照本書每一個個案後面的「問題研討」，逐一向同學們提問。

3.同學們答覆後，其他同學可提供不同看法或意見；此時授課老師與同學展開互動討論，交換相同或不同的觀點及見解。

4.所有問題問完後，授課老師可請其他幾位同學上台表達對此個案的綜合學習心得為何。

5.最後，由授課老師做綜合講評，並結合理論面與實務面的觀點加以融合。

6.另外，別忘了，每一週個案研討結束時，一定要請每一位同學，每人繳交1-2頁本週個案上課學習心得記錄報告，而不是課堂彼此講講話而已，還要有記錄思維的撰寫養成才行。

7.學期末最後兩週，則必須請同學們分組做好powerpoint簡報；派人上台表達出本學期研討這麼多個案中，各組必須有能力及有系統的歸納出學習的重點何在，並做各組比賽。

貳、個案研討教學的思考與學習重點

在Case Study過程中，授課老師應該要多多引導學生幾個思考與學習重點：

第一：要不斷的問學生Why？Why？為什麼？從Why中去追出背後的原因、因素、動機、目的或問題等。這樣能夠培養學生們不只是看到表面、浮面而已，而更能深一層的挖掘出更有價值的東西出來。這也是一種訓練思考力、分析力與追根究柢的能力。當然，個案分析中，有些未必有單一的標準答案。

第二：由於是短個案型態，所以一定要請學生們勿侷限於個案內容，應在事前多上各公司的官方網站，以了解該公司的進一步狀況；能主動蒐集更多的資料情報，這當然是更好的。

第三：要多問How to do。即怎麼做？如何做？做法為何？這是培養學生提出解決對策能力的一種方式。

第四：要追問「效益如何」？有些做法、有些創意點子、有些想法、思考是天馬行空，最後一定要回到效益上來，包括事前的效益評估及事後的效益檢討。

第五：最後，一定要將課本上的專業知識、理解、架構及系統，與實務個案的內容互做聯結與應用，以讓同學們在面對各式各樣與五花八門的個案公司時，能夠很有系統的、很有組織化的、很有學問的做出總結、歸納及提出自己的觀點與評論能力。

參、對國內個案研討教學應有的認知與感受

雖然個案教學法已有漸漸普及之趨勢，但作者個人仍有以下幾點提出來，提供作為大家參考：

第一：個案的問題中或討論中，有時候某些問題並沒有具體的「標準答案」（Standard Answer）。我覺得不必強將美國教科書上的某些大師理論硬施加在個案的標準答案上，因為這並不符合廣大企業界的現實狀況。例如，在討論到某些領導風格、某些企業文化、某些戰略抉擇、某些企業情境、某些組織爭權狀況……時，涉及到老闆、涉及到人、涉及到不同的企業文化……各種狀況，其實這並沒有標準的答案，而是見人見智

的。例如我們可以說郭台銘、王永慶、張榮發、張忠謀、高清愿、施振榮……國內大企業老闆們，有不同的領導風格、不同的用人觀、不同的戰略與抉擇、不同的企業文化……，可是他們的企業都非常成功，但他們都是不一樣的，也都沒有標準的答案。所以，有些問題有標準答案，有些則不必要有，因為條條大路通羅馬，追求單一路線通羅馬是不必要的、也是錯誤的，因為這會扼殺了多元化、精彩化、五湖四海般的可能適應性答案。

第二：美國商學院MBA課程通常要求學生有二至五年的工作經驗，換言之，學生並非白紙一張，都擁有不同產業的實務經驗。因此，討論個案時，學生提出的觀點，通常都很符合實務且深具思考意義。

反觀台灣MBA學生，大部分是大學部畢業生，因此即使個案設計再良善，學生的思考總是有種隔靴搔癢的感覺，縱然也有不少發人省思的看法，但其互動效果，就沒有美國課堂來得好。

而EMBA學生則較適用個案教學法，因為他們都在一些企業界待過，不管是基層或中高階主管，多少也真正體會企業如何運作、企業人事與組織問題、企業領導人問題或企業策略問題等。因此，有時候把MBA與EMBA融合在一起上課，也是很多的改變做法。

第三：策略管理或企業管理的個案內容，有時候會延伸擴展到多面向的功能管理知識。因此，不管是老師或學生們，恐怕要有充分且多面向的企管知識或商管常識，或是具有企業實務經驗等為佳。例如，一個個案中，可能會涉及到財務會計知識、行銷知識、人資知識、組織與企業文化知識、IT知識、全球化知識、經濟與產業知識……非常多元的知識。此時，老師或同學們最好具備這些方面的基本入門知識或常識為宜；否則，就不易有深入且正確的個案討論及學習效果了。

第四：台灣缺乏本土化的實用企業個案內容，國內幾家國立頂尖大學，大部分用的是英文版教科書的美國個案或哈佛商學院的美國個案，這些個案可以說離台灣甚遠，有些舊個案更是二、三十前的老個案，有些則是翻譯為中文版的生澀個案，唸起來或討論起來，都覺得遠遠的、怪怪的，學習效果算是不太高的。這一部分也是值得未來加以改革的，而本書即是踏出了這一步。

第五：最後個案研討與個案教學的目的究竟何在？

究竟要訓練或培育學生們或公司上班族們什麼樣的能力或目的呢？這倒是值得深思的問題。我覺得個案教學法或個案互動研討或個案式讀書會的目的，主要在培養學生們或上班族們的下列幾項能力：

1.提升他們更大的視野、格局及前瞻力。透過研習五個、十個、五十個、一百個等各式各樣、各種產業、各種大小企業、各種不同企業文化的組織、不同成功與失敗的個案、不同領導風格、不同決策、不同市場狀況……幾十個個案之後。您會發現，自己對看待企業的經營管理、企業的決策、企業的策略、產業結構的變化、競爭大環境、組織與人事運作等，都會跳脫原來的狹窄觀、短視觀、單一行業觀、單一部門觀、低階主管觀、小範圍觀及今日觀，而轉向與提升為更大格局、更遠視野及更長期的前瞻性。

若能做到這樣，我認為這就是一種很大的進步與很可貴的成果豐收。

2.磨練他們的分析力、思考力、合理性力、歸納力、邏輯性力、系統化力、架構化力、判斷力、問題解決力與直觀決斷力。這是個案教學法或個案讀書會的第二個重大目的，以及欲培養出來的技能。因為，傳統理論教科書中，比較缺少企業個案的「各種狀況」及「各種問題點」，因此，無從分析、無從思考及無從判斷。有了各式各樣、各種公司的狀況、有成功也有失敗的個案，因此，就能磨練學習者下列十一項的重要綜合性管理能力，包括：

(1)分析力（analysis）。

(2)思考力（thinking）。

(3)合理性力（make-sense）。

(4)歸納力（summary）。

(5)邏輯性力（logical）。

(6)系統化力（systematic）。

(7)架構化力（structure）。

(8)判斷力（judgement）。

(9)問題解決力（solution）。

(10)直觀決斷力（decision-making）。

(11)口頭表達力、解說力（presentation）。

3.迫使他們延伸學習更多面向的企業功能與不同運作部門的必要基本知識、常識與Know-How。例如，透過個案研討，可使一個行銷人員必須去了解有關研發技術、生產製造、品管、售後服務、物流、財會、IT等不同跨領域的營運及操作知識，這是非常必要且重要的。因為，每一個主管只懂自己部門的事、只懂自己專長的事，那麼就不會有大格局、大視野、大前瞻、大遠見、大溝通、大判斷、大思考、大架構、大直觀、大邏輯、大解決及大人才了。我覺得這是一個很好的磨練好人才、優秀人才的過程、步驟、工具、方式及管道。

能達成以上三項的目的或功能，個案教學法或個案讀書會才算成功，也才算有價值。否則，每討論完一個個案，就忘記了一個個案，那就沒意義了。

肆、努力建立多元化、多樣化的「個案教學法」，不必完全以美國為唯一對的方式

作者早期曾在企業界工作過，也看過很多其他企業，這些大、中、小型企業，以及更多樣的企業界老闆們、高階主管們、行業別們，我發現他們都能夠獲利賺錢，他們也都能成功，他們的所得報酬豈只是我們這些副教授及教授們年薪的三倍、五倍、十倍及百倍。這時候，我才猛然發現，哦！原來企業界的實務及實戰經驗，其實是一直領先商管學院的傳統知識理論與象牙塔封閉學院裡面的。因此，我覺得真的不必完全以美國哈佛、美國華盛頓、美國史丹佛、美國西北……知名大學商學院的企管個案為唯一教材來源或視為唯一聖經，也不必一定是他們的唯一教學方式。我覺得個案教學在國內必須「因材施教」、必須「更多元化」、必須「更多樣化」、必須「更打破傳統化」、必須「更結合本土企業實務化」，如此，才會有學習效果，個案教學也才會受到企業界及同學們的一致性肯定。否則「個案教學」將會很空虛、很天馬行空、很個人化、很個案化、很遙遠化。總結來說，就是每個個案討論完後，又回復到個人原有的作風、個人的原有思維，老闆還是原來的老闆、高階主管依然故我、同學們依然學過就忘記了。

因此，國內的「個案教學」及「個案教科書」、「個案教材」，必須

依EMBA（碩士在職專班）、MBA（碩士一般生班）、國立大學、私立大學、科技大學、技術學院……不同的層次、等級、對象、師資、學生系所別……，而加以適當區隔，而有不同的教材及教法，如此，「個案教學」才會在國內成功扎根，也才會在企業界興起。

總之，我希望能成功建立起「台灣模式」的「個案教學」。

伍、學生成績評分

對於學生的分數評價給分方式，主要看下列幾點：

第一：課堂上，每次「互動討論」的立即表現狀況好不好及踴不踴躍。

第二：學期末繳交的「個人學習心得總報告」寫的好不好、用不用心、認不認真。

第三：學期末各「分組上台報告」的PPT檔做的好不好，報告人報告的好不好，以及各分組的競賽排名成績等。

以上，是本書採取「個案教學法」（Case Study）所應注意的事項，再次提醒出來，供每位老師及同學們參考。謝謝各位，祝福各位學習個案成功。

目錄

第2篇 台商（台灣企業）行銷全球個案（計29個個案） 107

第1篇

跨國企業征戰全球行銷個案（計47個個案）

〈個案1〉P&G日本兩次挫敗，勝利方程式改弦易轍
〈個案2〉資生堂挾國際知名度，搶建中國市場5,000店
〈個案3〉挑戰世界第一，大金空調三度反攻美國
〈個案4〉ZARA贏在速度經營
〈個案5〉LV勝利方程式=手工打造+創新設計+名人代言行銷
〈個案6〉COACH品牌再生，設計風格擄獲年輕女性
〈個案7〉Lexus 600超越雙B終極秘密武器
〈個案8〉頂級尊榮精品寶格麗異軍突起
〈個案9〉咖啡處處飄香，星巴克啟動全球化策略
〈個案10〉韓國三星電子推出低價手機，搶攻全球開發新興市場
〈個案11〉聯合利華：Dove（多芬）聚焦特定客層，實現消費者夢想
〈個案12〉OSIM按摩器材王——做品牌才能創造價值
〈個案13〉美商金百利克拉克重視行銷創新與人才開發
〈個案14〉美國IBM訂定兩大策略在新興國家打出新江山
〈個案15〉愛馬仕（HERMES）採取精緻化的全球品牌擴張策略
〈個案16〉亞洲2萬店追夢，日本Family-Mart改革上路
〈個案17〉建構強化現場力，日本麥當勞突圍出擊
〈個案18〉日本麥當勞業績回春行銷術
〈個案19〉日本松下電器九十年老招牌更名為Panasonic Corp.
〈個案20〉日本家電量販巨人YAMADA致勝秘訣

〈個案1〉P&G日本兩次挫敗，勝利方程式改弦易轍

美國P&G公司是全球第一大清潔日用品公司，目前已在世界80個國家設立產銷據點及營運活動，全球員工總人數已超過10萬名，是一個典型的跨國大企業。

一、在日本遭逢兩次挫敗經驗

早在1972年，美國P&G公司就已進軍日本市場，目前市場占有率位居第三名，僅次於日本的花王公司及獅王公司。在這三十二年的歷程當中，P&G公司曾面臨兩次嚴重的經營虧損及市占率的敗退。在1977年時，P&G在日本的幫寶適紙尿褲品牌市占率曾高達90%。但在1979年遭逢石油危機，各項化工原料價格均上漲，使得經營成本上升，獲利衰退。再加上日本當地競爭品牌搶攻市場，使得幫寶適紙尿褲市占率在1984年時，竟大幅跌至9%的超低歷史紀錄，當年度虧損額達到3億美元。此警訊迫使日本P&G進行第一次經營改革。1985年時，日本P&G訂定了三年計畫，並由美國總公司派遣「特別小組」到日本東京支援當地公司。同時，日本P&G公司也慢慢了解日本消費者的習慣，改變了直接移植美國產品與品牌到日本的錯誤政策。到1988年，由於新產品上市暢銷及生產效率化，終於轉虧為盈。1990年營收額亦突破10億美元。但由於1990年代初期，日本經濟泡沫化，市場景氣陷入嚴重衰退及停滯，產品價格大幅滑落，再加上日本P&G行銷失當，1996年時，不少產品的市占率及營收額，再度衰退。迫使日本P&G展開第二次經營改革，當時該公司關掉二個日本大型工廠，裁員四分之一，多達1,000人被迫資遣。

1999年之後的五年，日本P&G公司經過大幅改造革新，包括SK-II化妝保養品、洗髮精、洗衣精及女性生理用品等，在日本的市場排名不斷往前竄，已緊追在花王及獅王等本土廠商之後，並不斷進逼，意圖成為日本清潔日用品市場的第一領導品牌。

二、日本P&G的行銷策略

P&G在日本三十年間，歷經兩次失敗經驗，如今能夠再次站起來，進入排名第三位，並且坐三望二，威脅第一名的花王公司，主要根基於行

銷策略上的改變及優勢，包括：

(一)日本P&G三十多年來的經營，終於深刻體會到「在地經營」與「本土行銷」的重要性。因此，改變了過去所沿用的全球行銷標準化的傳統模式，在品牌命名、原料成分、外觀設計、包裝方式、訂價及廣告片拍攝及促銷手法、名人代言等行銷手法，均轉向以日本市場的需求為主要考量，並且深入理解日本消費者其正想要的東西是什麼，而不是美國人的觀點。

(二)日本P&G公司並不像花王公司一般，頻繁推出很多的新產品或新品牌，反而是以審慎完整的規劃方式，推出較少量的「戰略性商品」，以及相關的行銷廣宣活動，意圖以重量級品牌一次占有市場。

(三)在改善通路鋪貨方面，經過長久以來的摸索、了解、改變及適應日本的特殊通路結構與條件，然後建立更加穩固的通路關係，日本P&G新商品已能迅速在很短的時間內，鋪滿日本全國各種零售據點。

(四)在廣告宣傳及整合行銷傳播方面，日本P&G與日本最大的廣告公司——日本電通，雙方有長期密切的合作關係。在品牌打造、廣告創意、整合行銷溝通及媒體公關上，日本電通均扮演了助益甚大的角色。

(五)日本P&G對任何新品上市的過程及行銷策略，本來就有一套嚴謹與有系統的標準作業流程及關卡，包括市場研究、消費者洞察、產品定位、目標市場設定、產品訂價、通路普及、廣告宣傳、品牌塑造、事件行銷……，均有非常豐富的經驗及Know How以茲遵循。

(六)在物流體系改善方面，由於長時間的設備投資及摸索革新，目前亦獲得很大的改善。包括物流成本及庫存成本的降低，以及送貨到通路戶手上的時效也加快許多，大大提高了這些經銷商及零售店的滿意度。

三、超越花王之日，不會太遠

日本P&G公司，目前信心滿滿，擁有雄心壯志，預期在短短二、三年內，可望超過第二排名的獅王公司。P&G公司的長程目標，則是希望在十年內，可以超越日本花王公司，成為日本營收及市占率第一名的清潔用品公司。

日本P&G公司成為日本No.1的關鍵點，在於兩個焦點上。第一是「產品開發力」，日本P&G公司歷經三十年兩次失敗教訓，早已學會如何遵循日本市場的特性及洞察日本各目標族群的需求，產品開發的成功率已大大提升。第二是「整合行銷傳播力」，這方面的技能，恰好是P&G公司最擅長的地方，擁有非常多的優勢資源及Know How經驗。看起來，日本P&G超越第一品牌花王公司之日，好像不再是遙不可及的夢想。

日本P&G公司2003年營收額達17億美元，占P&G全球營收額的5%，是美國以外最大的海外市場，未來隨著營收額的突破性成長，將為美國總公司帶來更大的海外貢獻。

四、結語——P&G美國勝利方程式，在日本行不通之啟示

其實，P&G全球合併財務報表的獲利率，是日本花王的1.7倍，（美國P&G為12%，日本花王為7.2%），而股東權益報酬率（ROE），美國P&G亦為日本花王的2倍（P&G為32%，花王為15%）。此等績效數據顯示，美國P&G仍大大強過日本花王公司。只是，美國P&G公司花了三十多年時間，進攻日本市場，仍未奪得市場第一名占有率，實今美國P&G總公司耿耿於懷，有失面子。

美國P&G公司在1990年代以後，早已深深體會到，過去橫掃全球市場的「P&G勝利方程式」，被證實在日本是行不通的，必須儘快改弦易轍，轉變經營政策與行銷策略，以貼近日本的「在地行銷」為核心主軸思考，積極透過商品、通路、訂價、品牌、廣告、促銷、公關等全方位行銷計畫之落實，才能贏得日本顧客的心。

日本P&G在日本四十年歲月，歷經兩次挫敗經驗，如今終能反敗為勝，確實是一個很好的教訓與啟示。

問題研討

1.請討論P&G日本子公司在日本遭逢兩次挫敗之經驗為何？又如何轉虧為盈？

2.請討論日本P&G公司在行銷策略上的改革變化有哪些？

3.請分析日本P&G公司，是否可有超越花王公司之一日？為什麼？

4.請分析P&G全球行銷勝利方程式，為何在日本走不通之啟示涵義？

5.總結來看，請從策略及行銷管理角度來評論本個案的涵義有哪些？

重要結論又有哪些？以及你學習及印象最深刻的是什麼？請各位同學踴躍發表看法及觀點。

〈個案2〉資生堂挾國際知名度，搶建中國市場5,000店

成立已有一百三十三年歷史的資生堂化妝品公司，不僅是日本第一大化妝品品牌，同時也是國際知名的品牌之一。2010年該公司的合併營收額達9,000億日圓，集團員工人數達2萬5,000名。

一、急速成長的中國化妝品市場

由於日本國內化妝、保養品市場早已呈現飽和成熟的態勢，為保持資生堂未來持續成長，只能寄望於海外市場的拓展。而這其中，又以中國市場最為契合及具有無窮的潛力。現在中國化妝品市場已呈現急速成長趨勢，目前的市場規模已達到9,000億日圓。每年均出現20-30%的高成長率，預估到2015年，中國市場將有5兆日圓的市場產值可以期待。

隨著中國經濟快速的發展，2010年中國每人平均國民所得已達4,000美元，而上海、北京、杭州、深圳等沿海先進城市的人民平均所得，更是超過1萬美元水準。

隨著經濟成長，帶動了中國富裕人口及中產階級家庭的快速增加。化妝品及保養品的零售價格，亦從早期1,000日圓的低水準程度，上揚到了最近5,000日圓及1萬日圓（約新台幣3,000元）的中高水準價格。1990年代初期的中國，都是屬於比較高所得的有錢人在買化妝品；但十幾年後的今天，一般女性上班族，亦大量擁入這個市場。今天，不只在北京、上海、杭州等大都市百貨公司，甚至在地方都市的百貨公司一樓裡，每逢假日都可以看到擁擠的女性購買族群。

二、資生堂的競爭優勢

在快速成長的中國化妝、保養品市場中，法國萊雅、美國雅詩蘭黛、美國P&G、SK-II等超大型歐美化妝品集團，早已全力進軍中國市場，展開至少5兆日圓以上的化妝、保養品市場大餅爭奪戰。

中國市場的競爭，可以說非常激烈。相對於歐美超強化妝品集團的強攻，來自日本的資生堂公司仍然擁有兩項競爭優勢。包括：

(一)資生堂在中國市場的事業發展經驗，可稱十分豐富。

(二)資生堂品牌，在中國國內女性消費者心中，已享有不錯的高知名度，也是唯一能夠與歐美名牌化妝品相較勁的日系品牌。

回顧資生堂從1981年，就將產品外銷到中國市場。到1991年時，即在北京市與中國當地公司，合資成立資生堂麗源化妝品公司，建立自己在中國的化妝保養品生產工廠，並且開發出本土品牌，已在中國行銷成功。資生堂在中國的事業，進展非常順利，2010年的營收額比2005年度成長300%，已達2,000億日圓，超過了台灣市場。總之，資生堂在中國至少已經累積有三十年的實際製造及行銷經驗的Know How，以及相關豐沛的人脈關係及忠誠顧客群。

三、建構5,000家特約店連鎖通路

資生堂對於當前在中國的經營策略，主要著重在行銷通路的廣大密集布局。一方面是進駐中國十幾個大都市裡的百貨公司，建立數百個專櫃行銷。另一方面，則是從上百個地方型新興都市，建立起一個廣大的特約加盟店的行銷販賣網路，希望打開另一條新的收益來源。此可謂資生堂在中國所採取的「雙通路並行」行銷策略。

過去，資生堂在日本國內市場，亦是採取特約店的經營模式。目前在全日本，仍有2萬家店。在全盛時期，特約店的營收來源，曾占全公司營收的七成之多，如今，已降為四成左右。負責督導中國事業發展的齊藤忠勝副總經理表示，經過調查，目前在中國市場的化妝品專門店，大約有5萬家店左右。資生堂的目標是，將來至少要占有這5萬家中的一成，即開設5,000家特約店的目標，這是必然要達成的目標。而資生堂目前在中國已設立的特約店，約為2,000家，今後將以每月增加100家的規模加速成長。預計到2015年，可以如期達成5,000家店的目標。此通路體系將占資生堂在中國地區營收來源的一半，另外一半則是百貨公司通路。

而到2010年時，資生堂在中國地區的營收額，已高達2,000億日圓，為2004年200億日圓成長的10倍。屆時，資生堂公司全球營收額的三分之一，將仰賴自中國市場。因此，中國市場的前景，對資生堂的未來成長命

脈，將是一個最重要的關鍵。資生堂目前在中國的特約店，均採取加盟店的方式。該公司每月一次，以中國各大省為單位，舉辦一次大型的加盟招商說明會，並且經過極為嚴格的面談及篩選過程，具有合格條件的參加者，才能夠成為加盟主。對於特約店店長及店員，資生堂亦集中進行九天的研習訓練課程，包括基本的待客服務動作、解說與銷售技巧、化妝與美容基本知識、產品知識、肌膚檢測操作分析、會員卡推廣、顧客關係管理……，將在日本已實施多年的Know How，複製到中國市場來。最終目的，就是希望這5,000家加盟特約店，都能夠加速學習到如何以一流的現場服務水準，爭取最大的銷售業績及顧客的滿意與忠誠。

四、中國市場拓展是基本戰略所在

現任資生堂總經理的池田守男，將在2011年6月正式卸任，而將職位轉給前田新造副總經理接任。池田守男表示，資生堂在2004年，已將在該公司工作十五年以上，且年滿50歲的員工，展開一波優退動作，以精簡人員並使組織年輕化。此外，亦將資生堂國內工廠做了必要的關廠及統合工作，其目的都是為了提升經營效率。他並交待即將接任的前田副總經理，接任後，最重要的任務，就是要誓死達成中國5,000家特約店通路戰略。全力搶攻中國化妝品市場，務必要達成2015年中國地區3,000億日圓營收目標。因為資生堂公司未來成長之所繫，即在中國市場了。因此，對中國市場投入大量人力、物力、財力及廣告宣傳資源，即是資生堂從現在到2008年不可動搖的基本戰略。

此外，池田總經理亦提出對於提供給高級百貨公司專櫃的產品、品牌及訂價，必然要與這5,000家特約店通路，有所區隔。一個是走中高價位路線的定位，另一個則是走中低價位路線的定位。這是資生堂公司為了因應具有13億人口的廣大市場，以及財富所得兩極差異化之下，所必須採取的不同行銷區隔策略。

目前，擔任資生堂中國投資公司總經理的宮川勝，面對日本總公司池田總經理的神聖使命訓令，他信心滿滿的表示：「以資生堂品牌在中國市場受到廣大消費者的喜愛及信賴，再加上從中國化妝品市場近幾年來急速成長來看，我們絕對有信心建立資生堂全中國5,000家特約加盟店的廣大行銷網通路的使命，以及超過3,000億日圓的營收目標。」

資生堂，中國5,000家店的願望，確實深繫著它下一個十年的再成長與再登高峰。

問題研討

1.請討論為何資生堂公司寄望於中國化妝品市場？
2.請討論資生堂公司在中國市場面對歐美大型化妝品集團的爭奪戰，其有哪些競爭優勢？
3.請討論資生堂公司在中國市場的通路策略為何？如何做？
4.請討論中國市場的拓展是資生堂未來的基本戰略，為什麼？
5.請討論資生堂在中國市場的產品計價，採取兩極化策略的原因何在？
6.總結來看，請從策略及行銷管理角度來評論本個案的涵義有哪些？重要結論又有哪些？以及你學習到了什麼？你印象最深刻的是什麼？

〈個案3〉挑戰世界第一，大金空調三度反攻美國

一、十年成長表現亮麗

日本大金（TAKIN）空調工業製造公司，是日本公司業務用途空調設備的第一品牌，市占率超過40%。除了企業用途的空調設備產品外，大金也產銷家庭用途的空調設備。在一般消費者的認知度中急速上升。自1994年起井上禮之董事長兼任總經理以來，大金工業公司連續十一年，呈現營收額及獲利額雙成長的優良成績。尤其以營收業績來看，近十年來，大金工業成長了2倍之多，2010年營收業績已達7,400億日圓，獲利600億日圓。井上董事長樂觀預計2012年，營收額可向上達8,400億日圓，2015年，更可突破1兆日圓的歷史新高點。這都是井上董事長十年來所堅持採取的「快速成長戰略」。

目前，全球空調設備市場規模，大約有4兆日圓。其中，以美國的Carrier公司居第一名，市占率約18%，美國的TOREN居第二位，市占率為

14%，而日本大金工業則居第三位，市占率為13%。2011年時，大金工業將可順利超越美國TOREN公司，而成為世界第二。井上董事長樂觀預估大約在2015年左右，大金工業的營收額破1兆日圓後，將可望登上世界第一大的空調設備公司。

二、中國與歐洲市場的沸騰支撐

大金工業的核心事業，是業務及家庭用途的空調設備，由於日本空調市場已處於成熟階段，未來大幅擴張的空間有限。因此，大金工業公司在今後三年內，營收額要突破1兆日圓的成長目標，最大動力來自於海外的空調設備市場。

1994年井上總經理剛上任時，海外營收額占整個營收額的比例，僅有14%，但到2004年時，已急速攀升到42%，獲利占比更高達全公司的64%。此均顯示出海外市場過去十年的成長，帶給大金工業總公司極大貢獻與來源；也是井上董事長，十年來堅定採取「快速成長戰略」下的正確成果。

未來三年要向上突破到1兆日圓營收，井上董事長表示這必須仰賴中國及歐洲市場的拓展才行。1995年，已在中國上海市設立「上海大金空調公司」的產銷據點，展開中國新市場的拓展決心。2010年，大金工業在中國營收成長率達50%，營收額為1,000億日圓，2011年將持續看好，預計業績將成長到1,200億日圓。另一方面，亦與美國的Carrier公司，積極搶攻歐洲市場。2010年，大金工業在歐洲的營收額達930億日圓，較前一年成長54%。井上董事長極看好中國未來十年持續的經濟成長率，只要經濟持續活絡，對業務用途的空調設備需求必會大增，在這方面，大金工業具有品牌、品質及技術約三大競爭優勢。

未來，大金工業將持續在中國前十大城市，設立必要的產銷據點，以供應中國各大區塊所需之用，成長空間超乎想像。至於家庭用途的空調設備，由於有日本各大家電公司的競爭，以及中國本土當地公司的既有優勢，在供過於求的狀況下，目前已陷入激烈的價格戰，獲利不易。因此，主要獲利來源，仍是仰賴大金工業所擅長且具優勢的業務用途空調事業。

三、國際化人才不足的問題

面對公司急速在全球版圖的擴張與成長，井上董事長比較憂慮的是「人才不足」的問題。他認為人才不足，將成為大金工業突破1兆日圓營收目標的「成長界限」之瓶頸。因此，他已指示人力資源部門，應加速培育總公司的年輕銷售工程師，及中堅經營幹部群，以備隨時可以派駐中國及歐洲等重要城市的產銷據點。當然，井上董事長也認同國際化事業，最終仍需仰賴中國及歐洲各國優秀的在地化人才，才能順利打下全球各個地區的龐大市場。井上董事長自2003年起，即已成立一個「國際化人才培育特別委員會」，以專人專責推動大金工業國際化經營管理人才養成的專門任務。

四、三度反攻美國市場

大金工業既要成為世界第一的空調設備公司，必然不能在美國市場缺席。過去，大金工業曾經二度進軍美國市場，但都虧損無功而返，獲得不少經驗及教訓。如今，在井上董事長嚴令之下，大金工業「美國攻堅特別小組」的40名成員，已投入10億日圓預算，做好美國市場調查研究、分析與經營報告之用。2011年度，將三度進攻美國市場。井上董事長強調：「美國是最後，也是最難攻的市場，我已做好要打長期戰的心理準備，並且將投入特別的人力、物力及財力，不計代價要在2015年，達到世界第一大空調設備公司的最高願景。」

五、抓緊成長產業的商機

井上董事長以他貫有的敏銳及前瞻性的判斷表示：「空調設備產品在日本已是『成熟產業』，大約僅有7,000億日圓的市場規模。但在世界其他國家，仍然是『成長產業』。因此，這是一個追求公司營收及獲利躍升與成長的絕佳機會，無論如何，必須及時掌握才行！」

井上董事長也預估全球空調市場的市場規模，將會從2010年的4兆日圓，成長到2015年的5兆7,000億日圓。因此，大金工業公司早自2002年起，即制訂為期十年的「全球擴大成長計畫」，投入1,300億日圓，在中國及歐洲等五個地方設立大型產銷據點，全力搶攻這些成長性地區市場的需求商機。這些投資已在2005年下半年起，逐步順利回收。此投資行動，亦可說是為大金工業預計在2015年營收額突破1兆日圓，並追尋世界第一空調設備大廠的寶座前，打下必要的戰略性基礎。

問題研討

1.請討論日本大金空調公司推動快速成長戰略的傲人成績有哪些？
2.請討論大金空調公司未來要再成長，最大的動力來自哪裡？為什麼？
3.請討論大金空調公司在中國及歐洲市場如何拓展？
4.請討論大金空調公司井上董事長在公司急速擴張全球版圖之際，比較憂慮的問題是什麼？他有何對策？
5.請討論大金空調公司如何三度進軍美國市場？
6.總結來看，請從策略及行銷管理角度來評論本個案的涵義有哪些？重要結論又有哪些？以及你學習到了什麼？你印象最深刻的是什麼？

〈個案4〉ZARA贏在速度經營

來自西班牙的ZARA服飾品牌，在歐洲竄起後，正積極在全世界建立女性服飾店連鎖經營的事業版圖。

ZARA成立於1985年，至今只不過短短二十年營運歷史。目前，卻已在歐洲27個國家及世界75個國家，開了3,200家ZARA女性服飾連鎖店。2010年度全球營收額達80億歐元（約新台幣3,200億元），獲利額為8.0億歐元，獲利率達9.7%，比美國第一大的服飾連鎖品牌GAP（蓋普）公司的6.4%還要出色。

ZARA公司目前已成為歐洲知名的女性服飾連鎖經營公司。

一、設計中心是公司心臟部門

位在ZARA總公司二樓的設計中心（Design Center），擁有700坪開放空間，集合了來自20個國家120名不同種族的服裝設計師，平均年齡只有25歲。這群具有年輕人獨特創意與熱情的服裝設計師，經常出差到紐約、倫敦、巴黎、米蘭、東京等走在時代尖端的大都會，去第一線了解女性服飾及配件的最新流行和消費趨勢與走向。此外，她們也經常在公司總部透過全球電話會議，與世界55個國家的總店長舉行全球即時連線的電話會議，每天或每週隨時的了解及掌握她們所設計商品的銷售狀況、顧客反應及當地的流行與需求發展趨勢等第一現場資訊情報。

ZARA公司總經理曾表示：「每天掌握對全球各地區的女性服飾的流行感、深處其中的熱情以及了解女性對美麗服裝的憧憬，而創造出ZARA獨特的商品特色。並以平實的價格，讓多數女性均能享受購買的樂趣，這是ZARA近幾年來，快速崛起的根本原因。」

二、快速經營取勝

ZARA新服裝商品從設計、試作、生產到店面銷售的整套速度，平均只花三週，最快則在一週就會完成。ZARA公司二樓的大型設計中心，產品經理（Product Manager）及設計師100多人，均在此無隔間的大辦公室內工作、聯絡及開會。舉凡服飾材料、縫製、試作品及完成品，所有設計師亦都在此立即溝通完成。

ZARA公司目前在西班牙有九座自己的生產工廠，因此可以機動的掌握生產速度。一般來說，在設計師完成服飾造型設計之後，她們透過網路，將設計資料規格，傳到工廠，經過紙型修正作業及試產之後，即可展開正式的生產作業。而世界各地商店的訂量需求，亦會審慎及合理的傳到ZARA工廠去，將各地未能銷售完的庫存量，降到最低。目前大約是15-20%，這比其他服飾連鎖公司的40%已經低很多了。

在物流配送方面，ZARA在歐盟的法國、德國、義大利、西班牙……等國，主要是以卡車運送為主，約占70%的市場銷售量，平均二天內（48小時）即可運達ZARA商店內。而剩下30%的市場銷售量，則以空運送到日本、美國、東歐等較遠的國家去。儘管空運成本比較高，但ZARA堅持不走低成本的海運物流，主要就是為了爭取上市的流行期間。ZARA總經理表示，他們是世界服裝業物流成本最高的公司，但他認為這是值得的。

三、品缺不是過失

ZARA公司的經營哲學，就是每週在各店一定要有新服裝商品上市，其商品上、下架的「替換率」非常快。而且，ZARA每件商品，經常在各店只放置5件，是屬於多品種少量的經營模式。在西班牙巴塞隆納的ZARA商店內，經常被顧客問到：「上週擺的那件外套，沒有了嗎？」ZARA公司的經營哲學是：「每週要經常有新商品上市，才會吸引忠誠顧客的再次購買。」雖然某些暢銷好賣的服飾品會做一些追加生產，但這並不符合ZARA公司的經營常態。因此，即使是好賣而缺貨，ZARA亦不改其經營原則而大量增加同一款式的生產及店面銷售。因此，ZARA總經理表示：「品缺不是過失，也不是罪惡，我們的經營原則，本來就堅守在多樣少量的大原則下。因為，我們要每週不斷開創出更多、更新、更好、更流行與更不一樣的新款式出來。」

四、有計畫的行事

ZARA公司每年1月份時，就開始評估、分析及規劃六個月後春天及夏天的服裝流行趨勢。而7月份時，就思考著秋天及冬天的服裝需求。然後，在此大架構及大方向下，制訂他們每月及每週的計畫作業。通常在該季節來臨的前兩個月即已開始，但生產量僅占20%，等正式邁入當季，生產量僅占80%。此外，亦會隨著流行的變化，每週機動的改變款式設計，少量增產或對暢銷品進行例外追加生產。

五、ZARA經營成功特點

歸結來看，ZARA公司總經理提出該公司近幾年來，能夠經營成功的四個特點：

(一)120多名的龐大服飾設計人員，每年平均設計出1萬件新款服裝。

(二)ZARA公司本身即擁有九座成衣工廠，從新款式企劃到生產出廠，最快可以在一週（七天）內完成。

(三)ZARA公司的物流要求達到超市的生鮮食品標準，在全世界各國的ZARA商品，務必在三天內到達各店，不論在紐約、巴黎、東京、上海，還是倫敦。

(四)ZARA公司要求每隔三週，店內所有商品，一定要全部換新。不能讓同樣的服飾商品，擺放在店內三週以上。換言之，三週後，一定要換另一批新款式的服裝上架。

如果經常到巴黎、倫敦、米蘭旅遊的東方人，一定可以看到到處矗立的ZARA品牌服飾連鎖店。在日本東京的銀座、六本木等地區，最近也開了12家。在全球擁有200多家店的ZARA已悄然飛躍升起，成為世界知名的服飾連鎖品牌公司。ZARA這種生產製造完全是靠自己的工廠，並不委託落後國家來代工生產經營模式，是與美國GAP等知名品牌不同的地方。

如今，在超成熟消費市場中，ZARA公司以強調「超速度」、「多樣少量」，以及「製販一體統合」的效率化經營，終於嶄露頭角、立足歐洲，放眼全球，而最終成為全球服飾成衣製造大廠及大型連鎖店經營公司的卓越代表。

問題研討

1.請討論ZARA公司目前的經營成果為何？
2.請討論ZARA公司的服裝設計師如何了解消費趨勢？她們的做法為何？其結果如何？
3.請討論ZARA公司服裝設計師的背景為何？為什麼？
4.請討論ZARA公司的庫存量為何能降到最低？做法為何？
5.請討論ZARA公司在物流配送方面有何原則？為什麼？
6.請討論ZARA公司為何認為品缺不是罪惡？
7.請討論ZARA為何完全是自己生產製造？
8.請討論ZARA公司近幾年來經營成功的四個因素為何？
9.總結來看，請從策略及行銷管理角度來評論本個案的涵義有哪些？重要結論又有哪些？以及你學習到了什麼？你印象最深刻的是什麼？

〈個案5〉LV勝利方程式=手工打造＋創新設計＋名人代言行銷

一、LV是LVMH精品集團的金雞母——流行一百五十多年歷史，永不褪色的時尚品牌

1854年，法國行李箱工匠達人路易・威登，在馬車旅行盛行的巴黎開了第一間專賣店，主顧客都是如香奈兒夫人、埃及皇后Ismail Pasha、法國總統等皇室貴族。

自此之後，LV將十九世紀貴族的旅遊享受，轉化為二十一世紀都會的生活品味，魅力蔓延全球。

2008年底，座落在艾菲爾鐵塔與聖母院的LV巴黎旗艦店，每天就吸引3,000到5,000參觀人次。

一百五十多年的LV，儼然是一座品牌印鈔機。雖然LV單一品牌的營收向來是路易酩軒集團的不宣之祕，但《Business Week》便曾推估，LV 2006年單一品牌的營收高達50億美元，比起競爭對手HERMES、GUCCI平均25%的營業淨利，LV淨利高達45%。《經濟學人》2009年2月的報導也指出，光是LV就占路易酩軒集團170億美元年銷售額的四分之一，也占了集團淨利約三分之一。

二、不找OEM代工商，高科技嚴格測試

「為了維持品質，我們不找代工，工廠也幾乎全部集中在法國境內。」路易威登總裁卡雪爾表示，目前路易威登在法國擁有十座工廠，其他三個因為皮革原料與市場考量設立在西班牙與美國加州。

路易威登位於巴黎總店的地下室，設置一個有多項高科技器材的實驗室，機械手臂將重達3.5公斤的皮包，反覆舉起、丟下，整個測試過程長達四天，就是為測試皮包的耐用度。另外，也會以紫外線照射燈來測試取材自北歐牛皮的皮革褪色情形，用機器人手臂來測試手環上飾品的密合度等，也會有專門負責拉鍊開合的測試機，每個拉鍊要經過五千次的開關測試，才能通過考驗。

路易威登在全球的十三座工廠裡，每個工廠以20到30個人為一組，每

個小組每天約可製造120個手提包。

三、創新設計，掌握時尚領導

1997年，百年皮件巨人LV決定內建時尚基因，與時代接軌。

LV董事長阿爾諾（Bernard Arnault）晉用當時年方30歲、來自紐約的時裝設計新貴賈克伯（Marc Jacob），讓皮件巨人LV跨入時裝市場，慢慢引進時裝、鞋履、腕錶、高級珠寶，也為皮件加入時尚元素，如日本藝術家村上隆設計的櫻花包、羅伯・威爾森以螢光霓虹色為LV大膽上色，吸引年輕客層的鍾愛眼光。

2003年春天，賈克伯選擇與日本流行文化藝術家村上隆合作，還是以經典花紋為底，設計出一系列可愛的「櫻花包」，根據統計，光是這個系列產品的銷售額便超過3億美元。LV轉型策略奏效。老店品牌時尚化，不僅刺激原本忠誠客群的再度購買需求，也取得年輕客層的全面認同，成為既經典又流行的Hip品牌。

四、名人行銷

翻開某本時尚雜誌，你會看到一個視覺強烈差距的廣告：穿著黑色鏤空上衣、白色亮面緊身長裙的金髮女性，側躺在冰冷的白色混凝土上，眼神中散發出冷冷的光芒，而手上則是拎著路易威登最新一季的包包。這是過完一百五十歲生日的路易威登，於2005年初正式公布鄔瑪舒曼（Uma Thurman）為代言人的先前一季春夏廣告。

路易威登找好萊塢女明星代言，可以看到「品牌年輕化」的企圖，之前路易威登找上珍妮佛洛佩茲（Jennifer Lopez）當品牌代言人，就是因她具有「成熟、影響力及性感」的女性特質，能被路易威登挑選出來的女明星都是現代社會的偶像。

五、旅遊、運動與名牌精品的結合

除了找女明星代言外，路易威登還長期舉辦路易威登盃帆船賽，而這項賽事更成為美洲盃的淘汰賽。此外為結合旅行箱這款經典產品，路易威登也推出一系列的《旅遊筆記》與《城市指南）等旅遊書，這類書籍已經成為喜愛旅行，特別是自己喜歡規劃行程的年輕人指定用書。藉由運動與旅遊的推波助瀾，路易威登的品牌形象已大大不同。

六、名牌精品前10大品牌在台灣概況比較表：LV仍領先

表1-1
精品前10大品牌概況

品牌	布局	競爭優勢
LV	全台11家店 4家獨立大店、7家百貨店	全球第一大時尚精品集團設點位置精準評估前、後置貴賓服務
GUCCI	全台8家店，唯一獨立門市為中山旗艦店	一個月新品到貨 信義店加重服飾套裝陳列
CHANEL	全台6家皆為店中店	精品服飾珠寶配件完整
DIOR	全台6家店	因地制宜引進不同商品類
COACH	全台6家百貨店（即將開中山旗艦店）	配件主力，無關身材與年齡，產品實用性高，價格友善
LOEWE	全台6家店、中山旗艦店	皮衣訂製 配件年輕化
BURBERRY	全台6家	大店特色，產品線齊全
BALLY	全台10個點	櫃位以品項分類
CELINE	全台9個點	品項分類分設櫃位
PRADA	全台8家店	大店商品陳列齊全
TOD'S	全台8家店	中型店陳列

根據統計，台灣最受歡迎10大名牌2010年就有重新洗牌跡象，除了反映出台灣時尚的轉型，亦代表新精品族群的興起。然而若就整體銷售狀況，根據各大百貨通路與各大精品商圈粗估，前兩名仍由LV、GUCCI站穩地位，季軍則有CHANEL與DIOR不相上下，BURBERRY、COACH、CELINE、LOEWE、TOD'S等業績再度往前，反觀BALLY、HERMES與PRADA則仍待強化行銷策略。

多年來穩坐精品龍頭寶座的LV，自1983年入駐台灣以來，至今全台拓點已高達11家店，其中，高雄、台南、台中與101皆有百貨大店，台中與台北計有4家獨立門市店，台中獨立概念店在2006年2月開店，一度震驚台中精品商圈聚落形成，據了解，主要是看準中科傳產大戶與未來三通後觀光客與商務客進駐商機。

LV亞太總裁狄方華強調，路易威登在全球拓點策略是，無論是開新店還是重新改裝，皆是為了擴大業績而來。中山店一直以來扮演著台灣精品業界指標價值，而4月擴大改裝為LV maison（LV之家），無疑是精品

商圈版圖再擴大的企圖。狄方華並指出，台灣市場的消費力驚人，僅次於日本市場，也因此在未來的兩年，路易威登亦計畫在高雄發展旗艦店。

七、LV全球性首發電視廣告片正式推出，企圖打造品牌新地位

原本訴求金字塔上層的精品品牌Louis Vuitton竟然一反業界行之有年，只使用特定平面媒體的慣例，率先推出了一支長達1分半鐘的電視廣告影片，在CNN、BBC等有線與衛星電視及電影院放映。

這引起了一番熱烈的討論，因為過去精品品牌只有在推出香水或化妝品時才會運用電視媒體，但對主力產品完全以特定的雜誌或精挑細選的報紙為主，而品牌的操作則是以公開與行銷活動來強化。

Louis Vuitton行銷與傳播資深副總裁Pietro Beccari認為，這名為「何謂旅程（What is a Journey?）」的電視廣告，運用電視媒體是適得其所，因為Louis Vuitton希望運用一種嶄新與獨特的方式，感動現有顧客與目標客戶，電視媒體在這方面的感染力是別的媒體很難達成的。

從概念看來，這個品牌電視廣告只是將2008年以戈巴契夫、凱瑟琳丹妮芙、阿格西與葛拉芙等名人代言的旅行皮件之「旅程」概念再進一步的發揚光大，並提升到品牌的層次，成為Louis Vuitton的品牌主張。這讓Louis Vuitton完全超越了精品虛幻且稍縱即逝的時尚表象，而增加了品牌的內涵與深度。內行人都知道Louis Vuitton以旅行皮件起家，這無可取代的品牌資產更讓Louis Vuitton得以理所當然地以專家自居，提出對旅程的觀點，讓其他頂尖精品望塵莫及。

（資料來源：工商時報，2010年2月5日）

八、台北精品商圈擴大版圖爭市場，名牌銷售產值不斷上升

商圈	品牌群	經營產值
中山晶華商圈	LVMH集團旗下LV、DIOR、FENDI、CELINE PPR集團GUCCI、YSL CHANEL集團、BALLY、PRADA、MIU MIU等	不含珠寶一年超過200億元
信義商圈	LV、DIOR、FENDI、CELINE、GUCCI、YSI、CHANEL、BURBERRY、PRADA、MIU MIU、BOTTAGA VENETA、BALENCIAGA、BALLY等	一年超過150億元
敦南、微風復北商圈	LV、DIOR、FENDI、CELINE、GUCCI、YSI、CHANEL、BURBERRY、PRADA、BOTTAGA VENETA等	一年超過100億元

九、關鍵成功因素（K.S.F）

(一)商品力，是LV歷經一百五十四年歷史，仍然永垂不朽的最核心根本原因及價值所在。

(二)LV商品力，展現在它的高品質、高質感、時尚創新設計感及獨特風格感。

(三)名牌要搭配名人行銷及事件活動行銷，創造話題，LV的行銷宣傳是成功的。

(四)通路策略成功。在各主力國家市場，紛紛打造別具風格設計的旗艦店及專賣店，店面形成一種門面宣傳，也是擴大營業業績來源。

(五)全球市場布局成功。LV產品銷售，在歐洲地區占比僅40%，其他60%是來自美國、日本兩大主力地區，以及亞洲新興國家，如台灣、香港、韓國及中國大陸等國家，也都有高幅度成長。

(六)品牌資產。所有成功的因素匯集到最終，即成為一個令人信賴、喜歡、尊榮好評的全球性知名品牌。LV即是成功。

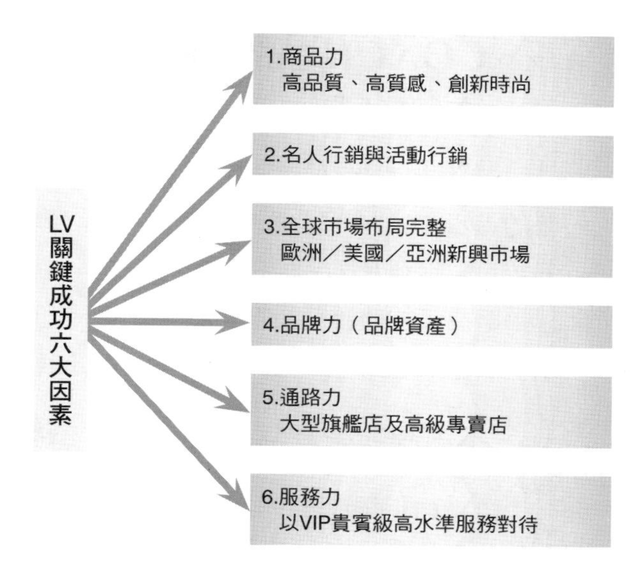

問題研討

1.請討論LV精品集團的緣起，以及它的卓越獲利績效？並請上網蒐集LVMH集團狀況？

2.請討論LV公司是否有找OEM代工廠？如果沒有，為什麼？有，為什麼？

3.請討論LV產品的品質控管情況為何？為何要如此嚴格？

4.請討論LV如何創新設計，並掌握時尚領導？

5.請討論LV如何採用名人行銷品牌的手法？

6.請討論前10大精品名牌在台灣的狀況為何？

7.請討論國內三個大的名牌精品商圈在哪裡？

8.請討論LV品牌的關鍵成功因素何在？

9.請討論LV為何要推出全球首發電視廣告CF？

10.請問你從本個案中學到了什麼？印象最深刻的是什麼？

〈個案6〉COACH品牌再生，設計風格擄獲年輕女性

創業於1941年的美國名牌精品COACH，近五年來，營收成長有了顯著的進步，2004年可望有12.5億美元的營收額，而營業利益卻高達4億美元，可謂獲利豐厚。相較於2001年時營業額僅有6億美元，三年來營收額呈倍數成長的佳績，最主要的關鍵點，是由於COACH品牌再生策略的成功，而COACH品牌再生與營收成長的四項分析如下。

一、不再固執堅守高級路線，改走中價位路線成功

COACH面對現實的市場，改走中價位的皮包精品，以低於歐洲高級品牌的價位，積極搶攻25-35歲的年輕女性客層。以在日本東京為例，歐系品牌的皮包精品，再便宜也都要有7、8萬日圓以上，日本國內品牌的價位則在3萬日圓左右，而COACH品牌皮包則訂價在4、5萬日圓左右。此中等價位，對買不起歐系名牌皮包的廣大年輕女性消費者來說，將可以較輕易的買到美國的名牌皮包。

COACH公司董事長法蘭克・福特即說：「讓大部分中產階級以上的顧客，都能買得起COACH，是COACH品牌再生的第一個基本原則與目標。」他也認為，美國文化是以自由與民主為風格，歐洲文化則強調階級社會與悠久歷史。因此，歐系品牌精品可以採取少數人才買得起的極高價位策略，但是美國的精品，則是希望中產階級人人都可以實現他們喜愛的夢想，COACH則是要替他們圓夢。

除了價位中等以外，COACH專賣店的店內設計，是以純白色設計為基調，顯得平易近人及清新、明亮、活潑，與歐系LV、PRADA、FENDI等名牌專賣店的貴氣設計有很大不同。

二、品質雖重要，但設計風格改變更重要

法蘭克董事長認為，名牌皮包雖強調品質與機能的獨特性，但這只是競爭致勝的「必要」條件而已，並不構成是「充分」條件。因此，從1996年開始，COACH公司即感到設計（design）改革的重要性，並且不斷延攬優秀設計師加入公司，展開COACH新設計風格的改革之路。而設計風

格的改變，亦會使消費者感受到COACH品牌生命再生。因此，在不失COACH過去的本質特色下，開始展開了一系列包含素材、布料、色調、圖案、金屬配件、尺寸大小等設計的新旅程，並以「C」字母品牌代表為號召。自2000年新商品上市後，消費者可以感到COACH有很大的改變。過去，有高達80%的消費者，認為COACH的設計是古典與傳統的，20%的人，則認為COACH是代表流行與時尚的。而現在，消費者的認知，則恰恰相反，COACH已被廣大年輕女性上班族認為是流行、活潑、年輕、朝氣與快樂的表徵。

法蘭克董事長終於深深感受到，COACH不能只從皮包的優良品質與機能來滿足消費者而已。必須更進一步從心理上、感官上及情緒上，帶給消費者快樂的滿足，只有能做到這樣，COACH的生命，才會緊密的與消費者的心結合在一起，長長久久。這就代表COACH，已經從傳統上強調品質的迷失中，抽離出來，讓品牌生命得以再生。

三、刺激購買對策

在日本東京的COACH分公司，雖然在面臨十年的不景氣狀況下，但COACH專賣店的營收額仍能保持二位數成長，而且還有計畫性的如期開展新店面。這主要是仰賴於COACH刺激購買慾望的行銷策略活動，包括：

(一)每個月店內都會陳列新商品。

(二)推出「日本地區全球先行販賣」。

(三)限量品販賣。

(四)推出周邊精品，例如時鐘、手錶、飾品配件等，也會誘發消費者順便購買。

(五)廣告宣傳與媒體公關活動等，造勢都極為成功。

四、追蹤研究式的消費者調查

COACH公司早自1991年開始，即展開「追蹤研究」（tracking study），進行長期且持續的消費者調查。包括對來店顧客或已買的會員顧客，詳細詢問及了解對COACH品牌的印象、購買動機、喜愛的設計、喜愛的色彩、想要的尺寸……，予以詳加記錄。目前，這種資料庫在美國及日本兩地合計已超過1萬人次。這對COACH每月新商品開發的依據參考貢獻不小。法蘭克董事長強調：「COACH公司每年花費數百萬美元，在蒐集顧客的意見，探索她們的需求，並對未來做較正確的預測掌握。這種工作，必須持續精密做下去，是行銷成功的第一步。」

五、結語——品牌經營，應理性與感性兼具

以品牌的等級層次及營收額規模來看，COACH公司顯然還難與歐系的LV及GUCCI兩大名牌精品集團相抗衡，但是，來自美國的COACH終究也走出自己的品牌之路，並且逐年成長與進步。

經過近五年來，COACH在縝密的思考及規劃下，毅然展開COACH品牌的再生改革，已被證實是一個很好的成功案例。而COACH公司董事長法蘭克則表示：「品牌經營者應該兼具理性與感性，這兩者組合出來的東西，才會是最好的。理性，重視的是品牌經營的結果，必須要獲利賺錢才行，否則就是一個失敗的品牌；而感性，則強調品牌經營的過程，必須要讓目標顧客群感到快樂、滿足與幸福才行。」COACH品牌顯然已成功的走出了自己的風格。

問題研討

1.請討論COACH品牌為何不再堅守高價位路線，而採取成功的中價位路線？
2.請討論COACH如何改變它的設計風格？
3.請討論COACH有哪些刺激消費者的購買對策？
4.請分析COACH「追蹤研究式」的消費者調查活動？
5.COACH董事長法蘭克認為品牌經營，應理性與感性兼具，試述其涵義。
6.總結來看，請從策略及行銷管理角度來評論本個案的涵義有哪些？重要結論又有哪些？以及你學習到了什麼？
7.請上網蒐集資料，比較LVMH及COACH兩個精品集團的規模如何？

〈個案7〉Lexus 600超越雙B終極祕密武器

在2008年，豐田汽車大廠超越美國通用汽車廠，產量登上世界第一。而豐田汽車集團2010年度的獲利額已超過1兆日圓（相當3,300億新台幣），此種高收益力，令人驚異不已。

即使面對如此豐碩的佳績，但是豐田高階首腦，仍然還有一個遺憾沒有達成，那就是豐田的最頂級高級車，無論在售價及等級方面，在日本市場及歐洲市場，仍然落後於Benz（賓士）及BMW的頂級高級車。特別是在歐洲市場，豐田仍面對很大的拓展空間與艱難挑戰。

一、Lexus在美國已躍居第一位

要回溯到1989年，Lexus（凌志）高級車首次在美國市場上市，即造成一炮而紅。由於凌志高級車的低耗油、高品質的信賴性、優質服務及行駛間動力引擎的肅靜性等四大特點，廣泛得到美國汽車經銷商與消費者的肯定及滿意。銷售業績在美國市場亦逐年快速成長，目前已超過了雙B汽車，並奪下全美高級車No.1品牌佳績。另外，在美國、台灣及多個國家地區的J. D. Power市調結果，均顯示凌志汽車的消費者滿意度，在所有眾多品牌中，奪得第一。如今，在廣大美國人心裡，凌志汽車已是高品質與高信賴性的表徵，也是一部算是比較大眾化價格的高級理想車。

在2005年8月，豐田汽車公司也已正式將凌志高級汽車導入日本國內市場，意圖在本國市場與雙B汽車展開爭奪大戰。迄今，豐田汽車公司已投入2,000億日圓，在日本全國主要都會區打造出143個五星級水準的銷售展示據點，並且集結了上千名特優的銷售精兵團隊，負責販售凌志汽車。日本1.26億人口的汽車市場，將是豐田繼在美國3億人口的汽車市場拓展成功之後，再回過頭來搶攻自己國內高級車市場的第二個策略性舉動。

二、終極祕密武器：Lexus 600

最近日本豐田汽車總公司推出最後一個壯士悲願達成的戰略，名為「Lexus」。未來兩年，豐田汽車要反攻的目標，將是最後一塊，也是最難搶攻的歐洲高級車市場。但是，要絕地大反攻，並且成功搶入歐洲汽車市場，首要任務目標，就是要先擊敗盤據歐洲高級車市場達五、六十年之久的雙B汽車品牌，但這幾乎是面對一個「不可能的任務」（mission impossible）的壯烈戰役。

在豐田汽車公司的歷史發源地，即今日處在日本愛知縣豐田市豐田街1號的地點。此處亦正是豐田汽車研發頭腦重兵集結，號稱「技術的帝都」所在地。而在此處有一棟巨大設計、即本館的第四樓層裡，一進去即可看到一個名為「南檢討場」。此地即是凌志汽車在設計完成，並做出真正的原型車後，駛往此場地的一大片空地上，然後由豐田總公司的董事長、總經理、各部門重要副總經理，以及研發技術工程團隊等高階首腦們，透過一幅巨大落地玻璃窗，從裡面會議桌，往外透視立處在不遠處的試作模型車各種角度的展示，並且同時開出雙B轎車，面對全世界最高檔的三部不同品牌高級車，互作比較、討論、辯論、評估，及最後得出結論出來。此機密地點是一般員工禁止進入的，同時也是豐田最高層主管對新車型開發定案的最終決策會議場所所在地。

豐田高層首腦們已決定在2010年上半年推出汽電混合動力車的Lexus GS中型房車。而緊接著在2011年上半年，將莊嚴隆重推出凌志汽車有始以來最頂級的車款，目前已定名稱為「Lexus LS 600h」。此款車將與BENZ（賓士）S600系列及BMW 750系列力拼，甚至整體水準，還會超過雙B汽車。Lexus LS 600h是採用未來趨勢的汽電混合動力車基本設計，它比賓士S600更勝一籌的優點是：(1)排氣量小，燃料費低；(2)Power（動力）及加速度性能均勝過賓士S600；(3)在靜肅性方面幾乎達賓士同級車水準；(4)最後，在內裝的高科技配備及安全條件方面，亦與賓士S600看齊並追過。

三、絕地大反攻歐洲市場

目前在豐田技術中心，擔任下一期Lexus LS系列的首席工程師吉田守孝即表示：「我對Lexus LS 600頂級混合動力車的全面性品質深具信心。」就連試駕員（Test Driver）古賀裕也極度誇讚這部即將在2011年上市的最高祕密武器。豐田汽車公司為了這部Lexus 600最頂級汽車，以及導入汽電混合動力車的未來趨勢極致要求，特別成立一個特戰部隊組織，採用了最高層次的汽車新研發科技，並在低燃料費及高動力引擎的兩大指標性條件要求下，不惜投入數百億日圓龐大的研發費用，此計畫已進行了兩年多。2010年將是最後更完美的改善精進年，2011年上半年即會正式量產上市，並且以首攻歐洲市場為主力目標。

目前負責歐洲地區的執行董事石井克政表示：「目前Lexus在歐洲高級車市場的市占率，僅僅只有1%，而且知名度也低，與在美國市場位居第一品牌，及亞洲市場得到好評等狀況，大不相同。當然這也代表了這個市場未來成長空間極大，但也極具挑戰難度。今後三年內，已奉總公司指示，將大幅增加Lexus高級車在歐洲的專賣店通路據點網，全面動員作戰起來。」

四、「Lexus革命」的世紀爭霸戰

目前日本豐田總公司及全球各地子公司，已奉指示，將全面發動「Lexus革命」，達成「新生的Lexus」。高品質就是Lexus生命的DNA，但在日本愛知縣深美郡，豐田第十座工廠裡，正是生產著Lexus 600頂級車的預定廠址。這座汽車工廠，全面高度自動化的設備，堪稱世界最具效率的首座工廠，即使如此，豐田汽車仍然力行著現場不斷改善提升效率的優良傳統，為「Lexus革命」紮下更深厚競爭力的萬全準備。

全世界大部分的汽車消費者，大都看過Lexus汽車「專注完美，近乎苛求」的廣告，令人印象深刻。最近，豐田總公司的所有豐田人，都耳熟能詳地了解到未來這二、三年將會是最關鍵的時刻。因為豐田汽車不只是要成為世界第一大生產量的汽車廠，而且在最頂級轎車品牌方面，豐田的Lexus亦足夠與雙B頂級汽車相媲美，甚至要達到超越它們的歷史性目標。

TOYOTA的敵人，就是TOYOTA自己。TOYOTA已啟動Lexus 600的野望，超越雙B高級車的世紀爭霸戰，將在歐洲這一塊豐田汽車最後的市場聖地點燃戰火，激烈競爭將可預期。而Lexus 600終極祕密武器，此次重裝出擊，能否成功達成這最後一役，全球數十萬名豐田人莫不摒息以待，同時也受到同業萬方矚目。

五、豐田汽車2008年擊敗通用汽車，成為全球第一大車廠；並看好中國、巴西及俄羅斯新興市場的強勁成長

2008年篤定擠下美國通用成為全球汽車製造銷售新霸主的日本豐田

汽車，持續看好2011年營運展望，預估在中國、巴西與俄羅斯等新興市場強勁成長的帶動下，2011年全球汽車總銷量將可達985萬輛，再創歷史新高，較2010年增加5%；反觀持續減產的通用2011年汽車銷量難以樂觀，豐田因此可望進一步拉大與通用的領先差距，鞏固全球第一大汽車暢銷品牌的龍頭地位。

全球汽車製造銷售龍頭寶座2008年宣告易主，雄據一哥長達七十六年的美國通用自估2011年全年汽車總銷量為920萬輛，豐田的全年總銷量預測目標則為936萬輛。

豐田對於來年坐穩一哥深具信心，該公司週二發布2011年全球汽車總銷量目標為985萬輛，不但高於先前預估的980萬輛，估計年增率亦有5%的穩健成長。

新興市場為豐田2011年營運成長的主力，社長渡邊捷昭指出：「中國、巴西與俄羅斯等新興經濟體市場高速成長，2011年預估仍將維持此一趨勢，為了滿足這些市場的強勁需求，豐田有意進一步強化在相關國家的生產結構。」豐田預估2011年光是中國與俄羅斯兩個國家的汽車銷售量全年可達約90萬輛，較2010年大增近四成。

六、2011年全球TOYOTA汽車銷售量將突破1,000萬輛，並晉升為全球第六大企業，總市值達30兆日圓

2011年稍早豐田曾發布這一年的全球銷售預測，數字達1,040萬輛，將成為全球年銷量破1,000萬里程碑的第一家汽車大廠。

日本豐田汽車公司2008年汽車生產數量已超越美國通用汽車公司，成為全世界最大的汽車廠商，豐田的總市值已於2011年初達到30兆日圓，是日本企業史上的第一次，居全球汽車廠商之首，豐田也晉升全世界第六大企業。豐田能有如此驚人的成果，豐田的社長渡邊捷昭功不可沒。

（資料來源：經濟日報，100年1月5日）

問題研討

1.請討論豐田汽車2010年獲利已超過多少？為何仍有遺憾？

2.請討論Lexus汽車品牌，能在美國市場躍居第一位？為什麼？

3.請討論Lexus推出超越雙B的終極祕密武器為何？它比賓士600系列更佳的優點何在？

4.請討論Lexus品牌汽車絕地大反攻歐洲市場的原因及做法為何？

5.請討論什麼是Lexus生命的DNA？

6.請討論TOYOTA何時成為全球第一大車廠？超越哪一家？全球銷售量為多少？它看好全球哪些市場具有成長潛力？

7.總結來看，請從策略管理角度來討論這個個案的涵義有哪些？重要結論又有哪些？以及你從中又學到了什麼？你印象最深刻的是什麼？

〈個案8〉頂級尊榮精品寶格麗異軍突起

全世界知名的珠寶鑽石名牌精品寶格麗（BVLGARI），創始於1894年，已有一百一十七年歷史。寶格麗原本是義大利一家珠寶鑽石專賣店，1970年代才開始進行經營珠寶礦石的事業。1984年以後，寶格麗創辦人之孫崔帕尼（Francesco Trapani）就任CEO後，才全面加速拓展寶格麗頂級尊榮珠寶鑽石的全球化事業。

一、產品多樣化策略

崔帕尼接手祖父的寶格麗事業後，即以積極開展事業的企圖心，首先從產品結構充實策略著手。早期寶格麗百分之百營收來源，幾乎都是以高價珠寶鑽石首飾及配件為主。但崔帕尼執行長又積極延伸產品項目到高價鑽錶、皮包、香水、眼鏡、領帶等不同類別的多元化產品結構。

2010年寶格麗公司營收額達12億歐元（約476億台幣），其中，珠寶鑽石飾品占40%、鑽錶占29%、香水占17.6%、皮包占10.6%，以及其他占3.1%，產品營收結構已經顯著多樣化及充實化，而不是依賴在單一化的飾品產品上。

二、打造高價與動人的產品

寶格麗的珠寶飾品及鑽錶是全球屬一屬二的名牌精品，崔帕尼表示，寶格麗今天在全球珠寶鑽石飾品有崇高與領導的市場地位，最主要是我們堅守著一個百年來的傳統信念，那就是：「我們一定要打造出令富裕層顧客可以深受感動與動人價值感的頂級產品出來。讓顧客戴上寶格麗，就有著無比頂級尊榮的心理感受。」

寶格麗公司為了確保他們高品質的寶石安定來源，在過去二、三年來，與世界最大的鑽石及寶石加工廠設立合資公司。另外，亦收購鑽錶精密加工技術公司、金屬製作公司及皮革公司等。寶格麗透過併購、入股、合資等策略性手段，更加穩固了他們高級原料來源及精密製造技術來源，為寶格麗未來快速成長奠下厚實的根基。

三、擴大全球直營店行銷網

寶格麗在1991年，在全球只有13家直營專賣店，那時候幾乎全部集中在義大利、法國、英國等地而已。那時候的寶格麗充其量只是一家歐洲的珠寶鑽石飾品公司而已。但是在崔帕尼改變政策而積極步向全球市場後，目前寶格麗在全球已有250家直營專賣店，通路據點數成長20倍之鉅。

寶格麗各國的營收結構比，依序是日本最大，占27.6%，其次為歐洲地區，占24.4%，義大利本國市場占12.4%，美國占15.6%，亞洲占6.1%，中東富有石油國家占14%。寶格麗公司全球營收及獲利連續五年，均呈現10%以上的成長率，可說是來自於全球市場攻城略地所致。尤其是日本市場更是寶格麗的海外最大市場。展望未來的海外通路戰略，崔帕尼表示：「寶格麗未來仍會持續高速成長，而最大的商機市場，將是在中國。我們目前已在上海設有旗艦店，北京也有4家專賣店，未來五年，我們會在中國至少40個大城市持續開設專賣店。中國13億人口，只要有1%富裕者，即有1,000萬人潛力市場規模，距離這個日子並不遠了。」寶格麗預計由於中國市場的拓展，三年內全球直營店數將突破400家。

四、投資渡假大飯店的營運策略

寶格麗公司已在印尼峇里島渡假聖地，設立六星級的寶格麗渡假大飯店，每一夜住宿費用高達3.3萬新台幣，是峇里島最昂貴的房價。寶格麗休閒渡假大飯店主要是為全球寶格麗VIP頂級會員顧客招待而設立的，此種招待手法也提升了VIP會員的尊榮感及忠誠度。2010年底，寶格麗已在最大獲利市場的日本東京銀座，完成建造十一層樓的寶格麗旗艦店，裡面將有VIP俱樂部、專屬房間、好吃的義大利菜享用，以及各種提箱秀、展出秀等活動舉辦，大大增加與頂級富裕顧客會員的接觸及服務。

五、頂級尊榮評價No.1

崔帕尼最近在答覆媒體專訪時，被問到寶格麗公司目前營收額僅及全球第一大精品集團LVMH 十五分之一有何看法時，他答覆說：「追求營收額全球第一，對寶格麗而言並無必要。我所在意及追求的目標是，寶格麗是否在富裕顧客群中，真正做到了他們對寶格麗頂級品質與尊榮感受No.1的高評價。因此大力提高寶格麗品牌的Prestige（頂級尊榮感）是我們唯一的追求、信念及定位。我們永不改變。」寶格麗為了追求這樣的頂級尊榮感。因此堅持著：高品質的產品、高流行感的設計、高級裝潢的專賣店、高級的服務人員、高級的VIP會員場所以及高級地段的旗艦店等行銷措施。

六、璀璨美好的極品人生

寶格麗五年來在崔帕尼執行長以高度成長企圖心的領導下，以全方位的經營策略出擊，包括：產品組合的多樣化、行銷流通網據點的擴張布建、海外市場占比提升、品牌全球化、知名度大躍進、VIP會員顧客關係經營的加強以及媒體廣告宣傳與公關活動的大量投資等，都有計畫與目標的推展出來。

寶格麗這家來自義大利百年的珠寶鑽石名牌精品公司，堅持著高品質、高價值感、高服務、高格調、高價格及頂級尊榮感的根本精神及理念，為寶格麗的富裕層目標顧客，穩步帶向璀璨亮麗的美好極品人生。

問題研討

1.請討論寶格麗公司為何要發展產品多樣化策略？該公司發展了哪些產品的多樣化？成果如何？

2.請討論寶格麗公司堅守著一個百年來的傳統信念是什麼？為何要有

此信念？

3.請討論寶格麗公司透過哪些策略性手段來鞏固他們的實力？

4.請討論寶格麗擴大全球直營店行銷網的成果如何？該公司為何要如此做？

5.請討論寶格麗公司認為未來海外最大市場在哪裡？為什麼？

6.請討論寶格麗投資渡假大飯店的營運策略目的何在？為什麼？

7.請討論寶格麗執行長在問到該公司與全球第一大精品集團LVMH比較時有何說法？你認同嗎？為什麼認同或為什麼不認同？

8.請討論寶格麗公司在崔帕尼執行長高度成長企圖心領導下，做了哪些策略之事？

9.請討論寶格麗的目標客層何在？要把她們帶向何方？

10.總結來說，從本個案中，你學到了什麼？你有何評論或觀點？

〈個案9〉咖啡處處飄香，星巴克啟動全球化策略

美國星巴克總公司1995年10月與日本SAZABI生活日用品銷售公司合作，並授權星巴克咖啡品牌在日本當地營運，迄2010年11月，日本連鎖店已逼近400家，預計三年後，全日本星巴克連鎖店將達600家店，為全球僅次於美國的最多連鎖店授權國家。

一、日本星巴克成功的經營典範

星巴克於1996年在日本銀座設立第一家店後，即呈現快速成長之勢。星巴克綠色招牌，已成為很多國家的咖啡文化象徵。尤其位於日本最熱鬧的澀谷區QFRONT商業大樓一樓的星巴克，是全球最忙碌、營收額最高的單店，它那醒目的綠色看板，是澀谷最顯著的廣告招牌。

1995年時，日本的SAZABI公司與另一家大型商社公司，同時被列為最後決選者，最後美國星巴克公司，以商社公司的文化過於傳統與官僚，因而選定了規模較小的SAZABI公司，成立合資公司。SAZABI公司雀屏中選，主要是讓公司具有零售流通經驗，以及相互融合的企業文化與核心價值。

星巴克日本公司在2001年的營收額約達510億日圓，較2000年成長幅

度高達75%。在開業五年後，就達成損益平衡，並且開始有獲利產生。

星巴克日本合資公司負責人角田雄二社長認為，今後發展的主要課題是擴店業務及員工教育訓練。角田雄二坦言剛創業時，對員工的教育訓練非常辛苦，但是隨著店數成長到260家，以及制度漸趨完整，整個教育訓練已上軌道。星巴克日本公司現有22位開店專業員工，負責尋找在都會商圈具有集客能力的優良地點，以作為談判簽約的擴店據點。預估到2013年，星巴克日本公司將達成600家連鎖店的規模經濟化營運目標。

星巴克美國總部對全球各地星巴克的營運績效，有一套非常嚴格的輔導及管制措施。特別是在員工教育訓練、企業文化涵養、共同價值觀及擴店目標等領域，都必須獲得美國總部的查核通過才可以。

角田雄二社長認為，星巴克日本公司營運順暢，主要歸功於三項要因：第一是在地策略成功；第二是品牌價值宣傳成功；第三是服務品質具一致水準。星巴克日本公司已被美國星巴克總部視為全球夥伴中最卓越出色的經營典範，以及示範地點。

二、啟動全球化發展策略

星巴克成立於1987年，剛創立時，在美國只有11家連鎖店及100名員工。2010年，全球已有4,200家星巴克連鎖店及7萬多名員工。但即使已有如此規模，星巴克董事長霍華・蕭茲（Haward Shurtsu）仍然認為星巴克全球規模仍只是幼童時期而已，未來還有很大的發展空間，他預估中長期目標，應該可以突破2萬家連鎖店數。以日本為例，他認為未來在大阪、京都、神戶等關西地區仍有急速擴店的空間，目前400家店大部分集中在東京及橫濱等關東都會區。如果再加上非都會區，日本星巴克連鎖店數至少在600家店以上。

星巴克在歐洲地區的擴展腳步比較緩慢，直至1998年才在英國開設第一家店，也是歐洲版圖的第一家。由於歐洲具有多國語言及多種文化習性，因此星巴克自2001年起，才開始展開在歐洲6個國家的開店準備。中南美洲市場則到2002年才啟動。

星巴克目前已在全球30個國家展開業務，海外營收以日本及英國的規模較大。而在美國國內市場，星巴克已有3,000家連鎖店，在全美50州中，已有38州設有星巴克，每州約有50家店。

星巴克董事長霍華・蕭茲認為連美國市場都還有發展空間，加上歐洲版圖、俄羅斯、中南美洲以及龐大的中國市場，合計起來至少有2萬家店的規模潛力。以目前僅有1.2萬家來看，星巴克只走了二分之一的路程，它在全球化布局中，仍只是一個幼童，未來還有5倍的成長空間，潛力可謂無可限量。

三、速食店咖啡的潛在競爭

星巴克咖啡連鎖除了面對同業競爭外，它還面臨著速食連鎖店的潛在競爭。其中，最大的競爭對手是麥當勞。例如，在日本已有3,600多家店的麥當勞，自2001起已在部分店面中，開始販售一杯僅有150日圓的品牌咖啡，包括卡布奇諾等六種咖啡，對星巴克形成強烈挑戰。星巴克日本公司未來如何維繫第一品牌價值感、強化服務品質、創造差異化特色、提升商品力，以及擴大店數規模效益等，皆是考驗著星巴克日本公司的因應能力。

四、未來展店重點，鎖定金磚四國

向來深受華爾街寵愛的星巴克穩定成長的光環似有褪色之勢，7月同店銷售額成長率只繳出4%的成績，創下近五年來新低增幅，單月業績一公布嚇壞許多投資人，股價大跌快一成。星巴克執行長唐納德（Jim Donald）趕忙出面澄清，說業績不如預期主要是因為早上尖峰時段卡布奇諾冰咖啡與其他冷飲需求過強，影響整體服務銷售，此一問題將迅速排除。此外，因應國內市場逐漸成熟的挑戰，星巴克加速進行海外市場擴張，未來展店重點地區鎖定金磚四國（BRICs）。

面臨諸多挑戰的唐納德認為，2011年公司的營運仍擺在加速擴點上，尤其是中國、俄羅斯、印度與巴西等海外新興市場，只要展店速度夠快，公司就能重返高成長軌道。

星巴克目前全球總店數約1.2萬家，而唐納德設定的長遠發展目標是擁有2萬家分店。不難想像，未來海外市場是唐納德快速展店及保持集團成長不墜的希望之所在。

五、美國國內市場成長減緩

眼見美國國內大都會區市場逐漸飽和，星巴克為了維繫原有的成長，已將展店的觸角伸向小城鎮，比較內陸的都市，以及高速公路沿線等地方，雖說可以因此擴大客層，但這也使得星巴克的營運愈來愈受到景氣的影響。分析師認為，由於近來美國油價與信用卡卡債雙雙高漲，消費者都減少不必要的額外開銷，星巴克營運成長趨疲多少可能也是受到此一因素的影響。

在芝加哥一家律師事務所擔任律師助理的萊恩就是最明顯的例子。她說，過去兩年來她每隔一天就會到星巴克買1杯花茶，平均每個月花費約60美元，幾個月前油價飆漲讓她不得不減少到星巴克消費的次數，現在約三個星期才去一次。「現在到星巴克喝飲料，竟變得是一件奢侈的事。」萊恩說。

還有，縱使拿鐵頗受消費者喜愛，但每天早上吃早餐都要喝咖啡的美國民眾人數，過去十五年來年年減少也是個不爭的事實。市調業者NPD集團調查發現，1990年美國民眾早餐一定要喝咖啡的比例有將近49%，如今已掉至剩下不到38%。

六、遭遇其他對手的夾擊

另外，星巴克同時也遭到其他對手的夾擊。速食業連鎖龍頭麥當勞，從2006年春開始推出價位較高的咖啡新產品。以甜甜圈聞名的另一家大型速食連鎖集團Dunkin Donuts，除了全國擴點計畫外，也正在進行門面的更新，希望搶到更多的速食消費者。

七、員工是企業成功的基礎

霍華・蕭茲認為，雖然星巴克品牌資產很重要，但更重要的資產是員工，他深深感覺企業的成功，必然是因為公司有一群對企業文化、企業價值及企業目標，加以認同及信賴的優良員工。因此，他極力推動員工股票選擇權（Stock Option）制度，並且維持星巴克在美國證券市場的好股價，使員工真正能夠獲得額外報酬，而不是一堆貼在牆壁上的低價股票，毫無實質利益。

霍華・蕭茲一直深信，公司的股價不是董事長一個人創造出來的，而是全球5萬多名員工，共同努力所創造出來的。由於他們的努力及堅持，得到全球消費者及投資者的高度認同及評價，才能不斷的成長與進步。

星巴克自2001年起，已加速啟動全球化發展策略，建立全球化咖啡連鎖店王國版圖，並邁向2萬家店的全球化經營使命。

問題研討

1.日本星巴克社長認為今後發展的主要課題為何？為什麼？
2.日本星巴克社長認為營運順暢應歸功於哪三項要因？
3.星巴克董事長霍華・蕭茲認為全球2萬家店的願景應如何達成？
4.星巴克是否面對潛在的競爭對手？
5.為何星巴克公司認為員工是企業成功的基礎？
6.請討論美國星巴克在國內市場遇到什麼挑戰，使其成長減緩？原因何在？
7.請討論面對上述困境，美國星巴克採取哪些因應對策？
8.請討論星巴克全球市場的空間還很大嗎？為什麼？
9.請討論台灣星巴克的經營狀況如何？
10.總結來說，從此個案中，你學到了什麼？心得為何？你有何評論及觀點？

〈個案10〉韓國三星電子推出低價手機，搶攻全球開發新興市場

一、三星通吃高價及低價手機市場，擠下摩托羅拉，躍居全球第2大手機廠

南韓三星電子（SAMSUNG）手機市占率擊敗摩托羅拉（MOTOROLA）後，全球排名坐二望一，計畫在新興市場推出40-50美元（1,300～1,625元新台幣）的低價彩色螢幕手機，與龍頭廠諾基亞（NOKIA）決戰，並首度在美國發表500萬畫素、3倍光學變焦照相手機SGH-G800等一系列手

機，不讓諾基亞有機可乘。

面對歐、美成熟市場手機銷售走疲，三星近來調整手機市場策略，將焦點從高階手機轉向低階手機，以開發新興市場來挹注成長，並於2007年第三季展現成效，擠下摩托羅拉，躍居全球第2大手機廠。

二、以全球第一大NOKIA手機為假想敵，計畫在開發中國家推出低價手機搶攻市場

三星食髓知味，更覬覦市場龍頭寶座，發言人金泰宏宣布，2011年將以諾基亞為假想敵，計畫於印度、東南亞、拉丁美洲等新興市場推出配有彩色螢幕的低價手機，售價預估在40-50美元之間。三星曾宣布2011年手機銷量目標要較2010年成長25%達2億支，2011年市占率要從2010年15%擴大十個百分點至25%。

三星目前持續拉高歐洲手機市占率，包括英國、德國、義大利2010年都有明顯斬獲，在法國甚至小贏諾基亞，有機會一拼，但在新興市場如亞洲中國、印度，占有率仍落後對手一大截，未來將成為挑戰諾基亞的關鍵。

三、高階新機種將前進美國高所得市場

另一方面，三星在美國市占率僅落後摩托羅拉，面對諾基亞搶市及蘋果iPhone分食市場大餅，也積極推出新機種來維持領先，將藉本屆美國消費電子展（CES）發表高階照相手機SGH-G800、時尚音樂滑蓋機SGH-i450、商務機SGH-i620及GPS（全球衛星定位系統）手機SGH-i780等。

四、全球3大手機廠全球各地市占率概況

表1-2
全球3大手機最新市占率概況

廠商	市占率／排名				
	全球	美國	法國	中國	印度
NOKIA諾基亞	38.1%①	10.7%④	22.6%②	35.1%①	76.4%①
SAMSUNG三星	14.5%②	18.3%③	33.9%①	11.6%③	6.3%⑤
MOTOROLA摩托羅拉	13.1%③	32.6%①	—	13.6%②	15.0%②

（資料來源：蘋果日報財經版，2010年1月8日）

問題研討

1.請討論三星手機公司在開發中國家市場的拓展策略為何？
2.請討論三星手機公司對美國市場的拓展策略為何？
3.請討論三星手機公司在全球各地市占率的狀況為何？
4.總結來說，從此個案中，你學到了什麼？你有何心得、評論及觀點？

〈個案11〉聯合利華：Dove（多芬）聚焦特定客層，實現消費者夢想

隨著行銷環境的不斷變化，市場行銷爭奪戰亦日益激烈；尤其，在市場高度成熟的狀況下，廠商行銷致勝的關鍵，就是如何從商品開發時，即聚焦於特定客層，從而開拓出這個新的客層；並且在品牌意識上，如何實現消費者的夢想，讓品牌、產品與消費者的夢想與需求，能夠獲得連結與共感，將是行銷操作勝出的核心所在。

以下介紹兩個最近日本市場成功的案例如下：

一、案例一：多芬Pro-age

聯合利華日本子公司在2008年8月正式推出以50歲以上的女性為主力目標客層的洗面乳與洗髮精系列產品，品牌名稱命名為「Dove Pro-age」，並以「Real Beauty」（真實之美）為品牌精神，強調帶給日本50歲以上高熟女性的人生之美。這是聯合利華首度以明確的年齡層為劃分，並提出有力的心理性與功能性產品訴求，終於成功的打入這個預計的特定客層。

Dove Pro-age（多芬熟齡）新品牌行銷操作成功的關鍵作為，主要有幾點：

第一：為表現高熟女性使用的品牌概念，聯合利華採用年紀超過50歲且形象清新的日本資深女藝人森山良子，作為這個品牌的代言人；並且拍攝2支電視CF廣告片及多篇的報紙廣告稿，代言效果受到良好的效益。因為森山良子所代言的舞蹈式廣告，均在強調「超越年齡，做個快樂的女

性」為主力訴求，並且力圖將Pro-age品牌概念與可以享受快樂的年齡劃上等號，即Pro-age=享受快樂的年齡。掃除50歲以上女性害怕年華已去、美麗不再及快樂消失的心理沉悶感，終於使多芬Pro-age新品牌，很快得到日本50歲以上女性的認同感。

聯合利華日本公司負責Dove Pro-age的品牌經理大山幸惠分析提出：「打造及喚醒快樂與積極的50歲女性人生，是Dove Pro-age新品牌的核心訴求與品牌價值。我們將Pro-age品牌概念與商品的功能性，做了有效且強力連結，並且透過適當的森山良子做為代言人，已成功的將Dove Pro-age的品牌精神傳播與溝通出去，並且實現女性心中的夢想與需求，使擁有此產品的消費者達到了高度的共感感受，從而帶動來店購買的慾望。因此，我們成功的連結了：品牌概念＝產品＝購買的三環節目標。」

第二：Dove Pro-age除了在日本各大平面報紙刊登新產品廣告外，也出一本Pro-age的特刊號，以夾報方式，夾寄在幾百萬份的第一及第二大報內，這個特刊號內容，傳達了如何使50歲以上的女性也享有快樂的各種報導，以及在森山良子代言人貫串下的引領說明。此外，也有這個產品功能的各種生化科技證明與實驗數據。

第三：在活動（event）行銷方面，Pro-age舉辦了「挑戰夢想」的競賽募集活動，由50歲以上女性說出她們的夢想需求，然後從上千個來函中，Pro-age選出五位獲勝者，由Pro-age以實際行動支援這五位女性達成她們過去想要，但卻一直沒有實現的夢想。

第四：在「店頭行銷」（In-store Marketing）方面，為了強化目標客層在賣場內對Pro-age的注目力，聯合利華公司特別與各大賣場合作，設置特別位置的特別專櫃，並以醒目的森山良子人形立牌與產品功能說明等POP廣宣招牌，鮮明的呈現在各大賣場裡。

透過上述多樣化的廣宣活動，從代言人、電視廣告、報紙廣告、品牌概念與品牌精神傳達、特刊號數百萬份夾報、活動行銷，以及店頭行銷等操作手法，並率先鎖定及聚焦於明確的50歲以上的熟齡女性為目標客層。另外，搭配強而有力的產品功能訴求，終而使Dove Pro-age新品牌迅速在分眾市場中竄紅，並有效的擴張了新的客層。

二、案例二：Happy LAWSON（快樂便利商店）

日本第二大LAWSON（羅伸）便利商店連鎖店，在近一、二年來，連續推出以分眾目標客層為區隔的便利商店型態，包括推出以「女性」為目標市場的「Natural LAWSON」（自然風的羅伸店）、以「家庭主婦」為目標市場的「LAWSON store 100」（羅伸100日圓便宜店），以及以養育、教育下一代子女為目標市場的「Happy LAWSON」（快樂成長風的羅伸店）等三種新區隔化與分眾化的嶄新連鎖店型態。

在「Happy LAWSON店」裡，其店外招牌字及商標，就是以兒童字型呈現；而店內的布置設計、櫃位安排、鮮食便當、飲料、糖果、餅乾、玩偶……，亦均以父母與兒童消費者情境，加以精心設計及安排規劃。在這些店裡，經常看到很多媽媽帶著小孩子或推著兒童車到店內消費購買。「Happy LAWSON店」概念是怎麼產生的？這是在2005年時，LAWSON總公司為紀念創店三十週年慶所舉辦的「未來型便利商店」競賽企劃案中獲獎，而加以實踐與實驗的。日本LAWSON總公司企劃開發部經理小鳥衣里女士表示：「LAWSON總公司是一家能夠大膽創新的便利商店公司，我們已經有了四、五種新型態與新業態的店型，其主要目的都是為了更深入的滿足不同客層的需求，傳統的便利商店已走過三、四十年歷史，如今已面臨飽和成熟期，已很難再有大幅創新的空間。如今，為今之計，就是要區隔、要分眾、要深入、要創新的特色感與各自客層的各自歸屬感與認同感。總之，要聚焦才有未來，也才能有效的爭取與擴張出新的客層出來，也唯有在這樣的狀況下，才能實現不同的消費者的不同夢想，這是唯一的出路。」

結語：鎖定特定客層，建立品牌共感度，實現消費者之夢。

從上述最近日本兩個成功的新產品與新店型的案例中，我們可以總結出，面對激烈殺價競爭、供過於求、飽和停滯、與巨大變動的跨業分食競賽環境中，廠商及行銷人員如何才能成功致勝並保持領先呢？主要的對策可歸納為：

(一)商品開發之時，即應鎖定客層，真正實踐目標客層的顧客導向的信念。

(二)品牌概念與品牌精神的操作，必須讓消費者建立起與此品牌的共感度、認同感及連結心。

(三)產品的功能或服務性產品的功能，必須能夠真正實現消費者的夢想，帶給他們實質性與心理性兼具的利益（Benefit）才行。

(四)而這些目標的達成，則必須透過具有創意且縝密的整合行銷操作與媒體傳播訊息操作手法，共同聯手合作，著重策略性發想與突破點，並且投入適當的行銷預算，則必可永保行銷常勝軍。

問題研討

1.請討論多芬Pro-age新品牌的品牌概念、品牌精神及目標客層為何？
2.請討論多芬Pro-age新品牌的行銷操作內容為何？
3.請討論多芬Pro-age為何要鎖定50歲以上的女性消費者？Why？
4.請討論日本LAWSON公司推出了哪些分眾市場的新店型？他們為何要如此做？Why？
5.請討論「未來型便利商店」，你認為還有哪些？考慮點是什麼？成功要素是什麼？台灣市場比較小一些，會成功嗎？Why or why not？
6.請討論本案結語中的四大行銷致勝要點為何？
7.總結來說，從此個案中，你學到了什麼？你有何心得、評論與觀點？

〈案例12〉OSIM按摩器材王——做品牌才能創造價值

一、營運版圖從新加坡擴張到全球26個國家

「勇者致富」（fortune favors the brave）你聽過吧？OSIM創辦人暨全球執行長沈財福（Ron Sim）說道。

他創辦的傲勝國際（OSIM International）是全球健康按摩器材領導品牌。1980年在新加坡成立之初，只是一家做廚具等居家用品的小貿易商，經過二十七年的努力，如今不僅成功轉型成為國際品牌，將營運的版

圖由新加坡一地，擴張到全球26個國家（將港、澳併入中國計算），跨足亞洲、歐洲及美國三大區域；過去五年的營收與稅後淨利，每年都有20%到53%的成長率，成為亞洲新興國際品牌典範。

而成功幕後的推手，就是沈財福本人。

二、做品牌才能擁有自己的價值

「貿易商什麼都沒有，只有做品牌，你才能創造價值，可以決定怎麼賣、賣什麼、何時賣。」

他歸納，做買賣與做品牌，其實是兩種商業模式。作為商人，商業模式是要賣得多，所以要設法創造供給，但賣得愈多，得到的是愈多的應收帳款；另一種模式是做品牌，作為品牌建構者，就可以擁有自己的價值，接著因為價值而創造市場需求，然後需求會創造現金。

「如果你有選擇，那會是什麼？答案非常清楚。」沈財福說道。所以儘管景氣還沒有恢復，他毅然決定在1986年跨足海外，先在香港SOGO百貨開分店，接著在1987年到台灣開店，然後在次年進軍馬來西亞，「這四個地方文化接近，人口數加起來約1億5千萬人，加起來足夠支持國際品牌的經濟規模。」他表示。

隨著亞洲經濟起飛，追求健康休閒的人口愈來愈多，傲勝國際也步上快速成長期。2000年並在新加坡掛牌，花旗銀行與新加坡淡馬錫控股公司都是股東。

三、發展商品，最重要的是品牌定位

三十年前，按摩椅在亞洲還是全新的概念，他勇於創造市場需求，靠著單價在1,000美元以上的高價按摩椅，在亞洲市場起家，而當近兩年按摩椅成長趨緩時，又能夠掌握美體的趨勢，推出美腿按摩器、騎馬運動機等器材，讓營收、淨利雙雙成長50%以上。

「新商品構想的來源主要有三個：內部研發與設計團隊、外部研發合作對象、長期合作製造商。」沈財福表示，平時總部會從全球超過1,000家的門市或是網路，蒐集消費者的期待與需求，這些想法會進到研發團隊，隨時就創新性、市場潛力因素做篩選。

像是兩年前帶給傲勝國際50%營收成長的明星商品──騎馬機，就是長期合作的製造商提出的構想。另外一個明星商品美腿機，則是因為有很多消費者在門市反應「我想要可以塑雕大腿的商品」，最後訊息送回總部，經過市調、測試，繼而成為商品。

「發展商品，最重要的是你的品牌定位。」沈財富表示，每年傲勝國際會推出至少二十種新品，但並不是每種商品都必須行銷，理由是要建立專注的品牌形象。

「我們希望，人們提到按摩椅，就會想到OSIM，就像提到可樂會想到可口可樂，而買鞋就會想到NIKE一樣。」他表示。

四、採取直營店通路模式

沈財福也堅持採取直營方式經營通路，理由是他認為，傲勝國際走的是像賓士汽車一樣的高價市場，從產品、服務、到銷售人員，每一個細節都非常重要，否則就無法建立「對的消費體驗」。

英賽品牌行銷總經理曾百川，解讀沈財福打造品牌的成功密碼，一是擅於掌握市場趨勢，創造明星商品；二是直營店通路策略，成功營造高價品的形象。

（資料來源：商業周刊，第1023期，2007年7月，頁60-61）

問題研討

1.請討論OSIM的全球營運版圖如何？

2.請討論做品牌的價值何在？

3.請討論OSIM新商品構想來源有哪些？其過程為何？

4.請討論品牌定位的重要性何在？是否能舉出至少五個全球性品牌定位的案例？

5.請討論OSIM採取何種通路策略？為何要如此？Why？

6.總結來說，從此個案中，你學到了什麼？你有何心得、評論及觀點？

7.請分析OSIM在台灣市場的代言人行銷策略施展的如何（如林志玲、劉德華等人）？面對本土TOKUYO及日本品牌的競爭，OSIM

未來前途將如何？

8.請你與小組成員親自至OSIM專賣店看看，並說明你的觀感？

〈個案13〉美商金百利克拉克重視行銷創新與人才開發

一、金百利克拉克位居全球第3大消費性商品大廠

美商金百利克拉克（Kimberly-Clark）公司，現為與寶僑（P&G）、聯合利華（Unilever）鼎足而立的全球消費性商品大廠，旗下有Huggies、Kleenex、Kotex、Scott、Andrex等知名品牌，年總營收超過170億美元，行銷網涵蓋150多國，製造據點遍及37國。如此局面，主要歸功於從2003年年中實施的「五年轉型計畫」，以及現任執行長佛克（Tom Falk）的「人格特質」與重視「行銷創新」及「開發人才」。

二、展開轉型計畫——將營運重心從上游造紙，轉移到下游消費性包裝品市場

該公司高層在分析、研判產業變化趨向後，決定把營運重心從原來的上游造紙（紙漿及紙張），逐漸轉移到瞬息萬變的下游消費性包裝品市場，直接與寶僑及聯合利華競爭。這項計畫濫觴於2002年，由時任總裁暨營運長的佛克協助推動，2003年年中正式上路，除了從上游向下游的轉型外，還包括：加強聚焦開發中市場、提升品牌行銷能力及推動痛苦的重整措施，後者涉及裁員約6千人，相當於總人力的十分之一。這項轉型計畫還在持續進行中，但已經開花結果，金百利克拉克在中國、印度及俄羅斯的營運，年成長率已超過20%，在其他開發中市場的表現，也不遑多讓。

三、擅長從田野調查（第一線市場）中找到行銷創意

該公司執行長佛克擅長「從田野調查中找尋行銷創意」，也就是不論在美國本土還是在國外（他每年固定約有六趟至七趟的實質海外考察行程），他都喜歡走訪商店，仔細觀察一切，特別是消費者。用他的說法，就是讓自己暴露在「有趣的包裝點子、新的產品構想、不同的產品推

出及展示方法」之下。當他拜訪專業客戶，如向該公司購買專業擦拭紙的修車廠，一定要求隨行下屬勤做筆記，採集用過的產品樣本送交相關研發團隊分析，尋思如何改進。

他還有一項創意十足的措舉，即定期帶領董事會成員參觀該公司旗下的製造工廠，見證所通過投資案的成果，另還會邀請董事會諸公走訪該公司在美國的3大零售體系。

四、人才開發——人才多元化、國際化及輪調化

為因應公司營運轉型，佛克在2006年新設行銷長一職，延攬原任職於家樂氏（Kellogg's）的帕門（Tony Palmer）出掌，同年稍後，又向外借將來擔任策略長及創新主管。在此之前，金百利克拉克的高層職缺一向內升。不過隨著規模擴大，海外營運比重提高，佛克認為開發人才，特別是人才多元化，已日益重要，因此敞開大門接納外來和尚，同時也輪調美國本土員工赴海外歷練。

（資料來源：經濟日報，2008年7月6日）

問題研討

1.請討論美商金百利克拉克的營運狀況為何？並請上該公司官方網站，蒐集及了解進一步的資料。

2.請討論金百利克拉克的轉型計畫為何？為什麼要有此計畫？Why？

3.請討論執行長佛克如何找到行銷創意？

4.請討論金百利克拉克的人才開發狀況為何？

5.總結來看，從此個案中，你學到了什麼？你有何心得、評論及觀點？

〈個案14〉美國IBM訂定兩大策略在新興國家打出新江山

一、執行長帕米薩諾高瞻遠矚，訂下兩大發展策略

IBM現任執行長帕米薩諾（Samuel Palmisano）在位已第六年，高瞻遠矚，曾訂下兩大發展策略：「退出個人電腦市場」及「以投入教育與協助基礎建設『開發』新興國家資訊科技（IT）市場」。前項讓該公司及早脫離市場的底層，免於陷在較不擅長的割喉削價競爭裡，後項則讓該公司提前「進駐」新興國家的資訊科技基礎建設，打出一片「隨這些國家經濟快速成長，營運同步躍進」的江山。

第二項策略現仍積極鋪陳進行中，成效無庸置疑，埃及即為顯著的成功範例。IBM在埃及設有一座規模龐大的軟體實驗室，專門負責軟體元件及介體（Middleware）的研究及開發工作。

二、以投入教育及協助基礎建設，開發新興國家資訊科技市場

所謂的資訊科技基礎建設市楊，係指「政府、大型企業、醫院、金融機構、服務中心等，為提高運作效率，而需要用到硬體、軟體及服務」。若專就政府部門而言，則主要指銀行金融體系及電訊通訊架構。

帕氏指出，從處分掉個人電腦部門以來，該公司已投資逾百億美元，併購軟體企業及拓展全球的資訊科技基礎建設市場，後者又特別著重於開發中國家，因為網路浪潮興起，將有助縮短資訊落差，使全球經濟趨向整合。在這個過程中，開發中國家將成為全球成長最快速的地區，而開發中國家資訊科技產業的成長速度，又將快過其經濟成長速度。目前IBM的總營收中，來自開發中國家的比率已達到約21%。IBM的海外商務營運，即資訊科技。

三、針對開發中國家需求，展開量身打造工作

IBM此刻正就開發中國家的需求，量身進行重組，包括四個環節：第一是將針對美洲（總部選在巴西）、中東與非洲及東歐、亞洲等三大區塊，設立新的專責集團；第二是將這些新設集團的權責，完全獨立於現有

集團之外，以免受到西歐、美國、日本等地區集團的影響；第三是規劃未來三年將投資16億美元，致力於開發中國家的人才本土化；第四是鎖定50個目前規模仍小，但未來潛力可觀的國家（市場），積極布局卡位。

帕氏表示，IBM將從旁協助開發中國家建立資訊科技的教育內涵，如將在越南、保加利亞等地設立課程，「把服務當成一門科學來傳授」，進而打造該公司所需要的科技素養。當地政府則可達成政策目標、提高人民的技能水準。帕氏認為，跨國企業成功的要訣，首重去除在當地人心目中的外來企業之感，因此人才本土化非常重要，除投資於教育、從根本培養起外，目前該公司則以向校園或政府機構挖角來因應營運所需。

（資料來源：經濟日報，2008年8月6日）

問題研討

1.請討論美國IBM執行長帕米薩諾高瞻遠矚的訂下哪兩大發展策略？為何如此？Why？

2.請討論IBM如何投入開發中新興國家的IT市場？有哪些做法？

3.請討論何謂IT基礎建設市場？

4.總結來說，從此個案中，你學到了什麼？你有何心得、評論及觀點？

〈個案15〉愛馬仕（HERMES）採取精緻化的全球品牌擴張策略

一、小而美的策略，成功打造HERMES「精品中的精品」形象

與全球前50大營收超過1億美元（約合新台幣33億元）的精品品牌相較，愛馬仕全球擴張的速度並不算快。愛馬仕2008年的毛利率為65.07%，比起世界上最大的兩個精品集團LVMH、歷峰集團（Richemont）都來得高；但是論起品牌規模，愛馬仕全年營收約15億歐元（約合新台幣698億

元），規模不及大型精品集團的九分之一。

小而美的策略，讓愛馬仕成立一百七十年以來，成功打造「精品中的精品」形象，但也讓它成為大型精品集團最想要購併的對象。

二、市場定位在金字塔頂端

湯馬仕是愛馬仕集團第一位非家族成員的執行長。兩年前他上台之際，外界視其為愛馬仕有意尋求專業經理人，現代化管理的象徵。

他認為：「我們試圖讓產品的品質維持在最好的水準、最好的做工、最好的材料，並且不斷加入新的創意。這是我們認為在金字塔尖端最重要的一件事。如果有人想要複製，我們不在意，讓他們跟好啦！但至今，我不認為我們有競爭對手能夠在商品品質上與我們競爭。」

三、堅持手工藝傳統，不讓HERMES擴張太快，與其他精品業者不同的決策

湯馬仕執行長表示：「我們做了一個策略性的決定，不讓愛馬仕擴張太快，許多其他知名的精品品牌都以比我們更快的速度在全球擴張，這是因為他們做製造（Production），而我們想繼續手工工藝的傳統；如果有必要的話，我們會限制生產量，以便保有手工製作的知識。我們不是時尚業者，我們是工藝精神的實踐者，有些我們的經典商品，設計的年代已經是五、六十年前了，但你看不出來。我們不跟隨流行，我們希望超越流行。」

「舉例來說，像是柏金包，或是凱莉包等經典包非常暢銷，經常缺貨，只要增加人力進行分工製造，就可以應付需求，但是如果是以保持商品一貫的工藝品質為前提，增產就做不到。我們幾乎每年都增選新的工藝師傅，但新人需要長時間訓練才會成熟。這類需要工藝技術的商品的製造是無法工業化的，所以我們不妥協。」

四、行銷模式採取多元在地化，總公司與分公司自訂業績目標

愛馬仕公司的商品種類超過五萬種，採取非常授權的方式管理商品組合，十四個商品部門各自獨立，各自設有總裁與設計總監，總裁負責業

務，各部門有很大的自主權，甚至自行管理他們的供應鏈，不過為了統合所有的商品設計風格，主管設計風格的設計總監必須確保商品的風格符合品牌一貫的和諧性，讓商品不必看標籤也能看出是愛馬仕的商品。

至於總部的責任則是與各部門、各地區的分公司分享策略目標，像是未來五年愛馬仕要達成什麼目標，也管理物流、廣告與溝通策略等。

除此之外，對於各地區市場則採取非常授權的方式管理。總部不規定年度業務目標要成長多少、利潤率達成多少，這些數字都由地方分公司自己提出來，總部與地方共同討論。

這種做法不叫做授權（Decentralized），稱之為「多元在地化」（Multi-localized）。希望在中國市場就是中國人，在台灣市場就是台灣人，在日本市場就是日本人。事實上，如果不這麼做，就無法與當地客戶建立緊密的關係。

五、愛馬仕經營頂級顧客的方法——建立客戶資料庫，辦理小型行銷活動，與消費者進行深度溝通，並了解每位顧客的喜好

「人」，愛馬仕將客戶的關係管理完全授權地區分公司，每一個員工的腦袋都裝有客戶資料庫，他們非常清楚客戶的喜好。

有些地區的顧客十分特別，像是台灣，就有品牌愛用者組成了像是俱樂部的社團，經常聚會，甚至會定期造訪愛馬仕巴黎總部，這些客戶我們稱之為「家人（Families）」。

與其他精品品牌不同，愛馬仕花在廣告預算上的錢很少，但是辦很多小型的行銷活動，與消費者進行深度的溝通。

但其實，與客戶溝通最重要的事，還是產品本身。用好的東西本身就會帶給消費者一種愉悅的感受，而這群頂級消費者也會共享這個話題。

六、人才是全球擴張的最大挑戰

湯馬仕執行長認為：「還是『人』。儘管愛馬仕並不追求快速成長，但是員工的數目還是成長到了7,000人，要讓所有的員工都理解企業的價值與願景，是最大的挑戰。」

七、看好中國及印度精品消費潛力——全球展店計畫

美國經濟衰退陰霾罩頂，全球股市動盪不安，衝擊到一般民眾的奢侈品消費意願，但法國精品愛馬仕（HERMES）看準中國、印度等新興經濟體的精品消費潛力，重申將維持投資額高達1.6億歐元的全球展店計畫，包括在新德里成立第一家愛馬仕印度分店。

愛馬仕計畫於全球開設或整修40家精品店店面，其中在印度的首家分店已於2009年5月於新德里的歐貝羅伊（Oberoi）飯店開幕。而在2010年銷售額成長1倍的中國市場，愛馬仕打算至少再開5家分店，在美國的聖地牙哥及丹佛市也將新增據點。

（資料來源：商業周刊，第1052期，2008年8月15日，頁51-53）

問題研討

1.請討論愛馬仕市場定位何在？採取何種策略？

2.請討論愛馬仕為何不採取急速擴張策略？Why？

3.請討論愛馬仕採取何種多元在地化策略？

4.請討論愛馬仕經營頂級顧客的方法為何？為何要如此？Why？

5.請討論愛馬仕的全球展店計畫內容為何？

6.總結來說，從此個案中，你學到了什麼？你有何心得、評論及觀點？

7.請你與小組成員親自至愛馬仕專賣店看看，你有何觀感？

〈個案16〉亞洲2萬店追夢，日本Family-Mart改革上路

Family-Mart在日本是僅次於7-11及LAWSON的第3大便利商店，目前在日本的店數已達6,100家，距日本7-11的1萬家，仍有些距離。但是，Family-Mart打出的是泛亞洲的布局策略，目前總計在日本、韓國及台灣三個地區的店數總規模已突破1萬家。未來將積極展開變革，邁向泛亞洲地區2萬家店的追夢使命，成為亞洲地區最大的便利商店跨國連鎖集團。

為此，Family-Mart總經理上田準二在兩年前上任時，即展開組織、業務、成本結構、制度及員工意識的五大經營改革。而就具體執行重點方面，則側重在下列四大重點上。

一、S&QC的徹底執行

上田總經理認為，便利商店營運三原則，即是：「服務、品質與清潔」（Service & Quality Cleanness; S&QC）。因此，他認為必須強化6,100家店店長的意識改革，全面啟動「接客第一」的行銷新世紀，並且將成為Family-Mart與7-11及LAWSON競爭對手的最大差異化所在。由於提高店效（即每店每日平均營業額）是上田總經理上任以來，首要重視的大事，因此，積極對店效不佳的據點展開對象輔導。他特別成立一支由27個人組成的專任部隊，專門用來指導有問題的加盟店，此部門稱為「督導支援特別小組」（SV-Support），以每4人為一個特別小組，進駐有問題的加盟店，實地為期一週的「就地」輔導與支援，包括了接客指導、店內清潔、訂貨與庫存、促銷計畫等事項。上田總經理非常期待這一支由各地資深督導員，調回總公司而組成的特別精銳部隊能發揮功能。事實證明，這支特別部隊確實發揮了功效，一年之後，經過輔導有問題加盟店的來客數及每日營收額均成長了3%，而加盟店過去頻頻反應困難給總公司的比例，也減少了一半。上田總經理表示，2008年督導支援特別小組的支援網，將更為擴大。過去以東京為主的東地區136家店為主，2009年已擴大3倍到410家店，未來將擴及全日本各店。以收到更廣大的成效。最終的目標，就是希望目前平均每店營收額47萬日圓的目標，躍升到第一名競爭對手7-11的65萬日圓水準。上田總經理表示，Family-Mart將會把S&QC作為該公司現場競爭力的最高標準，邁向業界第一的目標前進。

二、製販同盟的商品開發策略

Family-Mart在2004年正式引進「需求鏈管理系統」（Demand Chain Management，簡稱DCM），此系統最大的功能，就是當天各店商品的銷售資料結果，在隔天早上，即可由製造供應商在電腦連線上看到數據結果，以了解新商品及既有商品的銷售成績如何。此外，這套DCM資訊系統，還可以看到供應商所販賣商品在全日本各地區的上架率情況，因為訂貨權在各加盟店長，以及因應各地區環境的不同，不見得所有商品，會在6,100家店全部上架銷售。另外，亦可以看到物流中心的庫存數變動狀況，避免供應商生產數量過多。雖然引進DCM系統可以及時看到商品銷售狀況，但是如果商品銷售不如預期，除了下架的途徑之外，雙方進行密切的商談檢討與研訂改善對策，也是很重要的處理政策。

Family-Mart很重視商談改革，而其最終目標則是希望能透過製販同盟，而創造出更具銷售力的原創（original）商品與獨賣商品。由於便利商店的商品生命週期愈來愈短，因此，必須不斷加速提供新商品上市。2004年Family-Mart與可口可樂公司共同開發獨賣的咖啡飲料，即有不錯的銷售佳績。Family-Mart目前的原創商品比率雖已達到35%，但距離日本7-11的50%比例，仍要積極加速趕上。

三、全國展店策略

Family-Mart過去平均每年增加500家店，2010年已擴大為600家店，採取積極擴店策略，為的就是追上第二位Lawson公司。在展店策略方面，Family-Mart將採雙管齊下的方式，即採取全國展店及都會區集中展店兩種並進策略，並將擴大投入200人展店人力。其中，150人在東京、大阪及橫濱等大都會區負責激烈肉搏戰的展店。另外50人則全新開始，負責在鄉鎮地區的展店任務，以四國地區的德島、香川、愛媛等為主力地區，在這些地區，7-11並無一店在此區開店，因此，競爭程度不若都會區大。此外，一些特殊地點，也是未來展店的重點，包括醫院、大飯店、工業區、遊樂區、高速公路、學校、風景區等均屬之。Family-Mart的展店人員，每人都配備一部筆記型電腦，裡面有一套GIS（地理情報系統），是該公司獨自開發出來的，屬業界第一。該系統提供了展店目標地點區域500公尺以內的家庭戶數、人口數、交通、競爭店數、年齡層、公司行號等訊息情報，以提供設店決策參考之用。GIS啟用後，新設店比既有店的平均日營業額還高出10萬日圓，顯見GIS在正確展店功能上成效卓著。

四、營業組織改革

為了進一步提升營業績效，上田總經理將營業區域，從日本的東北到九州地區，劃分為十九個區塊，每一區域設地區最高主管，負責旗下的400家店，並輔以每日營收業績提升之目標績效管理制度，以減低總公司直接面對6,100家店這類無效能管理的錯誤。上田總經理並下令賞罰制度，嚴厲考核這十九個地區最高主管的業務績效，啟動Family-Mart的戰鬥組織體制與文化。

五、結論——世界店鋪網展開

上田總經理已正式對外宣示Family-Mart，2015年世界店鋪網2萬家店的歷史性追夢目標，並表示這也是該公司全體員工的新夢想。Family-Mart目前已在日本有6,100家店、中國500家店、韓國2,200家店、台灣2,500家店及泰國500家店，合計已超過1萬家店。另外，計畫2011年在美國登陸，以反攻競爭對手7-11。未來2萬家店世界網建構完成，將更有助於原物料的共同採購以及商品的共同開發與行銷上市。

上田總經理深具信心的表示：「讓日本便利商店走向世界的夢，是日本零售流通界最深刻的期待，而Family-Mart將率先擔負起這項歷史使命。」

Family-Mart近幾年來快速的變革，已經對第一領導品牌日本7-11造成強大的威脅，雙方的競爭只會愈來愈激烈，誰將勝出，令人矚目。

問題研討

1.請討論Family-Mart組成督導特別小組的目的及功能何在？
2.請討論Family-Mart與供應商製販同盟的商品開發策略之做法內容？
3.請討論Family-Mart的全國展店策略內容為何？以及為什麼？
4.請討論Family-Mart的營業組織如何改革？
5.請詮釋Family-Mart亞洲2萬店追夢的涵義何在？
6.總結來看，請從策略管理角度來評論本個案的涵義有哪些？重要結論又有哪些？以及你學習到了什麼？
7.回到台灣，請問全家為何仍趕不上7-11？Why？

〈個案17〉建構強化現場力，日本麥當勞突圍出擊

一、從繁盛到衰退的歷程

日本麥當勞是麥當勞速食店除了美國市場之外，最大的海外市場。自1971年開設第一家分店以來，成長非常順利。創辦人藤田在1980年代，曾發出「巨大宇宙戰艦麥當勞號出擊」的重大宣言，大舉擴店，到2000年代，店數已達3,500多家。早期的日本麥當勞充滿著創辦人藤田個人強勢與好大喜功的領導風格。其決策模式，也是從上而下（Top→Down）的獨斷決策方式。

但是到2002年以後，日本麥當勞開始出現危機。由於2001年9月，日本國內爆發狂牛症疫情，每家店的業績開始受到打擊，這艘巨大宇宙戰艦也受到重創而迷失。為了脫離困境，藤田採取大幅降價策略，但仍挽不回消費者的心。創辦人藤田在美國麥當勞總公司的壓力下，終於在2003年3月，辭掉總經理職務。此時，日本麥當勞已連續兩年（2002年及2003年），發生史無前例的虧損警訊。2004年2月，新任總經理原田永幸，在美國總公司支持下就任，展開大規模的經營改革，希望使日本麥當勞再現往日榮景。

二、組織改革是第一炮

原田總經理到任後，首先針對營業組織部門展開大幅革新。原先的營業組織系統是：營業本部→地區本部→各店的三級制。但原田認為層級太多，有重複指揮的缺點，因此，立即裁掉所有的地區本部組織，由總公司的營業本部人員直接指揮各店店長並直接溝通，並且將公司重要部門的一級主管做了大幅度的調動改變。

經此變革，組織氣象煥然一新，重現了麥當勞往昔的活力與士氣。組織內部改革完成之後，原田總經理立即展開三年影響業績的關鍵策略行動，並完全以提升「現場力」為改革思考的核心。這三大現場主義改革戰略，包括了以下三項。

三、現場主義改革1——商品開發戰略

過去的敗筆之一，就是隨意的推出新商品。新商品過於浮濫的缺

點，已在事後被證明，這些缺點主要有四項：

(一)事實上並沒有提升營收額。

(二)混淆現場工作人員對商品的認識，以及增加商品知識的學習訓練時間。

(三)服務人員不知究竟要推薦顧客哪一種產品。

(四)增加現場人員的負擔，但顧客滿意度卻未見上升。

總結來說，過多商品開發與推出，被證明是失敗的策略。因此，必須改變為精準式商品開發模式。原田總經理要求改採美國總部詳細的「商品評價」導入手法。改變過去六至八週就推出一個新商品的浮濫情形，改採審慎規劃以每年為週期，推出「戰略商品」。最近一推出即為市場所接受的，是以男性為目標市場的高價位漢堡。這一套商品評價導入手法，係依據顧客的性別、年齡、價格帶接受度等區別，精準調查其需求，並設定產品的定位概念及目標客群，尋找新食材；然後經過400人次試吃會的定量調查及核心客群的定性（質化）調查結果，進行產品不斷的改善，直到所有的目標客群都說好，才OK。這樣的過程，大概要費時近一年。

四、現場主義改革2——店長業務戰略

過去店長每天必須忙於填寫繁雜的報表及文書作業，無法抽離出來真正花時間在店面業績上，導致店長做了太多表面功夫的工作，但卻無法立即解決店內的每日業務，亦無法有助業績提升。原田總經理發現此重大缺點，立即要求改變店長的工作任務分配，必須有90%的工作時間，花費在現場第一線工作上的督導、觀察、解決及服務，以確保顧客滿意度，進而提升日益衰退的每日業績。另外，並修改業績獎金制度，將店長的業績獎金與每月該店的營收額相互連結，不能等到每年才結算一次。此舉有效的及時激勵店長，並且做到了立即賞罰分明的目標。

五、現場主義改革3——拓店戰略

日本麥當勞在拓店戰略方面，引進了美國總部的POM（Profitable Optimize Market）系統。此系統工具的用處，主要在針對新設店及既有店之移轉、關店或追加投資之效果的比較分析，希望達成該地區內新設店與既有店，均能有足夠的市場規模，而共同生存，避免相互競爭廝殺，造成

店面數增加，但實質業績卻無等倍增加反而發生自我蠶食的不良現象。

六、結語——全面推進「規場力」確保業績成長

原田總經理表示，今後日本麥當勞3,800家連鎖直營店店面的經營主軸核心，將集中放在3,800位店長的身上，並將充分授權，但其首要責任必須達成預定業績目標。東京總部幕僚的一切工作目標，就是將總部資源力量支援到3,800個據點第一線上，並將此成效列為幕僚的年度考核指標。原田總經理認為日本飲食市場規模高達27兆日圓，而日本麥當勞只做了4,000多億日圓，占有率仍然非常低，未來向上成長的空間仍極大。他這位新任總經理當前所要做的，就是：

(一)如何廣納更多優秀的業務人才。

(二)激勵全體上萬名員工的工作士氣與動機。

(三)加強店長使命感。

(四)建立戰略商品開發制度。

(五)審慎拓展店數規模。

原田總經理認為過去二十多年來，日本麥當勞的成長，均繫於藤田創辦人一人專斷的強勢領導作風，而底下的人，都變成聽令辦事，缺乏創新力、思考力及當家作主的決策力。變成整個日本麥當勞的生命，繫於一個人身上，這絕不是經營的典範。原田認為現在是到了改變的時候了。事實上，自2004年1月以來，日本麥當勞的業績，已脫離過去兩年連續虧損的困境，而開始轉虧為盈了。

日本麥當勞的復活計畫，告訴了我們，服務業要贏的兩個策略觀點：一個是必須投入大量的資源在「現場力」的建構及強化上。另一個則是必須慎思影響公司發展的核心問題點究竟是什麼？然後進行必要且有魄力的組織變革、領導變革及策略計畫變革。最後，企業才能在頹敗與困頓之中，突圍及再生。

問題研討

1.請討論日本麥當勞從繁盛到衰退的歷程為何？

2.原田總經理到任後的組織改革第一炮為何？

3.日本麥當勞以現場力提升為改革的核心點，該公司採取了哪三大現場主義的改革戰略？為什麼？

4.原田新任總經理當前所要做的四項努力方針為何？為什麼？

5.何謂POM系統？目的何在？

6.總結來看，請從策略及行銷管理角度來評論本個案的涵義有哪些？重要結論又有哪些？以及你學習到了什麼？

7.台灣麥當勞公司經營算是不錯，請問它的關鍵成功因素為何？

〈個案18〉日本麥當勞業績回春行銷術

日本麥當勞每年來客數超過14億人次，相當於平均每人每年來店數達10次。日本麥當勞在2001-2003年之間，曾面臨業績下滑的事業危機，但在2004年5月，原田永幸被臨危受命擔任董事長兼總經理後，由2004年起到2008年止，業績已快速回升。原田永幸被視為成功挽救日本麥當勞這一艘危機大船的領導總舵手。

一、檢討業績下滑原因

原田總經理上任後，即快速展開業績下降的原因檢討，主要發現有幾點：(1)拓店太快，當時在各項條件與資源都不是很強壯與充分下，貿然展店，平均每年淨增加300店，速度衝太快了。(2)當時，符合資格的新店長人才也顯得培訓不足，領導新店作戰能力嚴重缺乏。(3)當時，不少舊店的改裝速度過慢，顧客享受餐飲的美好感受不足。(4)過去長期以來，一直以QSC（品質、服務及清潔）為訴求的定位與特色，亦逐漸劣質化。(5)美國進口牛肉發生問題，以及(6)行銷4P組合策略都有失當之處。

二、展開各項行銷改革

原田總經理在了解及掌握上述業績下滑原因後，即展開各項的解決對策，包括展店速度放慢、加強合格店長的培訓計畫、舊店的改裝、現場服務的改進等諸多措施。除了上述對策因應之外，原田總經理設定了每年度的策略性目標，包括：

第一：2004年度以「挽留住既有顧客」為總目標。

第二：2005年至2006年度以「獲得新顧客」為總目標。

第三：2007年度以提升「顧客來店頻率」為總目標。

四年下來，在原田總經理及公司全員的齊心努力下，這些目標都逐一達成了。

在這幾年間，日本麥當勞連續推出低價100日圓漢堡頗為暢銷，加上24小時營業時間推出、店面大幅改裝、店面可以使用電子錢包結帳、Mc Cake咖啡分店新推出，以及消費者在開車時就可以先預約訂購，等車子到店面時，即可以立即取餐等諸多便利性的措施，使得麥當勞QSC（品質、服務、清潔）的基本訴求與展現，獲得現場顧客實質感受的提升。另外，在新產品開發方面，除了長年性速食產品外，日本麥當勞也推出「季節限定」的創新產品，作為消費者在不同季節的多樣化選擇。

原田總經理首要重大責任，當然是使營收業績得以回升，他曾表示，上任四年來他從戰略面及戰術面來看待如何達成這個挑戰任務。

(一)在戰略面（圖1-1）

1. 在2004年至2007年間：要以QSC+V（value）這兩件事為基柱戰略，一定要固守住「QSC（品質、服務、清潔）+V（價值創造）」的根本重大目標才行。這個基柱一旦鬆動或劣質化，那麼什麼都沒了。
2. 在2006年至2007年間：改採取積極攻勢戰略，包括推出100日圓漢堡、24小時營業等。
3. 在2008年起：採取深化各種營運活動及行銷4P組合的創新行動。

(二)在戰術面

他則強調營收業績達成或提升的公式是：來客數×客單價，因此行銷組合戰術計畫，就是要想辦法提升來客數及提高客單價（圖1-2）。因此，麥當勞在這幾年來，也不斷的推出各種行銷活動，例如贈送免費咖啡券、期間限定銷售新產品、推出新話題產品、喚起顧客早餐／午餐／輕食的需求性，另外除了100日圓低價漢堡外，也推出300、400日圓的高價位漢堡，可說兩極化價格的漢堡都有提供。

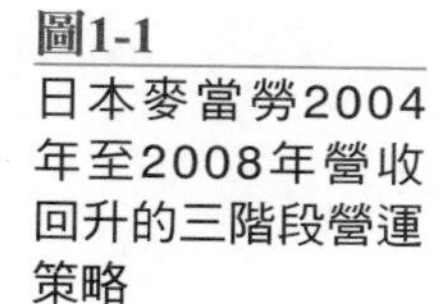

圖1-1
日本麥當勞2004年至2008年營收回升的三階段營運策略

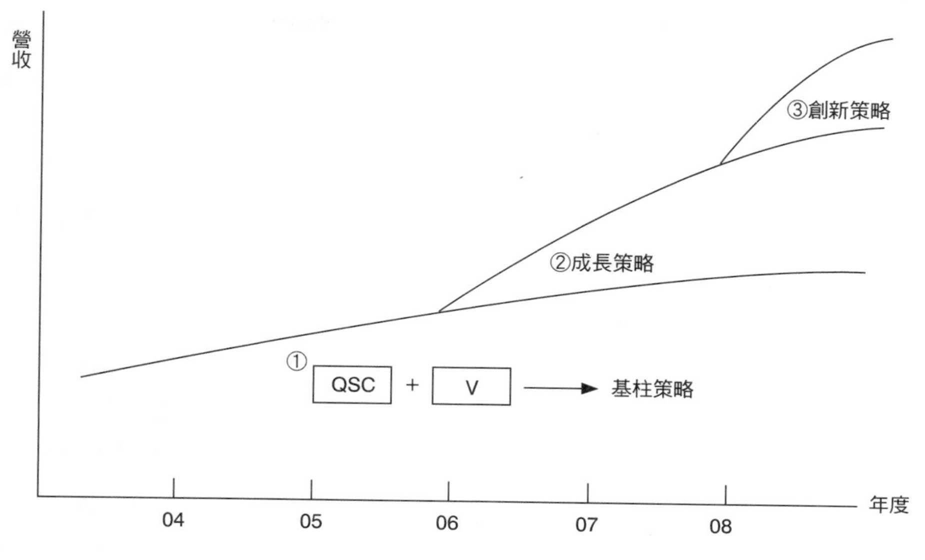

圖1-2
日本麥當勞營收業績提升計畫

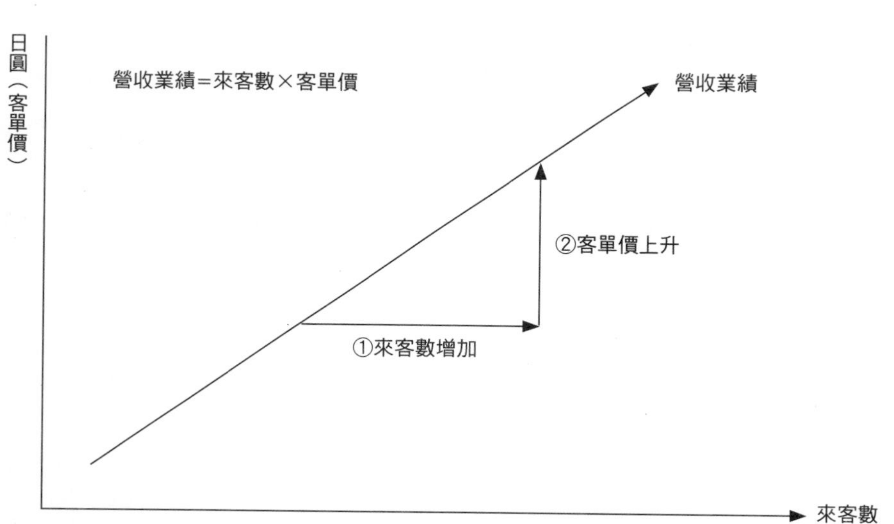

三、全方位提升「現場力」

在被問到為何近幾年日本麥當勞能夠轉敗為勝的本質原因時，原田總經理表示：「成長的關鍵所在，仍在於現場力。一定要使各門市店現場人員及店長的作戰意識及作戰能力得到提升才可以。尤其，優質店長的人才團隊，更是現場力的核心所在。」

另外，原田總經理也強調總公司思考的能量及來源，一定要貼近現場才行。而總公司對各門市店現場的經營與管理，原田總經理提出三個重點：

第一是：現場的「執行力」落實程度。

第二是：要讓現場人員及店長了解總公司的「戰略」是什麼。

第三是：要全面加強互動溝通，特別是總公司各項戰略及門市店有效執行的互動雙向與面對面的溝通及討論。

原田總經理認為只要能做好這三項事情，任何計畫就比較容易成功，各店也就能獲利賺錢。反之，如果有一環做不好，門市店就可能虧錢。對於從經營高層到門市店的傳達及溝通做法，除了面對面召開會議之外，原田總經理也改變組織體系，成立一個「門市店報導小組」，專責統一對各門市店的總窗口，以收權責統一之效。這與過去由營運部、販促部及物流部，各自面對門市店的多元窗口，有了重大的改變。

四、改革形成良性循環

自2004年起，日本麥當勞經過一連串的組織、營運及行銷的大改革之後，營收已止跌上升，員工士氣也跟著上升；整個門市店的經營水準不斷獲得強化提升。然後顧客來店的滿意度，及來客數也跟著上升；顧客數的增加，對於新產品順利開發上市並暢銷，也得到不少助益。整個是形成一個良性與正面有利的經營循環。

五、創新與價值提升，永不停息

對於2011年，日本麥當勞的經營重點何在？原田總經理回答說：「創新與價值提升（Value-up）仍將是唯一的重點。而此重點的目標，則是提升各門市店的總體現場戰鬥力。門市店現場戰鬥力不斷地提升，公司的成長就不會有上限。」對於門市店要如何Value-up（價值提升），原田總經理認為這要取決於三點：一是店長是否具備這方面的觀點；二是店長是否具有這方面的商機意識；三是門市現場是否有優秀的人才團隊。原田總經理再次強調總公司高層必須以現場的思考為能量與基礎，然後，由總公司高層來決定戰略，並且交付門市店現場來貫徹執行。

面對日本少子化與高齡化的發展如何因應，原田總經理認為在日本速食市場7.8兆日圓的市場規模中，麥當勞僅占5%至6%，這市占率並不算高，此未來在同業及跨異業的成長空間仍很大。只要市占率能成長1%，就是增加780億日圓的營收。因此，原田總經理認為先前所設定的6,000億日圓的營收挑戰，仍可以從目前的4,000多億日圓，向前邁進，一定可以達成。而達成此挑戰營收目標的根基，就在於從「現場力」為出發，不斷的努力開發及全方位實踐「創新與價值提升」的這個核心思維。

問題研討

1.請討論日本麥當勞在2001-2003年營收業績下滑的原因為何？為何會有這些原因的出現？Why？

2.請討論原田總經理設定了每年度的策略性目標為何？

3.請討論日本麥當勞展開了哪些的行銷改革行動？

4.請討論原田總經理在上任四年來，採取了哪些戰略及戰術面的營運活動？並請圖示之。

5.請討論原田總經理認為日本麥當勞近幾年成長的關鍵何在？Why？

6.請討論原田總經理對門市店現場的經營管理有哪三個重點？

7.請討論原田總經理為何要成立一個「門市店指導小組」？Why？

8.請討論日本麥當勞經過成功改革後的良性循環為何？

9.請討論「創新與價值提升，永不停息」此句話之涵義為何？

10.請討論面對日本少子化與高齡化的不利環境發展，原田總經理有何看法？你認同此看法嗎？Why？

11.總結來說，從此個案中，你學到了什麼？你有何心得、啟發及觀點？

〈個案19〉日本松下電器九十年老招牌更名為Panasonic Corp.

一、準備改名，以凸顯Panasonic全球品牌形象，並提升品牌價值

全球最大消費電子製造商松下電器產業公司宣布，準備改名為

Panasonic Corp.。這將是松下成立九十年來首度取下創辦人的姓氏，凸顯松下強化全球品牌形象以提升海外業績的決心。

隨著全球競爭愈來愈激烈，強化品牌形象成為各公司首要任務，基於Panasonic品牌在日本以外的市場名氣比松下響亮，先前一直有人揣測松下可能更名，以強化品牌識別度。

松下電器創立於1918年，以公司創辦人松下幸之助的姓氏命名。松下社長大坪文雄坦承，放棄消費者與員工數十年來共同建立的松下與其他品牌，是痛苦的決定，但「我們不能沉湎於懷舊氣氛，必須為松下的未來做決定」。他並承諾會努力提生Panasonic的品牌價值。

二、透過改名以積極向外擴張版圖，提高海外營收占比

松下的產品包括Viera電漿電視與Lumix數位相機，迄2008年3月底的會計年度內，海外營收還不到總營收的50%，促使該公司積極向外擴張版圖以提高成長。反觀勁敵Sony公司，海外營收占總營收比例達四分之三。

三、統一全球品牌，品牌力量愈來愈重要

改名提案10日獲公司董事會批准，不過，還得靜候6月股東大會的決定。若一切順利，新名稱將於10月1日正式生效。

除了更改公司名字，松下也準備揚棄內銷品牌「National」，計畫在2010年3月底前，把冰箱、烤箱、洗衣機等大型家電的品牌名稱，一律改成Panasonic。

為了避免消費者混淆不清，松下改名為Panasonic的想法已醞釀多時。松下表示，此決定是為了「統一全球品牌」，未來會繼續秉持創辦人的理念經營公司。

近年來，科技裝置價格下滑快速嚴重影響公司獲利。不過消費者願意花更多錢，購買Sony或Panasonic等知名品牌的產品，顯示品牌力量愈來愈重要。

四、過去曾經改名的其他公司案例

原名	改名後	原因
埃索	埃克森	利於市場行銷
蘋果電腦	蘋果公司	跨足電腦以外產業
菲利普莫理斯	Altria	擺脫與抽菸掛勾的負面形象
Permission Marketing Solutions	Pacific Asia China Energy	趕搭遠東與中國崛起熱潮

（資料來源：經濟日報，2008年1月11日）

問題研討

1.請討論日本松下公司想要更改為何種名稱？為何要這樣做？Why？

2.請討論為何日本松下公司認為品牌力量愈來愈重要？Why？

3.若從你個人觀點來看，松下公司此舉是否做對了？或是有無效果？是否還要有其他條件搭配？或是你不看好？Why？

4.請你比較分析日本SONY與Panasonic兩個品牌如何？松下改名是否看到SONY單一名稱的好處及優點？

5.總結來說，從此個案中，你學到了什麼？你有何心得、評論及觀點？

〈個案20〉日本家電量販巨人YAMADA致勝祕訣

一、經營績效冠業界

YAMADA（山田公司）創業在1973年，由山田昇擔任董事長兼CEO。當時的山田電機公司是以製造廠為主力，家電量販流通事業才剛剛起步，連前5大都排不進去。但自1990年代中期，近十年來，YAMADA家電量販公司有了急速的成長。它在2002年以5,000億日圓營收額超越了另一家COMATSU家電量販店，一躍成為日本第一大的家電量販公司。2005年度營收額破1兆日圓，2010年度合併營收額達2兆日圓。距離第二名COMATSU公司的7,400億日圓，可以說相差達3倍以上。山田家電量販公司目前的市占率達20%，平均獲利率亦達5%，比同業的2%-3%還要高。即使有此優良卓越的經營績效，但是並未減緩山田公司的拓店速度及每年仍保持二位數的營收成長率。

2007年7月13日，日本媒體刊出大標題，表示東京首都圈展開家電量販店「大決戰」。因為YAMADA在池袋區開了一家超大型的家電資訊量販店；其隔壁緊鄰的就是位居第3大的Big Camera公司的池袋旗艦店，兩家都是超大型的家電資訊量販店，互相在一起拼鬥起來了。

二、急速成長的根源：壓倒性組織力與嚴格管理模式

在被媒體問到YAMADA猛烈急速成長與強的根源在哪裡時，該公司一位幹部表示，主要原因是YAMADA具有「強勁壓倒性的組織力及店頭行銷力」。多位商品供應商也表達YAMADA是一家電製造公司，加上橫跨全日本的家電量販連鎖店與強勢的最高經營者，可以令人感到他們是一個「戰鬥集團」。

在日本，大家都有耳聞過YAMADA家電量販店的經營者山田昇董事長，是採取非常嚴格的管理模式。他自己既是董事長兼總經理，自2007年2月起，他又下令自兼營業部副總經理，親自率軍在第一線打戰。一人身兼三職，這在日本大企業是很少見的組織文化。山田昇董事長長期以來，就採取了每天早上從8:45起，即召開全國店面的電視畫面連線會議。他自己坐鎮在總公司會議室裡，然後，全國數百家店店長也要在他們店裡的會議室各就各位，然後開始開會。開會第一件事，即是山田昇董事長會檢討全國各大區及各單獨店的昨天業績。凡是未達成預訂目標業績的店長，都會在電視畫面上被山田昇董事長嚴厲斥責一番，罵得很難聽。這種畫面及斥責聲，同步的被數百個店店長同時看到及聽到，大家的神態及氣氛都很沉重。此顯示出在山田昇領導第一品牌家電量販公司是採取了高度統制式與嚴厲風格的一家獨特型公司。

此種YAMADA企業文化，被公司內部員工稱為「魔鬼式文化」，大家都必須兢兢業業，務必達成年初及月初所訂下的營收業績及獲利目標，否則日子就很難過了。另外，在每一家YAMADA店內，天花板上，四處都設有監視器，該公司副總經理富忠男則表示，這是為了提升「顧客滿意度」而做的，希望所有全國店員、店長，都能做好待客的優質服

務，並非為了監督店內的員工。

再者，每位店長每天也必須填寫一張「店鋪業務管理表」以及「行動計畫表」，以作為提升店內業績的對策、計畫與人員分工。

YAMADA山田昇董事長嚴格的「魔鬼管理文化」，有些店長認為可以有效提升店頭的效率化及成長化，但也有些店長並不認同此種近乎專制獨裁式的領導而辭職離開的。

三、決策速度相當快

YAMADA公司的決策速度相當快，只要在每日全國電視連線會議上，山田昇董事長對各店提出的問題點或建議與策略等，山田昇都會立即回覆，沒有半點猶疑，決策就快速的做成，並傳達給全國數百家店店長依照如此做法。YAMADA公司可以說徹底做到了中央集團統治與上意下達的快速決策模式。山田昇董事長曾這樣表示：「流通事業每天都必須分秒必爭，每天都會有新的變化產生，因為它不像製造業，卻都一成不變。因此，唯有以快速的決策與因應辦法，才能勝過競爭對手與異業競爭。」

四、率先喊出數位產品「長期保證」做法

過去，一般家電資訊量販店對廠商產品的保證期都是為期一年內免費維修的。但是，YAMADA公司卻率先第一個喊出「五年內」都可以免費維修的「長期保證」之創新型服務行銷做法，引起同業及供貨廠商的釋然及訝異。此種針對有繳交3,800日圓（約1,100元新台幣）的會員，才能享受數位產品五年長期保證免費維修的行銷做法，如今也成為YAMADA創新營運模式領先者的創意代表，並形成重要的競爭武器。

五、面臨供貨廠商的不滿：通路為主

YAMADA公司近幾年來，要求供貨廠商必須增加對YAMADA流通事業的回饋「佣金」（Rebate）及「協贊金」。其中，回饋佣金（簡稱回佣）至少要繳交3%，但現在卻提高到5%-7%之間，而且是強制性的。另外，凡是新開店的促銷活動及廣告費，廠商也要繳交協贊金，以打響該店的知名度。

面對這個家電資訊量販店的YAMADA巨人，擁有市占率20%，廠商

們大都不敢正面得罪YAMADA公司。只是，私底下認為YAMADA不應「無視」於這些供貨廠的「貢獻」。何況，YAMADA公司如今也已步入正軌且獲利正常，應該本著共存共榮與互利互享的雙贏原則，才是正確之道。

六、強力中央集權，挑戰3兆日圓營收目標

山田昇董事長曾說過：「總公司是頭腦，全國各分店是身體，有了明確的分工及責任，加上強韌的組織力與強力嚴格的中央集權管理模式，未來的YAMADA將挑戰營收倍數的成長。從現在的1.5兆日圓，躍向3兆日圓的高峰點。」YAMADA家電量販及山田昇獨特的董事長領導人，以嚴厲、壓力、目標數據達成力及龐大的數百個店的組織戰力，造就了YAMADA公司在家電量販流通事業版圖的第一大。

問題研討

1.請討論YAMADA公司目前的經營績效如何？

2.請討論YAMADA公司近十年來急速成長的根源何在？你是否認同YAMADA公司的組織文化及董事長的企業文化？Why or why not？

3.請討論YAMADA公司的決策速度如何？有何優點？或缺點？

4.請討論YAMADA公司的「長期保證」是什麼？為何要有此做法？Why？

5.請討論面對通路為主時代裡，供貨廠商對YAMADA公司有何不滿？Why？

6.請討論YAMADA未來成長的願景目標為何？為何要有此目標？Why？

7.總結來說，從此個案中，你學到了什麼？你有何心得、啟發及觀點？

〈個案21〉世界最強的Baby企業，嬌聯永保成長經營之道

嬌聯（Uni-Charm）公司是日本女性及嬰兒生理用品市占率第一名的優良公司。其2010年度在日本的市占率高達42%，遠比大公司如花王的28%及P&G的14%都要高出很多。連P&G日本公司總經理也不得不佩服嬌聯公司，並稱該公司是女性及嬰兒生理用品最強的公司之一。即使面對著少子化及成熟市場的兩大不利環境，嬌聯公司仍能保持年年成長的佳績。

一、商品開發：持續性的觀察顧客

最近，嬌聯公司開發出「超吸汗力」、「超睡眠力」等嬰兒紙尿褲產品，其每片零售價格比其他品牌還高出30%，但在賣場上仍成為暢銷品。面對日本少子化以及同業價格競爭非常激烈的狀況下，嬌聯公司的市占率仍能保持在近50%之高，實屬難得。該公司國內行銷事業部副總經理池田浩和就表示：「即使面對成熟市場，我們仍然有新商品提案及上市行銷的空間存在。」嬌聯公司相信市場即使面臨著成熟的飽和階段，但顧客的潛在需求仍然可以被挖掘出來，不少獨特良好的創意仍然可以被開發。

嬌聯公司的商品開發力超強，有兩個重要關鍵。第一是商品開發部人員採取了「跟隨行動主義」，他們只要提出新商品創意（Idea）計畫構想之後，即會「持續性」及「貼身跟隨」的去觀察被列為實驗對象的顧客。此種在嬌聯公司稱為「行動主義」。尤其在時間耗費上，商品開發人員每週上班時間，規定至少要花費一半的時間，去做顧客觀察；而且是「持續性」的，以及家庭貼近觀察，然後做下記錄，並拿回公司與技術研發人員再次討論，如何進一步改善不織布材料的超級吸汗與抗菌功能性及品質性。甚至嬌聯公司也在工廠內，設置一間嬰兒室，跟幾位做好長期觀察的顧客約好，在白天八個小時上班中，聘請保母幫她們嬰兒免費照顧，然後就近觀察嬰兒的生理習性並把新試作品作為試驗性，然後分析試作品的成效如何，作為反省與完美改善的基礎。

第二是嬌聯公司也有一個強而有力的技術研發部隊做支援，此部門稱為「生活科學研究所」。該所所長宮澤清表示：「當商品開發人員提出

『行動計畫書』之後，即成為我們每一個研發技術人員的計畫，大家必須共同、立即且全力的支持這項行動計畫。」而且，此種行動計畫，在嬌聯公司是以「每週」為進度討論的。因此，具有時間的急迫性與壓力感。一般而言，其他廠商開發出一個新創意生活商品，包括創意構想、不織布技術革新、設備升級更換、試作品的試驗、消費者的試穿觀察等過程，幾乎要一至兩年才會完成，但在嬌聯公司半年時間就可做到。

二、導入SAPS行動改善經營

早在幾年前，嬌聯公司在管理與領導層面，就導入了高原豪久總經理所提出的「SAPS」經營模式。亦即，高原總經理以每一週為一個單位，在每週一早上8點開始，即舉行全球性的SAPS會議。所謂「SAPS」即是指：Schedule（S），要求各單位提出重要課題及策略明確化，並跟著訂出具體的計畫作為。Action（A），則指每週執行的狀況與進度如何。Performance（P），則指針對上述的課題、計畫與目標是否能達成、達成率多少，以及為何不能達成的原因做說明。Strategy（S），則是指反省、檢討、調整、改變及因應對策的提出。「S-A-P-S」每週一次的經營會議，在嬌聯公司被視為最重要的會議，而且開會時的氣氛非常緊張及嚴肅。至於在海外地區的子公司，則也是在此會議上，利用電視視訊畫面同步或提前、或延後開始。在此會議中，高原總經理會提出嚴厲的詢問及追蹤成果，各部門及各中高階主管是很難混過去的。此每週一次會議，總計有各單位50多位中高階主管出席與會。「S-A-P-S經營」已成為嬌聯公司經營文化的最重要一環。

三、積極拓展海外市場，提高海外占比

2010年度嬌聯公司的海外營收額達690億日圓（約207億新台幣），占全公司的31%。而海外營收額亦是逐年快速成長，2010年度比2009年度就成長了27%。尤其，在亞洲地區成長率更高。目前，嬌聯公司在亞洲的泰國、台灣、印尼及中國大陸等地區均設有子公司及當地工廠。未來，將計畫拓展印度、中東及歐洲等各國新市場，並運用收購策略及聯盟合作策略，以加速拓展海外市場。

目前，嬌聯公司在生理用品領域的全球市占率大約6%，高原總經理

的目標是挑戰10%。看來還有長遠的路要走，而海外市場成長空間亦還很大。對於嬌聯海外經營的模式，高原總經理提出四項重點方向：

第一：一定要導入「S-A-P-S」經營理念及「行動主義」。該公司已翻譯成各國語言，要求各當地國員工必須熟讀這些S-A-P-S經營語錄、經營表格撰寫與經營精神，務必做到全球標準化的經營準則。

第二：每週SAPS經營會議與行動計畫主義，是嬌聯公司的核心價值觀。海外各地員工或領導主管的「價值觀」如果與此不合，則不能採用。價值觀共有化是嬌聯根本原則。

第三：至於行銷與市場面，則採取「在地行銷」模式，入境隨俗，要機動性的符合各國各地區的行銷特色與市場環境需求。

第四：在產品力與技術研發方面，嬌聯日本總公司都很強，一定會有效支援各國子公司的營運發展。

四、世界最強的Baby企業

嬌聯公司在日本或在全世界，都被視為「世界最強的Baby（嬰兒）企業」。高原豪久總經理深具信心的表示：「嬌聯跟全球性大企業，諸如P&G等公司相比，距離還很遙遠，而且全球化的發展空間也還很大，我們必須持續性且加速的擴張海外事業版圖。除了做到目前日本第一之外，更要朝著全世界生理用品第3大製造廠及全球市占率10%的未來挑戰目標，全面進攻。」

問題研討

1.請討論嬌聯公司在日本市場的市占率為多少？為何像P&G全球大廠的幫寶適紙尿褲都拼不過該公司？Why？
2.請討論嬌聯公司在商品開發的做法為何？為何要如此做？Why？
3.請討論何謂S-A-P-S經營？此模式有何特色之處？
4.請討論嬌聯公司目前海外營收占比為多少？該公司為何要加速拓展海外市場？Why？
5.請討論嬌聯公司高原總經理對海外經營的四項重點方向為何？為何要如此？Why？

6.請討論「世界最強的Baby企業」此句話之涵義為何？嬌聯公司的未來挑戰目標為何？

7.總結來說，在此個案中，你學到了什麼？你有何心得、啟發及觀點？

〈個案22〉東京迪士尼的經營策略與行銷理念——門票、商品、餐飲營收鐵三角

日本東京迪士尼樂園自1983年成立以來，當年入館人數即達1,000萬人。1990年度達1,500萬人，2010年已突破2,000萬人，是日本入館人數排名第一的主題樂園，排名第二位的橫濱八景島，每年入館人數為530萬人，僅及東京迪士尼樂園人數的四分之一。

日本人對迪士尼樂園的重複「再次」入館率高達97%，顯示出東京迪士尼樂園受到大家高度的肯定與歡迎。

東京迪士尼樂園（TOKYO Disney Land）於2001年9月在其區域內推出第二個樂園——東京迪士尼海洋樂園（TOKYO Disney Sea World），兩相輝映，已成為日本遊樂聖地，甚至很多外國觀光團，也常安排到這個地點遊玩。

一、「100－1=0」奇妙恆等式

東京迪士尼樂園社長加賀見俊夫，領導兩個遊樂園共計1萬9,000名員工，其最高的經營理念就是「堅持顧客本位經營」，以達到顧客滿意度100分為目標。

加賀見社長提出「100－1=0」奇妙恆等式，100-1應該為99，怎麼變成0呢？加賀見社長認為，顧客的滿意度只有兩種分數，「不是100分，就是0分」，他認為只要有一個人不滿意，都是東京迪士尼樂園所不允許的，他教育1萬9,000名員工：「東京迪士尼的服務品質評價，必須永遠保持在100分」。換言之，2002年度有2,000萬人次的入館顧客，應該讓2,000萬人都是高高興興進來，快快樂樂地回家。能達成這種目標，才算真正的貫徹「顧客本位經營」，顧客也才會再回來。

二、親自到現場觀察

那麼加賀見社長如何做到「顧客本位經營」呢？他除了在每週主管會報中聽取各單位業績報告及改革意見外，每天例行的工作，就是直接到「現場」去巡視及觀察。加賀見社長最注重顧客的臉部表情，從表情中就可以感受到顧客進到東京迪士尼到底玩得快不快樂？吃得滿不滿意？買得高不高興？以及住得舒不舒服。

加賀見社長表示，「現場」就是他經營的最大情報來源，他經常在巡園中，親自在餐廳內排隊買單，感受排隊之苦。也常為日本女高中生拍照，並問她們今天玩得開心嗎？他常巡視清潔人員是否定時清理園內環境？也常假裝客人詢問園內服務人員，以感受他們答覆的態度好不好？加賀見社長最深刻的見解就是「把顧客當成老闆，顧客不滿意、不快樂，就是老闆的恥辱，能夠做到這樣，才是服務業經營的最高典範。」

三、顧客本位經營的內涵指標

東京迪士尼樂園的顧客本位經營的內涵指標，就是強調SCSE，亦即：安全（Safe）、禮貌（Courtesy）、秀場（Show）、效率（Efficiency）。

(一)安全

所有遊樂設施必須確保100%安全，必須警示哪些遊樂設施不適合遊玩，定期維修及更新，並且有園內廣播及專人服務，把顧客的生命安全，當成頭等大事。東京迪士尼開幕二十八年內，從來沒有發生過重大設施的安全不當事件，是可讓人放心與信賴的地方。

(二)禮貌

所有在職員工、新進員工，甚至高級幹部，都必須接受服務待客禮貌的心靈訓練，並成為每天行為的準則。東京迪士尼的服務人員，被要求成為最有禮貌的服務團隊，包括外包的廠商，在迪士尼樂園內營運，也要接受內部要求的準則，並接受教育訓練。

(三)秀場

東京迪士尼樂園安排很多正式的秀，以及個別的化妝人物，主要都是在勾起參觀顧客的趣味感、新鮮感與好玩感，並且經常與這些玩偶面具人物照相或贈送糖果與贈品。這也是較具人性化的遊樂性質。

(四)效率

東京迪士尼的效率是反應在對顧客服務的等待時間上，包括遊玩、吃飯、喝咖啡、入館進場、尋找停車位、訂飯店住宿、遊園車等各種等待服務時間。這些等待時間必須力求縮短，顧客才會減少抱怨。尤其，長假人潮擁擠時間，如何提高服務時間效率，更是一項長久的努力。

四、門票、商品販售、餐飲是營收三大來源

東京迪士尼樂園在2010年度計有2,000萬人入館，每人平均消費額為9,236日圓（折合新台幣2,700元）。其中，門票收入為3,900日圓（占42%），商品銷售為3,412日圓（占37%），以及餐飲收入為1,924日圓（占21%）。自2002年度開始，還增加住房收入。

從以上營收結構百分比來看，三種收入來源均極為重要，而且差距也不算很大。因此，主題樂園的收入策略，並不是仰賴門票收入，在行銷手法的安排上，還應該創造商品、餐飲及住宿等多樣化營收來源。

(一)在商品銷售方面

已有6,000項商品，除了迪士尼商標商品外，還有一些日本各地的土產以及各種節慶商品，例如耶誕節、春節等應景產品。這些由外面廠商所供應的商品，不管是吃的或用的，都被嚴格要求品質。

(二)在餐飲方面

包括麥當勞、中華麵食、日本和食、自助餐、西餐等多元化口味，可以滿足不同族群消費者及不同年齡層顧客的不同需要。目前，光是東京迪士尼的食品餐飲部門的員工人數就達7,000人，占全體員工人數約三分之一，可以說是最重要的服務部門。餐飲服務最注重食品衛生及待客禮儀，希望能滿足顧客的餐飲需要。

(三)在住宿方面

迪士尼樂園內已有十多棟可以住滿500間的休閒飯店，除住宿外，還可以供宴客及公司旅遊等大規模用餐的需求，並且以家庭3人客房為基本

房間設計。在2010年2,000萬人來園區的顧客中，已有三成左右（650萬人次）有住宿的消費，此顯示休閒飯店的必要。尤其是在暑假、春節及假日，東京迪士尼園區內的休閒飯店經常是客滿的。

五、流暢的交通接駁安排

東京迪士尼樂園在尖峰時，每天有8萬人次入館，其中交通線的安排必須妥當，才能使進出車輛順暢。該樂園安排三個出入口，一個是JR京葉縣舞濱車站的大眾運輸，以及葛西與浦安入口。尖峰時刻，每小時有4,800輛轎車抵達，而這三個入口都可負荷。另外，東京迪士尼樂園與海洋世界兩大園區的停車場空閒，最大容量可以停1.7萬輛汽車，是全球最大的停車場。在這兩大園區之間，還有園區專車服務，約13分鐘即可以直達，省下顧客步行1小時的時間，這都是從顧客需求面設想的。

六、賺來的錢，用來維護投資

東京迪士尼樂園2010年度的營收額達3,000億日圓（折合新台幣約1,000億元），是日本第一大休閒娛樂公司及領導品牌。該公司歷年來都保持穩定的營收淨利率，1997年最高達15%，2002年下降到6%左右，這主要是持續擴張投資與提列設備折舊、增加用人量等因素所致。加賀見社長認為，原來第一個園區已經有十九年歷史，必須再投資第二個園區（海洋世界），才能保持營收成長，以及確保固定的長期獲利。因此，必須要用過去幾年賺來的錢繼續投資，才能有下一個二十八年的輝煌歲月。

七、精彩演出迪士尼之夢

自1990年以來，日本國內已歷經二十年經濟不景氣。但東京迪士尼樂園的經營，仍然無畏景氣低迷，而能維持穩定而不衰退的入館人數，實屬難能可貴。追根究柢，加賀見社長歸因於「堅守顧客本位經營」與「100－1=0」的兩大行銷理念。

他說迪士尼樂園1萬9,000名員工每天都在努力演出精彩的「迪士尼之夢」（DISNEY DREAM），而帶給日本及亞洲顧客最大的快樂與滿意。

成功行銷的東京迪士尼樂園，確實帶給國內行銷業者很大的啟示與省思。在被一片「顧客導向」、「顧客第一」的行銷口語浪潮淹沒時，我們是否真的實踐貫徹了他們的內涵與精髓？東京迪士尼樂園堪稱為我們的借鏡。

問題研討

1.請討論日本迪士尼加賀見社長所提出的100-1=0的奇妙恆等式，其用意何在？

2.請討論為何日本迪士尼加賀見社長必須親自到現場去觀察？

3.請討論日本迪士尼樂園，在堅守顧客本位經營上的四大指標為何？

4.請分析日本迪士尼樂園的三大營收來源為何？

5.請討論日本迪士尼公司為何將賺來的錢，持續用在投資上？

6.總結來看，請從策略及行銷管理角度來評論本個案的涵義有哪些？重要結論又有哪些？以及你學習到了什麼？

〈個案23〉現代汽車扭轉形象，韓國產業中興之祖

一、韓國車形象已大幅改觀

根據美國權威的J. D. Power汽車市調公司發表的「2004年美國汽車初期品質調查」，在中型車部分，韓國現代（HYUNDAI）汽車所獲得的優良品質水準，與日本本田（Honda）汽車並列為第二名。消息傳來，韓國各大報以「下一步追擊TOYOTA」為標題，韓國人均喜極而泣，一吐心中長久以來在汽車產業發展上的鬱悶。

2004年度，現代汽車在全球銷售318萬台，正式超過日本本田汽車公司，而躍居為全球第八大汽車廠。特別是在潛力無窮的中國新興汽車市場，2005年1月，現代汽車亦超過早期進入中國市場的福斯（V.W.）汽車公司的銷售量，而躍居外國車的第一名。另外，在歐洲市場，現代汽車的銷售占有率為2.1%，若加上關係企業品牌起亞（KIA）的1.1%占有率，則合計達3.2%。比起日本豐田汽車在歐洲的5%及日產汽車的2.5%，並不遜色。

以「H」為品牌識別的韓國現代汽車公司，過去曾帶給消費者是「便

宜」、「廉價」、「品質不佳」、「外型差」等不良的印象，這一、兩年來，顯然在全球汽車消費市場，已大幅改觀了。

二、位居韓國第三大企業集團

1967年，由已故的鄭周永董事長所創設，至今約有三十八年歷史的現代汽車公司，在韓國素有「韓國產業建設之父」的美譽，頗獲韓國人敬重及支持。剛創立時，曾獲得美國福特汽車及日本三菱汽車公司的支持。1976年開始輸出PONY小型汽車，到1984年，已累計出口50萬輛汽車，獲得韓國政府對出口營業額達100億美元以上企業的獎勵。在2000年時，創辦人鄭周永過世，集團一度發生了「皇子之亂」，最後由第六個兒子鄭夢憲掌權接班。然而他卻在2003年爆發違法的政治獻金醜聞案，最後以自殺收場。此時，第二個兒子鄭夢九，決心帶領形象良好的現代汽車公司，正式脫離「現代企業財團」的紛爭，開啟現代汽車公司光明之路。

現代汽車公司2004年度營收額創下過去以來的歷史新高紀錄，達28兆韓元（約新台幣8,400億元）。若就合併營收額來看，則更高達56兆韓元，獲利2.7兆韓元。其規模在韓國，僅次於第一位的三星電子集團及第二位的LG電子集團，而位居韓國的第三大企業集團。

現代汽車目前在韓國國內汽車市場的占有率達50.3%，若再加上另一家的起亞（KIA）品牌，兩者合計市占率，竟高達73%。曾到過韓國的人，一定可以在街上看到大部分的車子是掛著「H」品牌識別的現代汽車。其目前海外營收額占60%，國內營收額占40%。

三、品質至上信條——品生品死

現代汽車公司近幾年來，能夠快速崛起及成長，並讓韓國製汽車起死回生、重見光輝，主要是鄭夢九董事長所堅持的最重要經營理念——「品質信條」。鄭夢九經常掛在嘴上的一句話，即是：「品生品死」。意思是說，品質好，現代汽車即可以活過來；品質差，現代汽車即會滅亡。這就是他的「品質至上」與「品質力」的堅定信念與執行政策。鄭夢九董事長多年以來，經常親赴研發、採購及生產的第一線，他投注了極大的心力及財力，真正落實了努力改革的品質水準及監督。至今，此項信念，仍是現代汽車高階經營團隊在全球戰略的重要工作項目。皇天不負苦心人，近年來，現代汽車的品質已獲得大幅度的改善與提升，並向世界一流的豐田、日產及本田等日系汽車逼近。

2010年下半年，現代汽車已在世界最大汽車市場的美國，推出高級車「SONATA」，此車的等級與豐田在美國的暢銷車型Camery幾乎是同等級的高級車。鄭夢九董事長相當看重並期待這款高級車的推出上市，因為他想證明韓國亦可以做出叫好又叫座的高級車，大有與一向領先的日系車一拼高下的意味。鄭夢九表示：「2011年將是現代汽車的勝負關鍵年」。

四、重視研發，投注新車型開發

2004年底，現代汽車公司的「Tucson」品牌房車，獲得由日本工業設計促進組織（JIDOP）選出及頒發年度設計大賞之榮耀。Tucson品牌汽車能夠在工業設計能力數一數二的日本國內獲獎，這對韓國現代汽車來說，無疑是莫大的鼓勵。此外，Tucson亦同時獲得莫斯科國際車展的年度風雲獎項，另外，也獲得加拿大AJAC汽車專業組織所頒發的年度風雲車款獎項。

現代汽車公司非常重視新型車款的研發，自1987年起，已在海外的日本東京、德國法蘭克福以及美國的底特律、加州及洛杉磯等最先進的汽車消費市場，設立當地化的研發中心，就近及時掌握海外重要市場的最新汽車研發設計與科技發展的主流趨勢、競爭對手的動態情報蒐集，以及運用海外當地優秀人才，結合韓國現代汽車總公司的研發資源，創造出全球研發資源的綜效出來。

五、2010年願景——全球汽車集團前五大

鄭夢九董事長在2008年初已對外宣示，在2012年的中期計畫願景，將是盡全力挑戰全球汽車集團前五大的高難度目標。關於今後現代汽車的努力方向，鄭夢九表示：「強化全球化的經營管理能力，這是一個總要求；而品質力提升、世界性品牌形象衝高、強化最新汽車科技、加速新車款研發速度以及提升顧客售後服務體制等，每一項都有再進步與再向上躍升的空間存在。」

擔負著「振興韓國產業中興之祖」與「讓韓國車在全球市場揚眉吐氣」的雙重壓力及重責大任，現代汽車公司正加速向全球各地市場進

攻。誠如現代汽車（HYUNDAI）的CI識別英文字上標示著「Drive Your Way」一樣，相信以韓國人強悍的民族特質，加上鄭夢九董事長強勢鐵腕的領導，現代汽車終將走出「韓系汽車」的一條光明大道來，並邁向2012年的全球汽車市場TOP 5的宏偉願景目標。

問題研討

1.請討論韓國現代汽車形象如何大幅改觀？

2.請討論現代汽車目前在韓國產業界的市場地位如何？

3.請討論現代汽車鄭夢九董事長對「品質」的信念為何？涵義為何？請深度詮釋。

4.請討論現代汽車如何重視研發及投注新車型開發？做法為何？

5.請討論現代汽車在2012年的願景目標為何？意義如何？

6.總結來看，請從策略及行銷管理角度來評論本個案的涵義有哪些？重要結論又有哪些？以及你學習到了什麼？

〈個案24〉日本可果美飲料行銷致勝策略

可果美（KAGOME）是日本知名的飲料廠商之一，尤其該公司一系列的蔬菜汁飲料，例如「蔬菜生活100」、「蔬菜一日」、「番茄汁」等，均是日本飲料市場市占率較高的代理品牌。

然而，飲料產品在日本各大賣場中，經常陷入超低價的惡性競爭，導致飲料廠商的獲利非常微薄，甚至是虧錢的。

一、新價格策略

現任可果美公司總經理喜崗浩二，在2003年當時是營業部副總經理。他當時就向全體營業人員下達嚴禁低價格販售的宣言，禁止一切不合理的促銷價格戰，成為業務人員的工作常態。以蔬菜汁飲料為例，平均每瓶零售價從五年前的270日圓，滑落到目前的170日圓，與廠商理想的目標零售價340日圓，差了一半之多。究其元凶，主要歸罪於促銷費用的大幅提升。以可果美公司為例，連續三年，販促費用占總營收比例，已經高達

20%之鉅。此比例不斷攀升，已對微利的飲料廠商，產生獲利績效的明顯壓迫與不利。換言之，營業部人員為求達成賣場的營收業績目標，大舉在各大賣場舉辦店頭促銷活動，低價便宜賣的結果是使公司獲利不再，這是陷入出血的惡性循環。

喜崗浩二總經理終於覺醒到價格低下與獲利嚴重衰退的危機感，而轉向到獲利重現的意識改革。如何止血呢？喜崗浩二當時下令要大幅削減及管制促銷費用；換言之，就是不能再低價賣可果美飲料，必須把價格回復上來，此種回復提升價格，成為當時明確的價格策略。

此策略一出，剛開始的出貨銷售數量，每月平均較以往下滑了20%，引起大部分營業人員的反彈。但是喜崗總經理仍然堅持公司的新價格政策，絕不能再依賴各賣場的特賣促銷手段，達成營收業績，而轉向獲利導向的改革。當時，可果美總公司要求全國各地分公司的業務部署、商品、顧客、業績、販促費及獲利績效等，均必須依照總公司的制度要求，建立起一套每天都可以及時從網路上看到的資訊情報管理系統；並且導入了各產品線的BU（Business Unit）體制，例如蔬菜汁飲料產品線、水果汁飲料產品線等營運利潤中心組織制度。

大約在一年後，這種因為價格回復上升，減少促銷費用，而使銷售量下降的狀況，終於在一年後停止了。之後，銷售量回復到了以往的水準，而且到現在，反而銷售業績出現更加上升的成果出來。

目前，可果美公司的販促比例從五年前的21%，下降到18%。而業界平均的蔬菜汁飲料在賣場銷售的平均單價在210至220日圓內，但可果美則在230至240日圓之間，平均高了一成左右。此結果，最後，終於使可果美公司的整體獲利得到顯著的改善，這都歸功於喜浩總經理不隨波逐流，以紅海市場的低價促銷廝殺戰略，去贏取業績的浮面表象。喜浩總經理表示：「在能夠忍受住短期的出貨量減少的痛苦與犧牲，而要著眼在長期事業能夠獲利及存活下去才行，一定要有這種新價格的改革意識才可以。否則，就沒完沒了，前途一片茫然了。」

當然，喜浩總經理並不否定賣場販促活動的必要性，只是他認為必須做到有效的販促特賣活動才可以。因此，他做了兩個新改革，第一，他對各地分公司要求必須強化對賣場販促活動提案，應該要提出嶄新的販促點子，不能與競爭對手相同。第二，他要求將各地分公司在賣場販促成功的提案書內容及案例檢討，全部上總公司的資訊情報網，將成功的營業智慧，透過線上資料庫的情報共有化，可以傳達到全國各地分公司及全體營業人員身上。

二、新產品策略

除了導入每一個產品線的BU獲利管理機制徹底貫徹外，另外，可果美公司亦全面加強了對新商品的投入開發。例如，在蔬菜汁中，加入乳酸菌，推出了「蔬菜生活100」、「蔬菜生活soft」、「蔬菜一日，就這一杯」等暢銷品牌，並且以保特瓶、紙盒、玻璃瓶等全包材包裝方式呈現。在商品命名方面，也不斷革新改變。例如，「蔬菜一日，就這一杯」，意指每天只要一杯350公克的蔬菜汁，即已足夠，並以此為訴求點。可果美公司每年新產品占全體營收額比例，已經從2002年的8.8%，上升到目前的15%，順利達成預定目標。

三、新通路策略

另外，第三個行銷策略，就是開拓新的銷售通路。例如，麵包店、工廠、辦公大樓用戶、醫院商店等。為此，各地分公司、營業所，還成立「開發營業部」，專責開拓新通路，幾年下來，也有了不錯的成果。

四、公司要成立「價格長」（CPO）

最近，麥肯錫顧問公司日本負責人山梨廣，即提出任何消費品企業應該對「價格戰略」設立一個專責的「CPO」（Chief Pricing Officer）價格長。此價格長負責人，應該從開發、採購、製造、銷售、物流到服務等過程，要對公司內部及外部協力廠商的價值創造出來更多的品質及附加價值，成為一個對公司產品訂價策略的專業把關者及守門員。

五、低價格，不是唯一策略

喜浩總經理最近表示：「不能再追尋低價格對應的對策。一定要從消費者所關心在乎的價值利益切入及滿足他們。另外，全體員工也一定要有獲利政策的高度共識，行銷策略一定要從根本思考上轉換，不能再陷入低價促銷的紅海爭戰了。這樣的公司，才能看到長期的未來，也才能永續存活下去。」

問題研討

1.請討論日本可果美公司採取了什麼樣的價格策略？為何要採此策略？Why？不採取之後果為何？
2.請討論可果美採取新的價格政策後，最後的行銷成果為何？此證明了什麼？
3.請討論可果美的新產品策略做法有哪些？
4.請討論可果美的新通路策略做法有哪些？
5.請討論公司是否有設立「價格長」（CPO）之必要？Why？
6.請討論可果美總經理說明「低價格，不是唯一策略」的涵義何在？
7.總結來說，從本個案中，你學到了什麼？心得為何？你有何評論或觀點？

〈個案25〉索尼愛立信立下三年內邁向全球第3大手機廠目標

全球第4大手機廠商索尼愛立信（Sony Ericsson）執行長小宮山英樹上任四個多月，積極促使索尼愛立信在其較弱市場更加活躍，盼在三年內達成名列全球前3大手機廠商的目標。

一、鞏固既有市場，拓展新市場

現年64歲的小宮山英樹為帶領索尼愛立信力拚全球第3大手機製造商的位置，除鞏固既有市場，也積極開拓美國和新興市場。針對美國市場，索尼愛立信將推出次品牌Xperia，小宮山英樹指出，因為美國市場是一個個人電腦環境，預料消費者接下來想要的是行動網路，這樣的產品策略可望擴展該公司在美知名度。

對於印度、中國等新興市楊，索尼愛立信正在進行投資。該公司在印度已成立一個設計中心，也在印度市場推出兩款新機。

小宮山英樹指出，由於手機市場是動態的、充滿競爭的，廠商面臨許多分化威脅，也面對來自不同領域的新競爭者，因此，索尼愛立信應該要很清楚它在手機市場所處的位置，以及要經營哪個區塊和如何經營。小宮山英樹表示，索尼愛立信盼將最佳的娛樂經驗與該公司手機結合，並且成為全球前3大手機廠商之一。

小宮山英樹對經營美國市場的做法，包括：增加主打美國市場的新機、今後二、三年期間在美國增聘工程師。2008年2月10日，索尼愛立信對外展示該公司首款採用微軟應用程式Windows Mobile的手機X1（Xperia首款產品），就是希望吸引美國消費者，因為美國的個人電腦普遍採用微軟Windows作業系統，美國人對這種作業系統相當熟悉。

索尼愛立信在西歐、中歐和拉丁美洲的知名度較高。小宮山英樹表示，該公司之所以在美國的市占率一向不佳，這是因為該公司二、三年前才著手擘畫對美策略，現在正更加積極拓展在美知名度。

二、投資產品研發及強化全球品牌知名度

小宮山英樹表示，索尼愛立信在2006年和2007年所建立的成長動能，使得讓該公司名列全球前3大手機廠商的目標切合實際且可能達成，為達成該目標，索尼愛立信同時對研發和建立品牌做投資，以加強該公司的產品內容和強化該公司在全球的新市場與開發中市場的知名度。

（資料來源：工商時報，2008年3月14日）

問題研討

1.請討論索尼愛立信手機三年內的發展目標為何？
2.請討論索尼愛立信手機的市場拓展策略為何？
3.請討論索尼愛立信手機為何將產品研發及全球品牌知名度列為工作重點？Why？
4.總結來說，在此個案中，你學到了什麼？你有何心得、評論及觀點？

〈個案26〉日本LAWSON創新DNA，挑戰7-ELEVEN

日本第2大連鎖便利商店LAWSON，最近跨入100日圓生鮮便利店的新經營業態，加速多角化經營，挑戰7-ELEVEN的龍頭地位，在日本零售通路業掀起陣陣漣漪。

一、100日圓生鮮店——客層區隔

2005年5月，LAWSON位於東京練馬區的第一家100圓生鮮便利店「Store 100」正式營運。店內商品多以100日圓均一價銷售。少數商品訂價為200或300日圓。商品和便利商店大異其趣，以蔬果、肉品、海鮮等生鮮品為主，但也看得到速食便當、洗髮精、沐浴乳、保養品、保健商品等便利商店商品，不過只占一成左右。

設店地點也有所區隔。Store 100主要設在住宅區巷道，不同於便利商店設在大馬路十字路口或道路旁。目前來店客以女性及家庭主婦居多，占七成。和LAWSON便利商店以男性為主客群，正可以互補，可說成功的區隔客群。

Store 100總經理下畑幸政表示：「100日圓生鮮店已成功擄獲家庭主婦及銀髮族的心。在日本少子化、高齡化的發展趨勢下，低價及少量小包裝的商品，是有市場需求的。」

LAWSON邁向多元經營，一方面是為了追求公司的成長，另方面是為了增加現有加盟店店主的收益。LAWSON開放既有加盟店主優先登記，並給予優惠條件。

表1-3
LAWSON的三種便利商店業態

店型	Store 100	LAWSON	Natural LAWSON
概念	價格導向	多機能追求	Life Style提要
主力客層	·50歲以上高齡者 ·家庭主婦	·20-35歲 ·男性占70%	20-30歲年輕女性
設店地點	都市圈	全國各地	大都市圈
價格帶	低價取勝	多樣化	高價格
商品	生鮮食品	·新商品為主 ·多樣化	·高附加價值 ·提案型
店數	8	8,000	200

上任三年的LAWSON總經理新浪剛史表示：「未來三年，將是LAWSON多角化成長戰略的關鍵期，市場測試顯示，100日圓生鮮店市場的確存在，我們已將拓展這個新業態視為第一要務，未來三年希望達成1千家的目標。」

在新浪剛史銳意改革下，LAWSON積極拓展新業態，他堅信「不冒險，就不可能成長。因為便利商店同質性太高，必須爭取其他業態的客群，才能持續成長。」包括：食品店、生鮮店、便當店、藥妝店、新生活自然風型態店，都是可以嘗試的新業態。

2010年，日本7-ELEVEN合併營業利潤1千7百億日圓，獲利績效高居第1；LAWSON以429億日圓，屈居第2，新浪剛史對此深表不滿。這位從三菱商事空降的總經理，在邁入第二個三年任期時，誓言將大幅拉高獲利績效，他表示：「便利商店起源於美國，但在日本發揚光大。雖然日本7-ELEVEN領先LAWSON，但我們三頭並進的創新業態模式，恐怕是7-ELEVEN的傳統經營模式所望塵莫及的。」

二、多業態經營——爭取優勢

他一再強調：「業態多角化，必須留意不能傷及現有店的經營利益，彼此應有所區隔。更重要的是，必須深刻體認，在未來不斷巨變的經營環境下，不冒風險，即無成長可言。」

LAWSON認為同時經營三種業態，可以建立一些競爭優勢。

一是開店空間擴大，傳統便利商店很難找到合適的一線店店址，生鮮便利店降低標準，選在巷道內開店，開店空間大增。

二是減少關閉店數。LAWSON 2010年新開了700店，但也關掉400店，只淨增加300店。日後，部分面臨關店命運的非一線店，可以轉型為第二種或第三種業態店，總店數仍可以持續成長。

設立100日圓生鮮便利店，或自然風味便利店（Natural LAWSON），是否代表LAWSON否定傳統的便利商店？新浪剛史解釋：「這不是否定，而是進化。」他認為應變速度不夠快，是便利商店的一個弱點，LAWSON的8千家便利商店，同時推出一項新商品或代收服務，必須非常慎重，但100日圓生鮮店就可以迅速應變，具有相當靈活性，因此，100日圓生鮮店與傳統LAWSON店，將是互補策略關係。

即使100日圓生鮮店前景看好，LAWSON也不敢掉以輕心，因為還有很多有待克服的問題。

生鮮品的商品管理和傳統商品大不同，受天候、現場管理及物流配送影響極大，整個運作流程的每一個關卡都疏忽不得。一旦管理不當或滯銷過期，廢棄成本相當可觀。

此外，必須累積一段時間，了解各店每日需求量及品項，才可以逐步減少庫存浪費，為了掌握生鮮品採購成本及採購來源，也必須和原產地的果農、菜農、屠宰廠及漁港簽訂長期供應合同。

三、整合物流採購——壓低成本

生鮮品毛利率不高，比便利商店產品還低4%-5%。LAWSON透過物流體系及採購體系的資源整合及共用，壓低成本，毛利率仍維持便利商店30%左右的水準。

LAWSON 2010年營業獲利成長13%，未來幾年能否持續兩位數成長，連新浪剛史也不敢拍胸脯保證，跨入新經營業態，瞄準不同客層，似乎是他的唯一選擇。

LAWSON的多元化業態策略，與7-ELEVEN的單一業態深耕策略，大相逕庭，日本通路業界形容這是「LAWSON擺脫7-ELEVEN模式的第一步」，並對未來發展拭目以待。

新浪剛史強調，雖然業態多角化經營，會面臨和既有便利商店利益衝突的諸多課題，但LAWSON勇於打破三十多年來便利商店的經營DNA，推動新成長戰略與新多角化經營模式，相信未來十年可再創新高峰。

問題研討

1.請討論日本LAWSON便利商店所拓展的新事業「Store 100」內容為何？為何要開發日本新事業？Why？

2.請討論LAWSON公司採取多業態經營，有哪些競爭優勢？

3.請討論LAWSON與7-ELEVEN不同的經營策略之比較分析？

4.總結來說，從本個案中，你學到了哪些行銷與策略的重要概念及技術？又啟發了你什麼？

〈個案27〉可口可樂積極創新行銷期待突破營運僵局，百事可樂則已超越可口可樂

一、可口可樂新執行長肩負兩大使命——扭轉北美困境及海外市場成績

全球軟性飲料兩大龍頭之一的美國可口可樂公司，在2007年12月上旬選定現任總裁暨營運長肯特（Muhtar Kent）為準執行長，將在歷經半年的觀察過渡期後，於2008年7月正式上任。現任董事長暨執行長伊斯戴爾，則會繼續留任董事長。肯特肩負兩大使命：第一是扭轉可口可樂長期以來，特別是在北美、日本等已開發國家，銷售每下愈況的逆勢；第二是保持該公司長期以來在新興國家為主的海外市場，所締造的強勁成長佳績。肯特深知，他必須帶領旗下團隊在產品及行銷上積極創新，才能達成使命。

二、提振北美市場業績——推出突破性產品及新典範行銷手法

提振北美市場的銷售業績，將有賴肯特在伊斯戴爾已奠下的基礎上，繼續推出「突破性」的產品及「新典範」的行銷手法。所謂突破性的產品，意味將主打健康訴求，以擄獲年輕一代的消費者。肯特係以國際經驗見長而雀屏中選，因此他仍將會以新興國家為主戰場。他預估，到2015年前，新興國家將約有7億人進身中產階級，潛在商機無可限量。

三、百事為迎合市場需求，展開大幅改革，擊敗可口可樂

百事由兩大品牌組成：一是百事可樂軟性飲料，另一個則是樂事（Frito-Lay）系列的鹹口味零食。但是到1990年代末期，百事體認到市場健康意識抬頭，但這兩個旗艦品牌的產品取向完全背道而馳。

為迎合市場需求，百事開始進行改革。雷尼蒙德推出一套自動標示系統，以區別健康取向品牌，並要求至少半數以上的創新和行銷金額，必須用在健康產品上。

此外，百事也著手尋找併購目標。第一個成功收購的對象是果汁品牌純品康納（Tropicana）。接著在2000年時，可口可樂本打算收購桂格食

品（Quaker），但交易最後失敗，百事趁機介入，成功入主桂格。

分析師認為，百事能迅速應對消費者飲食習慣改變的問題，是他們能打敗宿敵可口可樂的最大因素。可口可樂到現在仍以碳酸飲料為主力產品，80%的營收來自於此。

但飲料顧問業者BevMark總裁皮爾柯指出，諾伊還得再加把勁，畢竟百事仍相當依賴糖水和脂肪。

雷尼曼德對百事的最大貢獻，當屬在國際市場打出一片天下。百事過去只注重美國本土市場，僅三分之一營收來自海外市場。相較之下，可口可樂70%的營收來自海外。新興市場的購買力愈來愈強，已成為最大的成長來源。

2007年12月，百事的市值超越可口可樂，這是破天荒第一遭，代表可樂江山可能就此易主。事實上，百事這幾年靠著多角化經營的策略，表現早就勝過可口可樂。

（資料來源：工商時報，2008年1月11日）

問題研討

1.請討論美國可口可樂新任執行長肩負哪兩大使命？

2.請討論美國可口可樂如何提振北美市場業績？

3.請討論美國百事可樂總市值已超越可口可樂，Why？

4.請討論美國百事可樂的產品組合由哪兩大品牌組成？為何要如此？Why？

5.請討論百事可樂展開哪些改革活動？

6.請上美國百事可樂及可口可樂官方網站，蒐集他們在海外市場的營收占比為多少？

7.總結來說，在此個案中，你學到了什麼？你有何心得、評論及觀點？

〈個案28〉全球雀巢食品集團強攻營養產品與服務市場

一、面對兩大挑戰——來自零售商的自有品牌及因應消費者善變的口味

全球食品集團龍頭雀巢董事長暨執行長布拉貝克（Peter Brabeck）這一天下榻英國五星級飯店Claridges，在餐廳享受一頓豐盛的美食過後，他召來女服務生開口要一杯雀巢即溶咖啡。

儘管已是集團的最高主管（2005年起並身兼董事長），但這位行銷界的老兵還是對第一線的業務無法忘情，經常親上前線了解市場需求與脈動。

布拉貝克當前面臨兩大挑戰，一方面是捍衛雀巢產品避免受到來自大型零售商自有品牌的入侵，另一方面也要隨時因應消費者善變的口味。近幾年食品產業的勢力天秤確實出現重大變化，雀巢與聯合利華以及達農等知名食品品牌都面臨像是沃爾瑪、家樂福與特易購等全球大型連鎖零售集團推出自有品牌產品的強烈挑戰，這時卻又剛好碰上消費者對便利食品的新鮮度降溫，幾大飽和市場成長明顯趨緩。最近則又多添一項產業利空，食品業者在被像是可可與咖啡豆等商品原料價格壓得快喘不過氣的同時，還得應付能源價格節節高漲不利的經營環境。

二、透過併購進行擴張與提高毛利率

1997年接任執行長後，布拉貝克基本上依循雀巢傳奇前輩毛契爾的經營策略，一方面透過關鍵併購來進行擴張與提高毛利率，這也是為何美國如今已成為雀巢第一大市場的原因；另一方面對於產品組合也同時進行檢討，持續淘汰一些營運績效落後低毛利的傳統產品，目前居市場主流的冷凍食品便是其中之一。

三、訂定高績效目標，開發高附加價值產品與服務

布拉貝克為25萬名員工、年營業額735億美元的雀巢所帶來最大一項改變，應是更強調的表現，他下達指令，集團每年營收不包括併購至少要

成長5%，獲利率只能進步不能退步。

對於市場割喉戰四起低成長的產業而言，這是高標準的績效目標，而且以雀巢目前的規模來說，要再進行大型的併購交易，難度也是愈來愈高。所以，為了達到設定的營運目標，布拉貝克當然得另謀出路。「整體市場每年頂多成長1.5%，要比此一產業平均值多出2倍是不容易，正因為如此，我們也催生出一個問題：明知單靠食品與飲料是不夠的，我們又該如何達到目標？」布拉貝克說。

他的答案是營養，也就是開發更健康且具有附加價值的營養產品與服務。在布拉貝克主導下，營養業務在公司位階已提升至部門級，與礦泉水等其他核心產品並駕齊驅。營養業務還不單只是在優格中添加幫助消化的營養成分而已，布拉貝克前不久更以6億美元收購美國體重管理與食品公司Jenny Craig。

雀巢並在德國設立一間營養機構，提供消資者在飲食方面的問題諮詢，該機構目前每個月電話與電子郵件的經手量高達30萬件。雀巢同時在法國經營營養方面的居家照顧服務，為巴黎地區有特殊飲食需求的病人提供醫生與護士。

（資料來源：工商時報，2007年9月22日）

問題研討

1.請討論雀巢食品公司面對哪兩大挑戰？

2.請討論雀巢食品公司布拉貝克執行長採取何種經營策略？

3.請討論布拉貝克執行長如何要求訂定高績效目標？以及相應的對策為何？

4.總結來說，在此個案中，你學到了什麼？你有何心得、評論及觀點？

〈個案29〉P&G在墨西哥行銷失敗啟示錄

一、P&G進軍墨西哥，因不了解中低收入消費者，使產品下架慘敗

推開墨西哥市區某偏僻街道內的一扇門，進入一個庭院，爬上兩級階梯，是瑪搭與卡洛斯的兩房公寓。32歲的瑪塔，是終日不出門、照顧兩名小女孩的母親；卡洛斯在一家汽車修理廠擔任會計師。這個家不比飯店的大號房間來得大，有一個小的廚房，以及只夠容納一張桌子及四張椅子的餐廳。房子裡沒有壁櫥，這對夫妻只得釘製木架子堆放衣物。牆上貼滿全家人的照片。這個家正是他們的避風港，是他們省吃儉用十二年才買下來的。瑪塔重視細節，即使是牙刷，都排得整整齊齊地。

瑪塔是寶僑產品的愛用者，她使用的Ariel洗衣精、Downy衣物柔軟精及Naturella衛生棉墊等，都是寶僑旗下的品牌。卡洛斯每月賺600美元，是寶僑定義中的低收入消費市場（每月收入215-970美元）。這類家庭在墨西哥1億多人口中，約占了60%。

寶僑1948年進軍墨西哥，然而，一開始並未成功打入人口成長最快的低收入市場。寶僑墨西哥及中美洲地區副總裁帕茲蘇丹（Carlos Paz Soldan）表示：「我們聘僱的往往是相較之下經濟層級較高的員工。」然而，寶僑的多數消費者是中低收入戶。他說，「我們對這些人的了解相當缺乏。」對這些族群的漠視與不了解，讓寶僑商機盡失。

在一份內部研究報告中，寶僑墨西哥分公司下了一個結論：「我們必須贏得中低收入戶這個市場！」進而自問：「我們在這塊市場有什麼商機？原因何在？」

問這個問題是正確的，寶僑以往未深入思考這個問題，因而付出慘痛代價。創新確實會改善產品，但是這些產品卻不盡然是顧客要的。例如，寶僑1980年代末推出Ariel Ultra濃縮洗衣精，使用量減半即可清潔衣物。寶僑認為，低收入戶居住的地方多半較狹小，濃縮洗衣精可以節省儲存空間，而且Ariel Ultra乾淨力確實較強。寶僑深信這會是成功的產品。

然而，「老闆們」卻不這麼認為。一方面，墨西哥婦女不相信只要一點點量便能將衣物清洗乾淨，另一方面，她們不習慣不會起泡沫的Ariel Ultra。許多低收入戶婦女慣用雙手清潔衣服，她們認為，衣物上的汗漬

會隨著泡沫一掃而空。於是幾個月之後，Ariel Ultra便慘遭下架命運。

二、展開行銷改革，傾聽顧客的需求，並滿足她們，才能攻進她們的心坎裡

帕茲蘇丹下結論：「我們必須走出辦公室，融入真實世界及低收入戶的日常生活中，還有與我們合作的零售店。」2001年起，寶僑開始實施一系列接近消費者計畫，試圖將這個理念付諸實踐。

其中「Living It」計畫讓員工與低收入戶共同生活七天，一同用餐、購物；「Working It」計畫讓員工在一間小店面的櫃檯後，實地了解為何顧客買這而不買那、店員如何陳列商品、哪些銷售訴求會吸引顧客。這些計畫的主要目的，便是坐下來傾聽顧客需求，即使他無法直接描繪這些需求。最後，Downy Single Rinse（DSR）這款衣物柔軟精證明，這樣的了解是能開發出有獲利空間的產品。

2000年代初期，Downy衣物柔軟精在墨西哥市場的市占率既不高，成長也停滯不前。寶僑不確定該怎麼改善這個情況，公司假設，沒有現代洗衣設備的人不會使用衣物柔軟精。寶僑也不願意大砍Downy這個品牌的價位，於是決定從低收入戶的需求著手。

從「Living It」等類似計畫的經驗中，寶僑員工留意到「水」是一大問題（這也令他們驚訝不已）。歐洲人16世紀抵達墨西哥時，墨西哥市周遭是一個湖，如今，這個首都幾近乾枯，水能否飲用也備受質疑。卡洛斯及瑪塔得購買瓶裝水，眾多收入比他們低的家庭也是如此。數百萬鄉村婦女仍舊得從井邊或唧筒處打水，再馱負回家。在這些城市裡，許多家庭的自來水一天只供應幾小時。多數家庭沒有全自動的洗衣機，少數家庭有乾衣機，這些在在使得洗衣成為一件極令人困擾的差事。

然而，墨西哥低收入戶的婦女卻又極度重視洗衣。她們雖然沒有錢買許多新衣服，卻都很自豪家裡每個人出門時，都有洗得乾乾淨淨、燙得整整齊齊的衣服可穿。寶僑發現，墨西哥婦女花在洗衣時間，比其他家事更多。而且，超過90%的婦女使用柔軟精，無論她們是用手洗或靠機器洗。

品牌經理希達哥（Antonio Hidalgo）回憶：「花時間與這些婦女生活一陣子後，我們才了解她們對於洗衣、軟化衣物的流程很講究。」

找出問題（讓洗衣更容易、用水量更少）後，寶僑回頭要求實驗室提

出解決之道，DSR於是脫穎而出。DSR將洗衣六道流程簡化為三道：洗、添加柔軟精、漂淨，大幅節省婦女的時間、精力與寶貴的水。DSR一推出便攻入墨西哥婦女們的心坎裡。

三、物超所值，才是賣點，才是王道

針對低收入戶市場的創新，應該思考的是價值，而不是價格，低收入消費者當然在意價格，然而，他們更在意產品能否為生活帶來物超所值的利益。用心傾聽這些婦女的需求，寶僑建立了值得信任的品牌及有獲利空間的產品。

四、P&G借助各種研究中心及實驗室，以深入了解消費者的行為

寶僑首創市場研究部門，而且在各界眼中，對挖掘顧客知識不遺餘力。儘管如此，寶僑並沒有真正讓顧客成為公司創新過程的參與者。顧客只是扮演被動的角色，對一個又一個的實驗刺激產生反應，提供「量化研究資料」。寶僑也自我侷限在消費者的某個層面，如針對嘴巴推出口腔清潔產品。基本上，寶僑是把消費者從他們的生活環境中抽離出來，然後聚焦在對自己公司（公司的產品或技術）最重要的面向。

體認到必須從更廣的角度看待消費者，寶僑開始捨棄傳統的焦點小組研究方法，採取更為融入的研究技巧，並提升相關花費逾5倍。

寶僑研究人員會在「嬰兒發現中心」觀察嬰兒與學步幼兒如何與媽媽互動、如何移動、尿布如何發揮作用等。也有特別設計的創新實驗室，其中一間像雜貨店，另一間像藥房，還有典型中產階級的住宅。消費者可能受邀在實驗店裡消費公司提供的100美元現金，研究人員觀察他們如何在商品展示架間行進，什麼東西引起他們的注意力，寶僑藉此深入了解消費者的購買行為。

當寶僑跨足海外市場時，這類研究益發重要。尤其是中國大陸、印度、俄羅斯、墨西哥及巴西等這些不怎麼富裕、成長卻很快的國家，寶僑更需要密切傾聽當地顧客的需求。

（資料來源：經濟日報，2008年3月18日）

問題研討

1.請討論P&G公司早期進軍墨西哥市場時，其相關產品為何經常失敗下架？Why？
2.請討論P&G公司面對墨西哥市場的挫敗後，他們展開哪些改革行動？他們做了什麼事？最後成果如何？Why？
3.請討論「物超所值」的涵義為何？廠商要如何做到？請你試舉國內市場一、二例做分析。
4.請討論P&G公司為何要設立各種實驗室、發現中心等？Why？
5.總結來說，在此案例中，你學到了什麼？你有何心得、評論及觀點？

〈個案30〉中國奢侈品消費時代來臨

一、中國已漸成為「有錢人」的代名詞，中國已成為僅次於美國之後的第二大奢侈品消費王國

不僅是保時捷2007年在中國市場共賣出850輛，2008年120輛進口法拉利也賣到爆，中國富豪們捧著錢排隊買法拉利、保時捷，而被大款視為平民消費的BMW，2008年可望賣出5,700多輛。舉凡時裝、皮包、日常用品，到汽車、私人飛機、遊艇等奢侈品均在中國大賣，難怪全球奢侈品牌公司大喊「中國奢侈品消費時代來臨了！」

僅僅在數年前，全世界奢侈品牌關注的還不是中國，而是台灣、香港、新加坡等亞洲的幾條「小龍」，曾幾何時，中國人逐漸取代歐美，成為「有錢人」的代名詞。

根據安永會計事務所的報告指出，中國每年的奢侈品市場規模約為20億美元，約占全球總額的12%。未來十年，中國將追上美國，成為繼日本之後，全球第二大奢侈品消費王國，市場規模將達115億美元，占全球的29%。

二、名牌精品賣得嚇嚇叫

說起中國人買奢侈品手筆之大，讓人咋舌。2008年初義大利高級筆類製造商AURORA，在上海華亭伊勢丹商廈展出一支標價900萬元（人民幣，下同），鑲嵌一九一九顆鑽石筆，迅速賣出；首屆「國際頂級私人物品展」，四天的銷售額達2.5億元；LV專賣店在上海一年的銷售額達2億元，在杭州開業40分鐘賣掉90萬元商品。

中國奢侈品消費階段正邁入新的里程，最早是女性瘋狂迷上LV、CHANNEL等國際品牌皮包、化妝品，當時的酒店小姐不知香耐兒的名字和英文發音如何唸，乾脆拿起筆來畫兩個「C」連在一起，要求恩客買來送給她，可見當時追捧名品程度有多熱烈。

現在是，從女性的追捧蔓延到男性財富的表徵，從LV等時尚名品轉換到汽車、遊艇和天價筆的崛起，尤其是2005年被稱為中國奢侈品的「噴井之年」。

根據賓士中國公布的數據，2005年賓士貴族車系列在中國賣出100輛，其中加長型的雅致RL的銷售量，已經連續三年穩居全球銷量的首位。「在北京、上海滿街上的LV包，和街上跑的賓士、BMW車，已經不稀奇！」

三、龐大商機，名牌不放過

要搭上這股中國奢侈品風潮帶來的巨大商機，全球奢侈品牌絕不能置身事外，光是LV一家店的月銷售額就能達到四、五千萬，阿曼尼（ARMANI）銷售人員說，中國市場大得超乎想像，計畫在2008年前，在中國增設20-30家分店。

不僅ARMANI、GUCCI、FERRAGAMO、HERMES、OMEGA、蕭邦錶等品牌均加強在中國的據點布局，法拉利、賓士、保時捷等頂級名車每年均大幅增加對中國市場的出口量，販售頂級享受的私人飛機、遊艇商更是卯足全力，展開雙臂迎接這個每年奢侈品消費以50％增長時代的來臨。

四、中國奢侈品消費人口，突破1億人

一項調查數字顯示，目前中國大陸頂級商品消費者占總人口的13%，約為1.6億人，預計六年後，將增至2.5億人。其中，上海是大陸頂級商品市場的主要聚集地。

中新社報導，根據英國布萊漢姆國際展覽集團調查顯示，全球超過80%的頂級品展商認為，上海極具頂級商品消費文化。

報導指稱，近年來上海出現多個各具特色的國際知名品牌，僅1.8公里區域範圍內的南京路上，就匯聚一千二百多個國際知名品牌，全球頂級消費品牌有90%在此開設專賣店及旗艦店，年銷售額更高達126.8億元人民幣。

例如，GIORGIO ARMANI在2004年位於上海外灘三號的旗艦店開張，ARMANI目前已開設30家店。

2007年底，以手工製作的皮鞋與箱子知名的義大利品牌TOD'S的總裁Diego Della Valle宣布，將在全球建立70家直營店，其中20家都落戶在中國大陸的大城市，大陸成為其銷售網路布局投資最多的地區。

法國LVMH集團最近對外宣布，由於看好快速增長的大陸經濟，旗下的「路易威登」箱包店，已在大陸開設13家分店，還要在北京和哈爾濱各開一家。

五、頂級名牌進駐上海外灘

品牌	在中國的情況
GIORGIO ARMANI	2010年已開到30家分店：旗艦店在上海
ERMENEGILDO ZEGNA	中國是第四大市場：旗艦店在上海
TOD'S	共20家分店
LOUIS VUITTON	共13家分店；旗艦店在上海

（資料來源：工商時報，2008年10月9日）

問題研討

1.請討論中國奢侈品消費時代為何來臨？其涵義何在？

2.請討論各國名牌奢侈品在中國市場布局狀況為何？其商機有多大？

3.請上網蒐集目前中國的富裕城市，例如上海、北京、廣州、深圳…等地的國民所得為多少？城市人口多少？消費能力如何？

4.中國現有人口13億多，只要有5%是富裕人口，即有6,500萬有錢人，遠比台灣2,300萬人口的合計數還多，從此觀察，中國市場的未來展望如何？對廠商的機會何在？廠商應要如何行動？

5.總結來說，在此個案中，你學到了什麼？你有何心得、評論及觀點？

〈個案31〉日本7-ELEVEN面對三大挑戰

成立已經有三十二年，日本第一大同時也是世界第一大便利商店的日本7-ELEVEN公司，雖然擁有1萬850家店的強大便利商店連鎖公司，並且領航日本市場三十年之久的卓越優良公司。但如今也面臨著整個外部環境激烈變動下，前所未有的嚴苛挑戰。

一、挑戰1：平均每店營收額呈現下滑

日本7-ELEVEN平均每店日營收額，在2000年時達到69萬日圓最高峰後，近六年來即呈現逐年下滑的趨勢。到2005年為止，平均日營業額已下滑到64萬日圓，不但無法再成長，還反而衰退。日本7-ELEVEN董事長鈴木敏文，最近也對媒體坦誠：「日本便利商店每店平均日營業額已到成長極限，過去二十年來連續成長的時代已告終結。」最主要有幾個原因：第一，業態的多元化；第二，便利商店過度密集的競爭；第三，日本由於少子化，使年輕人口不斷減少；第四，價格競爭結果，使單價下滑等四個原因，終於使日本便利商店平均日營業額，五年來無法有效成長，反見下降。在來店顧客的年齡層面，近十二年來，也出現明顯的變化。目前，日本7-ELEVEN每店平均日來客人數約為938人。過去20歲到30歲顧客占30%，如今已降到23%，少了7%。而20歲以下的顧客占22%，如今也降為

13%，少了9%。兩者合計減少16%之多，反而在40歲以上的顧客，增加了15%。

在面對加盟店平均日營業額的緩步下降，日本7-ELEVEN正在苦思如何有效停止這種明顯下滑的趨勢，以及如何提高毛利率，以確保加盟店利潤的穩定。目前，日本7-ELEVEN的毛利率平均在30%-31.5%之間徘徊。

二、挑戰2：新業態分食與低價戰威脅

日本第二大便利商店LAWSON公司，2005年正式推動「Store 100」100日圓生鮮商品新業態店經營模式。該公司新浪剛史總經理已喊出到2006年2月，將展店到100店；2008年時，將加速擴張到1,000店的目標。Store 100商店以簡約的店面裝潢設計，平均在100日圓左右的生鮮蔬果及鮮食產品為主軸，再搭配飲料、便當、泡麵、醬油、現成配菜等。酒類及服務性商品則不再販售，除LAWSON公司外，還有新成立「Shop 99」的99日圓均一價食品專賣商店。2007年內將開300家直營店，有4,000品項，以食品、飲料等小包裝適量商品為主，迎合少子老化的趨勢。這種小型食品超市，每天集客1,200人次，已超過便利商店顧客人數的1.5倍。該公司總經理深崛高臣表示：「我們找到自己的定位及市場區隔，此新業態發展前景良好。」

此外，最近在東京世田谷區開第一家店以小型蔬菜、水果等為主。主婦客層人數多，平均日營業額亦有70萬日圓，三年內將展店到200家目標。該公司總經理中君勝利表示：「過去的便利商店大致是30-40歲男性客層居多，商品項目以食品、飲料、便當、雜誌及服務性商品為主。而我們不做同質性的競爭，我們進行的是一場商品更為區隔聚焦、訂價更為便宜，而且少量小包裝居多的新便利商店的業態。」日本媒體界稱此為：「30坪內的廉價戰爭。」

三、挑戰3：偏遠地區超小商圈的經營

最近日本Family Mart（全家）便利商店，在日本偏遠的島根縣鄉鎮地區，與當地的農業協同組合公司合作開設一家便利商店，成為Family Mart多樣化商店的新模式。由於在都會區的高密度展店，已使在都會區開新店的獲利空間愈來愈低、愈來愈不易。因此，各大便利商店公司，均尋求與

鄉下地方的中小企業、農會、漁會、旅館、醫院等合作開店，以擴大偏遠地區的業績成長。

四、7-ELEVEN的因應對策

日本7-ELEVEN在2005年3月起，也在東京都會區住宅巷道內，選擇約20-30家直營店，展開測試銷售小包裝100日圓及200日圓的蔬果產品，目前仍在持續試驗中。而其所面臨的困難，即是面對蔬果鮮度管理的挑戰，以及賣不完之後的拋棄損失，也相當可觀。

日本7-ELEVEN 2004年開始獨立投資全國九個批發公司，自力準備低溫冷凍庫設備，掌握生鮮蔬果從產地→批發市場→工廠包裝→各地便利商店等，一連貫的過程中，均力求保存鮮度及營養成分。這些蔬果都是日本7-ELEVEN做便當、鮮食商品、及小包裝蔬果的主要原料供應來源。而且7-ELEVEN每年在日本銷量17億個便當，也是該公司營業額創造的主力商品之一。目前，7-ELEVEN已與日本專業的三十多家便當及鮮食工廠展開製販聯盟合作，便當產品均可在2小時內從各工廠送到全國各7-ELEVEN便利商店去。

最近，鈴木敏文董事長亦認為暢銷型的新商品開發確實不容易經常做到。因為，在日本高度開發與精緻的市場環境中，要找到新材料及新內容商品，尤需更加努力動腦才行，但他認為「情報服務」需求，未來或許還有努力加強的商機存在。另外，日本7-ELEVEN在2005年7月，還與母公司伊藤榮堂購物中心，兩者合併為控股公司，成為日本第一家類似以金控公司為模式的零售集團控股公司。希望進一步整合集團資源運用，發揮更大綜效及降低1萬店的營運成本，以對抗未來更為激烈變化的日本零售流通市場與競爭對手。

最近，日本財經媒體界稱2005年是便利商店業界，終極戰爭所有的瞄準，均對著龍頭老大7-ELEVEN而來。既有的同業競爭者也好，新加入的競爭者也好；他們紛紛以新業態連鎖經營模式，分食便利商店區隔市場及搶食顧客的口袋。分眾市場及分眾行銷已被更為細緻、全面及多元化的操作。另外，由於都會區開店的飽和極限，迫使鄉鎮區開店，也成為次品牌競爭者使出的包圍計畫。另外，便利商店亦面對了不可抗拒的低價促銷大演變趨勢。此等種種，均侵蝕著二十多年來，7-ELEVEN的市場領導地位與長期安全穩定的獲利結構。

五、死鬥競爭已起

日本7-ELEVEN這家公司目前的總市值達2.6兆日圓，2004年度獲利仍不錯，達到1,743億日圓，是伊藤榮堂零售集團的金雞母。如今，在面對市場高度成熟、零售業態多樣變化及消費人口變數等三大環境巨變之下，亦顯示出7-ELEVEN深層的危機意識。面對這場爭奪達7兆日圓產值規模的便利商店市場大戰，鈴木敏文董事長亦深深意識到：「這一場死鬥戰爭已被燃起。7-ELEVEN面對開戰時刻，將會做好萬全準備。以成立三十二年之久的人才、經驗、財力、品牌資源及企業形象，重裝應戰出擊，並且火力全開。」

外界媒體以抖大的標題：「7-ELEVEN仍能持續強大嗎？」以凸顯這場便利大戰無情與激烈的死鬥競爭，並預言未來五年內將可見勝負分曉。

問題研討

1.請討論日本7-ELEVEN為何平均每店日營業額這五年來，表現下滑趨勢，其原因何在？

2.請討論日本7-ELEVEN面對日營業額下滑之因應重點目標為何？為何是這個目的？

3.請討論目前有哪些新業態分食及低價戰威脅著7-ELEVEN？又何謂「30坪內的廉價戰爭」？

4.請討論在偏遠地區的超小商圈，便利商店如何經營？

5.請討論面對上述三大挑戰時，7-ELEVEN有哪些具體的因應對策？為什麼是這些？你認為會有效嗎？為什麼？

6.請討論日本7-ELEVEN董事長鈴木敏文所認知的「死鬥競爭已起」之意義為何？該公司又有哪些競爭優勢呢？你認為7-ELEVEN仍能持續擴大嗎？為什麼？

7.總結來看，請從策略及行銷管理角度來討論這個個案的涵義有哪些？重要結論又有哪些？以及你從中又學到了什麼？

〈個案32〉COACH平價位精品行銷日本成功啟示錄

一、最成功的海外市場日本：業績成長6倍，市占率僅次於LV

「COACH是從日本市場才開始放眼全球。」帶領COACH團隊成功打下日本江山的前任日本分公司董事長，也是現任國際事業部總裁畢克萊（Ian Bickley）說。

美國《BusinessWeek》曾經直指，日本已經是全世界最大的精品市場，而這裡，也是COACH最成功的海外市場。

自從六年前COACH取消代理制度，正式在日本成立分公司之後，業績成長了6倍。2001年COACH在日本市占率才2.5%，現在已達11%，希望在五年內達到15%。

2004年COACH更正式超越GUCCI，成為日本第二大進口皮包與配件精品，僅次於市占率25%的LV（Louis Vuitton）。

這六年來，日本營收從占公司總營收的個位數一直向上提升到2007年的兩成以上。

二、COACH在日本市場成功的兩大原因

又根據《東洋經濟週刊》分析，COACH在日本會成功的原因有兩項。第一，成功打入價格中間帶。

自從1990年代日本進入景氣衰退期後，日本消費市場已呈現兩極。歐洲高級品牌LV價格多在10萬日圓（約新台幣3萬元）起跳，日本國產的品牌多是2至3萬日圓（約新台幣6,000-9,000元），而COACH成功利用女性的消費心理「可以表現出高級感，但是又不會太奢侈」的心態，以4萬至6萬日圓（約新台幣1萬至1萬7,000元）打入中間的消費帶。同時，堅持提供物超所值的好產品。

自1996年開始負責日本市場，一路打下日本江山的國際事業部總裁畢克萊就指出，COACH價格較一般易親近，美國可以負擔得起COACH消費的家庭，只占了20%，而日本卻有60%的家庭負擔得起這樣的消費，消費族群更廣大。

畢克萊的第二步，則是行銷策略的改變。COACH每個月都會順應流

行的潮流，推陳出新款式，新款源源不絕，因此，在街頭「撞包」的情況極為少見。且為了要增加與顧客接觸互動的機會，COACH也在日本廣泛開店。從美國總公司引進COACH最知名的綿密消費者調查方法到日本市場，也是COACH打下日本江山的重要原因。

自從2001年起，COACH就不斷砸重金對日本消費者進行調查，問題包括COACH包的顏色、尺寸、款式、材質、購買動機及對名牌的觀感。這一套採用美國系統而來的調查體系，就連消費品大廠寶僑（P&G）都自歎不如。

2007年COACH總共對全球7萬名消費者進行訪問，其中1萬2,000名就是日本人。「雖然美國市場的消費者調查與研究還是比較前瞻先進的，但是日本也快追上了。」坐在紐約總部辦公室裡，COACH策略與消費者調查部資深副總裁珍妮．卡爾（Janet Carr）說。

為了解消費者喜愛，COACH甚至曾把東京火車站前的旗艦店關閉兩天，邀請受測者進去實際購物，就像是把焦點訪談（Focus Group）搬到店面去實際進行，好測試消費者對於即將上市的新品有何反應。包括卡爾都親自飛到日本去，躲在店裡面的小房間，透過畫面觀看消費者。「他們會用什麼詞句來形容包包呢？」「看到新產品時表情興不興奮呢？」「對於顏色喜好如何？」「店員解說前與解說後，消費者的反應又有何差異呢？」諸如此類，都是COACH想要了解的。回憶起這些過程，卡爾仍然很興奮。

這些消費者調查的結果，當然最後都成為產品設計與改良的依據。

三、通路策略大舉拓點衝高市占率

除了價格、產品設計、消費者調查這幾個強項外，COACH在日本成功，通路經營也是一大關鍵，包括跟住友商事株式會社合作，廣開旗艦店，以及深耕地方的百貨公司。

COACH直營店面的選擇其實很嚴苛，必須要在人口超過100萬、能見度高的轉角，以及面積150坪以上。但因為有了不動產資訊豐富的合作伙伴——住友，幫他們和房東談條件、搶地盤，COACH每一個店面都是超級吸金器。

2002年在銀座開設的第一家旗艦店，更是日本COACH成功的轉捩點。開幕初期，門口大排長龍，必須排6小時才進得去。

待在日本十年的畢克萊回想，當時開銀座旗艦店時，仍受到許多質疑，因為銀座是全世界知名精品環繞之地，COACH這個尚未在日本打出知名度的美國品牌，竟然膽大到一開始就敢開旗艦店，「這一定必死無疑」當時有人抱著看笑話的心態說。

沒想到，銀座旗艦店一開，讓全世界都注意到COACH，消費者對COACH的觀感也完全不同。從那時候起，COACH一連從涉谷、丸之內、梅田、仙台、名古屋以及神戶等地，開了8家旗艦店。直到現在，相較於LV、GUCCI各自都只在日本擁有50多家店，開了141家店的COACH，幾乎是它們的3倍。

看到COACH迅速竄紅，眾家歐洲精品品牌既不屑，又恨得牙癢癢，於是提出COACH採用介於精品和國產品牌間的價格，破壞了一般人對名牌的高級印象；COACH的大量販賣，也摧毀了一般人對名牌稀少性的想法。但COACH不以為意，還是繼續開店、每月不停推新品，希望不久能開到180家店、衝到市占率15%，讓日本人在每個街角都能感覺到COACH的存在。

伊藤忠流行系統事業開發室行銷經理川島蓉子去年接受《東洋經濟週刊》採訪時就提及，日本消費者算是全世界最嚴格的，只要品牌能夠在日本達陣，代表這個品牌不論到哪裡，都會成功。

四、刻意避開成熟的歐洲精品市場

COACH已成為國際舞台上下一個來勢洶洶的新精品。2007年8月，COACH台灣代理商采盟副總經理陳歆飛到紐約總部，參加全球代理商大會時就發現，世界各地的代理商人數，幾乎比四年前多出1倍，十五張會議桌，擠滿了將近180人。

「本來COACH的代理商大都在亞洲，這兩年來快速擴展，增加了六、七個地方，包括俄羅斯、英國、中東等。」代理COACH七年的陳歆說，以往COACH選擇先不進入精品品牌歷史悠久、競爭激烈的歐洲，先著力於亞洲市場，可是現在已逐漸將觸角伸進快速崛起的中東杜拜等。

但二十年前，COACH還是一個在美國以外並沒有什麼知名度的皮件品牌，1988年走出美國之後，快速地開疆闢土，如今已在全世界26個國家，擁有近500家直營店。其中，日本是COACH第一個成功國際化的市場，如果要談COACH國際化，絕對不能不提及日本市場。

（資料來源：遠見雜誌，2007年12月1日，頁286-293）

問題研討

1.請討論COACH在海外市場日本成功的績效成果為何？
2.請討論COACH在日本市場行銷成功的兩大因素為何？
3.請討論COACH的市調機制內容為何？其目的何在？
4.請討論COACH在日本的通路策略為何？做法為何？目前與未來有多少據點？
5.請討論COACH為何要避開歐洲精品市場？Why？
6.總結來說，在此個案中，你學到了什麼？你有何心得、評論及觀點？

〈個案33〉資生堂行銷中國成功之道

一、創下連續四年高成長佳績

日本資生堂在中國的營收額，從2004年的200億日圓，一路成長到2007年的600億日圓，四年來，平均年成長率均超過30%，營收額更成長3倍。

在1994年時，資生堂以中國當地製造及當地行銷的品牌AUPRES，當時在百貨公司專櫃上成為暢銷的第一品牌，並打下資生堂遠征中國市場的穩固基礎。

2001年後，由於中國加入WTO世貿組織，外資化妝保養品牌大舉進入中國市場，整個市場競爭加劇，而且通路亦更加多元化，從百貨公司、藥妝店、量販店、超市及個人專賣店等，均可輕易買到各式各樣各品牌的化妝保養品。

資生堂的品牌名稱，起源自易經中的「萬物資生」，頗受到中國消費者的歡迎。經中國統計局統計，中國都市化人口中，中間所得人口的女性，大約有1億人，這個市場遠比日本的5,600萬女性市場更大，這也就是資生堂為何在1990年代初期，即到北京設立在地工廠，並展開在地行銷的工作。

二、通路經營能力有一套

資生堂目前在中國各大百貨公司設有專櫃800店，再加上個人連鎖店2,760店，合計超過3,560個店，其通路規模數及密集度算是領先地位的，這對資生堂營收的成長，奠下穩固的基礎，資生堂更將整個通路據點數設立5,000店的挑戰目標。

日本資生堂自1943年創業以來，即逐步演化及強化它的行銷通路，經營自己的一套Know How（祕訣、制度），包括：從商品販售、商品知識、美容技術、店鋪設計、店鋪營運、行銷宣傳及產品組合等，均有一套制度、辦法、規則、要求標準及設計規格。這一套Know How，資生堂都要教導給加盟的個人專賣店之店主老闆娘們，而其原則目標，即在追求雙方的共存共榮。只要通路愈強，資生堂的產品銷售管道就愈來愈多及愈好。

三、在中國經營致勝的四個核心經營概念

資生堂公司總結在中國市場經營十多年來的心得及經驗，想要經營致勝，大概要擁有四個核心概念才行：

(一)第一：要有正規產品

在中國市場不能賣假貨、也不能賣品質低劣的商品，一定要有高品質、要有正規商標、要有信用、要優質化，如此正派、正規經營，久了就會得到口碑、肯定及忠誠度。

(二)第二：要有親近感

化妝保養品除了少數開架式自由取拿外，大部分仍要靠美容顧問師、彩妝師的親切說明、教導及解惑，必須讓消費者感到親切感、希望感及好感度。

(三)第三：要有誠意感

中國消費者買東西除了要有親切感外，也要有誠意感，誠意就是真心為消費者的皮膚好、為消費者裝扮的更加青春美麗，要真心誠意為消費者付出，這種真心誠意要能讓消費者感受到。

(四)第四：要具有皮膚保養的真正專家

美容顧問師或技術師必須具備充分的美妝、保養、護膚、生化及產品等多方面的知識，必須展現出是一個可以為消費者解決煩惱或創造美麗不衰者的專家才行。

以上這些，地資生堂公司培訓手冊《資生堂Beauty Way》（資生堂美容之道）中，都講解的很清礎。

四、今後努力的方向與策略

資生堂中國事業部長高森童臣表示，今後對中國化妝保養品市場的高速成長，仍抱持高度的樂觀信心。他認為資生堂今後在中國市場的行銷策略與經營方向，應該把握以下幾點：

(一)持續深化消費者的需求研究及調查

過去資生堂在這方面已累積了不少的市調結果及數據資料庫，今後仍將持續下去。

(二)認清中國各地區各省市的差異化，而施展不太相同的行銷操作方法及內容

資生堂了解到中國有31個省、直轄市、自治區及2個特別行政區等。但各地區、各省市的天氣、膚種、消費思想、價值觀、社會風俗……都不盡相同，故不能有全國統一化的做法，一定要加以區隔及細分化，採取差異行銷。

(三)持續擴大全國通路據點

百貨公司專櫃及個人專門店仍是資生堂業績來源的兩大支柱，未來的據點數，將從現在的3,500店，邁向5,000店，最終2015年希望突破10,000店，屆時，將是最強通路體系的第一品牌化妝保養品公司。

(四)加速擴大經常購買的會員人數

現在，中國資生堂每月經常性回購的會員人數，大約在375萬人，未來將朝每年成長20%，希望達成500萬人新會員。

(五)持續深化品牌力

資生堂發覺到中國消費者仍是高度重視名牌或有品牌的產品。資生堂在日本、在全球早已很有名，在中國當然也不例外，但品牌力的深耕是不能停留一刻的，未來，資生堂仍要持續在廣告及公開報導方面，加強打造及深耕資生堂的公司品牌與其產品系列品牌，並做到品牌高級化及高檔品牌的設定目標。

(六)提升服務品質及反應力

資生堂已在中國當地設立客服中心（Call-center），接受來自中國31個省市地區消費者的抱怨、疑問或意見的表達。服務品質的好壞及立即解決能力的快與慢，也直接影響到對資生堂這個品牌的好或不好感受與評價。未來的資生堂將加強服務力的展現。

(七)建立顧客資料庫，推動CRM

目前資生堂全中國已有375萬名的常客，未來將更成長到500萬名，這些巨大顧客資料庫名單將輸入到CRM（顧客關係管理）系統去，然後加以分級處理及分級對待，找出特優良及優良級的好顧客，給予特別的回饋優惠，真正做好對優良忠誠度高客戶的真心對待。

(八)推出日本研發上市，全球同步行銷上市的產品規劃

資生堂近年來已測試過安耐麗、美人心機……，全球同步行銷上市的產品規劃與執行，都帶來不錯的成果，並且由日本總公司提供具有高吸引力的廣告片，在全球各國播放，達到全球行銷資源平台的共同效益。

(九)企業社會責任的盛行

最後，資生堂也注意到近年來CSR（企業社會責任）的盛行，積極在中國推展社會公益活動及社會回饋工作，希望創造好企業公民（Corporate Citizer）形象，並搏得中國人民對資生堂公司的好感度。

五、結語：提升中國女性之美

資生堂中國事業部長高森童臣誠摯的表示：「資生堂真心希望為中國女性之美做出貢獻，並希望中國整體美意識的全面向上提升。唯有秉持此種經營理念，才可確保資生堂在中國巨大市場的永續成長之道。」

問題研討

1.請討論資生堂在中國市場目前的現況為何？
2.請討論資生堂通路經營能力的狀況為何？
3.請討論資生堂在中國市場經營致勝的四個核心經營概念為何？為何是這四個？Why？
4.請討論資生堂今後在中國市場努力的方向及策略為何？
5.請討論「提升中國女性之美」此句話之涵義為何？
6.總結來說，在此個案中，你學到了什麼？你有何心得、觀點及評論？

〈個案34〉可口可樂行銷致勝之道

自2000年到2008年，可口可樂飲料均居世界品牌價值排名之首，獲有極高的評價。

一、轉型全球性綜合飲料提供者角色

已有一百二十年歷史之久的可口可樂，早期都是單一碳酸飲料，但從二十六年前推出Diet Coca以來，這幾年來已陸續推出茶飲料、咖啡飲料、果汁飲料、運動飲料及礦泉水飲料，尤其在日本市場的可口可樂更是成功多角化的典範市場。如今，可口可樂在全球各國已累積了450種品牌。可口可樂現任行銷長（Chief Marketing Officer; CMO）約瑟夫・崔普迪（Joseph Tripodi）即表示：「為因應世界消費者偏好的多樣化及健康導向，可口可樂早已揚棄單一碳酸飲料的角色，而加速朝向全球化綜合性飲料提供者的角色定位而轉型成功。」

全球可口可樂2008年度的營收額，估計將超過300億美元，而獲利亦達到70億美元的創歷史新高。

二、建立品牌行銷DNA手冊

可口可樂總公司建立有規範全球各地子公司如何行銷可口可樂品牌的一套完整縝密的操作手冊，這本資料稱為：「DNA: The coca-cola way of marketing」，此即指全球可口可樂品牌行銷的祕碼DNA。

這本手冊裡提出了如何規劃事業成長策略、如何規劃產品組合策略、如何規劃品牌任務、如何執行行銷活動，以及如何考評行銷績效與行銷的成本效益評估……八大類及數百個項目的表格填寫、大綱、目錄指示與企劃案例等。這是全球可口可樂行銷人，必讀的入門經典手冊。

三、一定要從消費者徹底著手

可口可樂亞特蘭大總公司行銷長約瑟夫・崔普迪對這整本品牌行銷DNA手冊，提出三點綜合性的歸納提示，說明如下：

(一)一定要從消費者徹底著手及首要考量

早期傳統的行銷觀念，都是從產品著手考量，這是古老的行銷。他認為新時代行銷，一定要從目標消費群傳達出這個產品的最大創意（Big Idea）及訊息（Message）所在。因此，首先一定要很完整及很清楚的做好消費者洞察行動，要把消費者的必中想法、消費觀、人生觀、生活觀、價值觀、嗜好觀及各媒體接觸狀況等，掌握得十分清晰。

崔普迪行銷長即表示：「飲料的消費族群有一大部分是年輕族群，過去可口可樂投資很大的比例在電視廣告，但如今，北美地區已刪減25%電視廣告預算，而移轉到新媒體的應用上。總之，我們要了解及掌握我們產品的消費客層在哪裡？他們接觸哪些媒體？他們喜歡什麼樣的訊息？他們對哪些行銷活動比較有興趣？他們的實際購買行動如何產生？這些問題都要思考清楚，然後才能做到精準行銷的目標。」

(二)要經常追求創新與革新

可口可樂品牌行銷DNA的第二法則認為：要避免品牌死掉及顧客走掉，必須持續創新不可。

可口可樂也隨著時代及消費者的進化，而做了必要與及時的改變。從唯一的碳酸飲料到非碳酸飲料品牌的產生，全球各地可口可樂子公司均不斷的推出新產品上市。另外，在產品的包裝、設計、標籤、材質、內容成分等，也都不斷的改變與進化，否則業績就會衰退。另外，在媒體使用方面，也擴大對新媒體的使用。在可口可樂品牌行銷DNA的字典裡，經常性的創新與革新，才是永遠的王道。

(三)對消費者的訴求活動，應與促進購買行動的實現，相互連結融合

崔普迪行銷長還提出並且要求可口可樂的行銷活動，要儘可能的讓消費者有想買的感覺存在，一定要使出各種方法，提高行銷活動的促購度。例如，最近007電影在全球電影院播放，零熱量可口可樂即與該部電影做連結活動，包括電影院廣告、網路廣告、店頭廣告、自動販賣機廣告，以及促銷抽獎活動等整合行銷手法，都在促銷零熱量可口可樂的銷售成果。

四、行銷≠廣告

崔普迪行銷長認為行銷手法的改變，是行銷長極為重要的使命之一，他平日的工作就是在促使底下員工對行銷速度的加快。不少人存著行銷＝廣告宣傳的舊思維，崔普迪行銷長則認為行銷≠廣告，他表示可口可樂如今的品牌價值及排名，仍能維繫在第一名而不墮落，並不是在於它花了多少的廣告宣傳費，以及做了多少支好的電視廣告片，他說那只是可口可樂品牌價值打造的幾十項因子之一而已。其他的市場調查、產品設計包裝、CSR（企業社會責任）、IR（投資人關係）、企業創新文化、企業改革與改變、消費者忠誠與口碑、公關形象報導、社區關係維護、價格回饋（平價）……，都是累積品牌資產的內涵行動。總結來說，可口可樂能夠基業長青並保持行銷致勝之道，即在於全球的可口可樂行銷人，都在那套品牌行銷DNA手冊的企業文化涵蓋下，都能夠秉持著不斷行銷創新、改變及追求進化的精神，成功突破困境，而邁向全球化綜合性飲料的領導品牌地位。

唯有創新與改變，才能存活下去，全球可口可樂做了最好的行銷典範。

問題研討

1.請討論可口可樂轉型的方向為何？為何要如此轉向？是否碳酸飲料市場已漸衰退？

2.請討論「一定要從消費者徹底著手」此話之涵義為何？

3.請討論可口可樂的品牌行銷DNA手冊為何？為何要如此做？Why？

4.請討論「要經常追求創新與革新」此話之涵義為何？

5.請討論行銷≠廣告之涵義為何？

6.總結來說，在此個案中，你學到了什麼？你有何心得、評論及觀點？

〈個案35〉H&M：全球第3大服飾公司成功的經營祕訣

成立於1947年，在全球30個國家，設立有1,600家直營店，從生產到店面銷售均有涉入，普遍在歐洲、北美洲及亞洲都可看到它的服飾店面，這就是具有全球品牌知名度的「H&M」瑞典大型服飾公司，它的總部位在於瑞典首都的斯德哥爾摩。

一、優良的經營績效

瑞典H&M服飾公司擁有極為優良的經營績效，它的公司價值（Corporate Value）亦屬世界第一。

H&M公司的2008年營收額達到1兆3,000億日圓，居世界第三位；僅次於美國Gap服飾公司1.7兆日圓及西班牙Zara服飾公司的1.5兆日圓。而在獲利方面，H&M公司也有3,000億日圓，領先Gap公司的1,457億日圓及Zara公司的2,618億日圓。而在公司總市值方面，H&M公司亦高達3兆9,000億日圓，領先Zara的3.1兆日圓及Gap的1.5兆日圓。

H&M服飾公司的毛利率達到60%，獲利率為23.5%，遙遙領先Zara及Gap兩家公司，此顯示出H&M公司獲利績效之佳。

二、高回轉率

H&M公司從服飾設計到製造生產到店鋪上架銷售，大概都被控制在3週（即21天）內完成，速度相當快速。H&M公司每年大約生產50萬個品項商品，在斯德哥爾摩總公司即有100位設計師，她們每天都在思考如何創新商品。

H&M商品的特色之一，即是便宜。然後再加上流行尖端與品項齊全，使該公司的商品循環（Cycle）加速，這都是價格＋流行雙因素所產生的。

H&M公司除了自己擁有工廠之外，也向外委託代工生產，這些OEM協力工廠大概有700家之多，每年生產50萬個品項，平均每天即有1,300項的新商品生產出來。這700家協力工廠，有三分之二在亞洲，而又有一半位在中國。H&M公司在全球設有20個製造監督辦公室，負責控管各OEM工廠的生產狀況、產品品質及大量生產。

由於H&M公司採取多品種及大量生產的體制，使高回轉銷售成真，且能常保服飾產品的鮮度。

三、可以看到商店每天都有變化

H&M公司的店面，每天、每小時均有新商品抵達、新商品上架陳列以及銷售。這都源自於H&M公司的設計師們，能夠快速的因應環境變化，掌握時效，選擇必要性設計趨勢，然後快速設計出款式，並進行製造物流及到貨上架。H&M直營店面每天都有新貨到，因此，會讓消費者感到店內經常變化，而不會有過時的陳舊感受。

四、商品暢銷的根源

H&M滯銷品及過季庫存量很少，此主要源自於該公司有強的商品設計開發團隊（Design Team）。在總公司六樓，有100人的優秀設計師團隊，為每天新服飾的產生而用心努力工作。她們每天會定期跟全球各分公司及直營店面店經理們透過電話視訊，詳細討論當地的銷售資料、流行趨勢、需求狀況及相關建議。

這些設計師們除了設計工作之外，她們也有幕僚團隊們負責對全球

700家協力工廠下單，以及相關的預算管理。

這群由歐洲人、美國人及亞洲人等所組成的聯合國軍團，可以說是H&M公司快速成長的最初始功勞部門。

五、物流

如何使全球700家協力工廠的50萬個服飾品項，能夠順暢的抵達全球1,600家直營店面上架銷售，是一門大工程。這必須仰賴精密的IT資訊系統指揮，以及各地區物流系統與廠商的支援才行。H&M公司在歐洲、北美洲及亞洲，設有10個據點的大型物流中心，這些巨大物流中心的坪數，每個都高達3.6萬坪之大。例如，在德國漢布魯克的大型物流中心，就負責供應給德國、波蘭及義大利的460家店使用。

六、POS系統的單品管理

H&M的店面都有POS系統的單品管理，從商品名稱、色彩及尺吋等均能詳細掌握每日的最新銷售情況。而這些POS資料情報也是總公司的設計師群及高階決策者，了解哪些產品賣的好或不好的第一手情報來源。

七、設計、製造、物流、銷售的支撐四要點

H&M服飾公司的成功，綜合來說可歸納為下列四要點的經營成功之道，包括：

(一)設計

掌握各國流行與時尚趨勢，能夠滿足消費者的設計感。

(二)製造

利用中國及亞洲地區廉價的成衣代工廠，在專人監管下，能夠以低成本做出好品質的服飾產品出來。

(三)物流

利用全球海空運及各國快遞物流系統，再加上10個巨型的物流中心轉運點，將商品快速送抵各國門市店面去。

(四)銷售

H&M擁有在各國設立的直營子公司或代理公司，能夠以優良品牌形象，做好當地的在地行銷工作，使商品能夠銷售出去。

總結來說，H&M服飾公司源於北歐瑞典，但卻能運用全球性資源，而使營運面擴及全球，成為跨全球30個國家行銷的第3大服飾品牌跨國大企業。

問題研討

1.請討論H&M公司的優良經營績效為何？
2.請討論H&M公司的商品為何能夠有高回轉率？Why？
3.請討論為何每天在H&M店面都可以看到變化？Why？
4.請討論H&M商品暢銷的根源為何？
5.請討論H&M公司的物流體系為何？
6.請討論H&M公司的POS單品管理系統為何？
7.請分析H&M公司成功的支撐四要點為何？
8.總結來說，在此個案中，你學到了什麼？你有何心得、評論及觀點？

〈個案36〉魔法王國——東京迪士尼樂園好業績的祕密

一、年年創下好業績

2009年3月為日本迪士尼樂園開業二十五週年的紀念日，即使在面臨全球金融海嘯的不景氣之下，日本迪士尼樂園仍創下每年2,700萬人次的參觀遊玩人數。2009年度的年營收額達到3,852億日圓，平均每人的消費金額為9,370日圓，而營收額則包括了門票、商品及飲食等多種收入。面對日本少子化與高齡化的人口社會環境趨勢下，日本迪士尼從1984年3月開業年度的1,000萬人次入園消費起，這二十五年來，幾乎年年都保持著業績的成長，這對主題樂園來說幾乎是難以達成的，因為，大部分的主題樂園，去過一次或二次之後，幾乎不再去遊玩了。

二、重要經營指標：顧客滿意度

日本迪士尼能夠有此難能可貴的營運佳績，主要來自於該公司堅持著「顧客導向」與「顧客滿意度」的經營理念。

日本迪士尼樂園公司認為提升「顧客滿意度」（Customer Satisfaction, CS）是所有業績生意的根源點，所以該公司非常重視來園遊客的顧客滿意度，包括玩得快不快樂、吃得滿不滿意、買得中不中意、住得好不好、看得盡不盡興等，這些顧客內心的真正滿意度，是日本迪士尼樂園最關心的真正重點及最後結果。日本迪士尼樂園曾做過一項調查，在來園的遊客中，每10個人，幾乎有9個人是再次入園遊玩的，他們都是再次（Repeat）來玩的，主要原因就是他們對上一次遊玩的印象很深刻，也很滿意，因此，不斷的再次入園。

日本迪士尼樂園公司認為員工滿意度與顧客滿意度彼此間會形成良性的循環，而且員工的滿意度更是顧客滿意度的來源。如下圖所示：

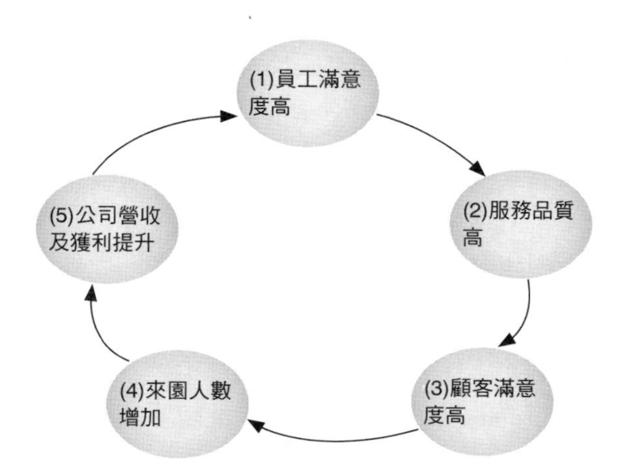

三、高度顧客滿意的原因

日本迪士尼樂園究竟如何做到顧客滿意度高的原因有幾點：

(一)不斷投資硬體建設

日本迪士尼樂園十年前即投資興建迪士尼海洋在其隔壁，串成兩個遊樂園。五年前，又投資興建迪士尼旅館，供給晚上住宿顧客之用。此外，在園區內，每年均會有一些新的遊樂設施出現，而既有設施也保養得非常安全及新穎。此外，在餐飲設施、商品購買設施、洗手間、休息區、等待區、停車區、遊園巴士……硬體設施，日本迪士尼樂園從不吝惜投資，所以使園區內仍保持最高品質水準與最佳外觀水準的主題樂園，以吸引來園顧客。

(二)大型表演秀

日本迪士尼樂園每月均會安排一次大型表演秀，每次秀場表演均翻新，使入園觀看的顧客都會感到新奇及好看。這種大型表演秀已成為日本迪士尼樂園的好口碑來源之一。

(三)不斷強化軟體面的品質

日本迪士尼樂園不只重視硬體創新的投資，而且也同等重視軟體面的品質提升及改善，包括：人員的禮貌、微笑、親切、周到的態度與精神；園區內指標導引、餐飲的好吃、販賣店商品的豐富及訂價合理、遊園巴士的頻率、安全的告知與維護、客戶抱怨的立即處理、對身心障礙人士與孩童的特殊對待……，也都受到很高的重視。這些軟體面的品質是「看不見的價值」，但日本迪士尼樂園依然不斷投入此方面的改善及提升服務品質。

對於軟體的服務品質，日本迪士尼樂園除了篩選對的人之外，也不斷對這些員工展開教育訓練的工作。此外，在員工滿意度方面，每年也有一次全體員工大調查，包括對薪資、獎金、工作場所、工作領導、管理、福利、工作氣氛、工作性質等都納入員工滿意度的內容。該公司每年都得到很高的員工滿意度結果，此證明員工對公司的向心力很高，而間接的影響到企業優良文化的形成。

對於現場改善活動，日本迪士尼樂園也高度鼓勵員工的創意行動。該公司每年都會發動一次「I have idea」（我有創意）的員工活動。由於第一線員工最接近顧客，因此會有比較多的創意發想。過去幾年來，這些創意改善活動，對該園區的軟硬體品質提升的結果，帶來不少的貢獻。目前日本迪士尼樂園有1.8萬名的員工，其中一半是約聘的準職員，這1.8萬名員工，即成為該公司最好的改善創意團隊。這個團隊的努力，也成為日本迪士尼樂園今日廣受日本及亞洲地區觀光客歡迎與經常光臨的重要原因。

四、這是「心的產業」

在日本迪士尼樂園擔任總經理的加賀見俊夫即表示：「我們不是製造業，我們是一種心的產業，必須發自內心的一種快樂的心、幸福的心、歡笑的心及滿足的心，然後將這種氣氛，傳播給每一位來園的顧客，並且讓他們都能帶著期盼的心情入園，然後帶著快樂與滿意的心情離園。因此，我們經營的正是這種讓每一位顧客都能歡笑與快樂的心的產業。能夠做到這樣100%的顧客滿意度，東京迪士尼樂園才會長久的存活下去，即使一百年後，它依然能夠持續發展而永不止息。」

已經度過一個輝煌成就二十五週年的東京迪士尼樂園，面對日本主題樂園的衰退，正彰顯出它的卓越經營之道與行銷靈活性策略的成功。

〈個案37〉SONY開拓印度市場的成功經驗

擁有全球第二大人口的印度市場，這11億人口的巨大市場，正是世界各大家電與電子公司極想進入的市場。但印度的語言、文化、地域、習俗等都與其他歐、美、日先進國家不完全相通，但日本SONY公司在印度卻有不錯的經營成果。即使在2008年第三季時面臨全球金融風暴與全球經濟衰退之際，SONY在印度的營收成長率竟仍然有30%的高水準呈現，2010年度全年營收額已達9億美元。而SONY的品牌知名度與想購買度，在印度一項調查中，亦位居第一位，高過NOKIA、三星、LG、Panasonic、飛利浦等世界大廠。

一、成功開拓印度市場五大因素

能夠成功開拓印度市場，SONY總公司派駐在印度的當地公司日籍總經理玉川勝表示這可歸納於五大因素，如下：

(一)投入強大廣宣費，打造出第一品牌

玉川勝印度公司總經理即指出：「SONY在印度成功的首要基礎，即

在於它的高知名度與高指名度的品牌形象塑造。這就好比是空軍一樣，具有空中的競爭優勢。品牌的威力，在先進國家及像印度一樣的開發中國家都是非常重要的因素。尤其，家電及電子產品是屬於耐用財的品項，消費者更會看重品牌因素，在印度也不例外。」

而SONY品牌能夠在印度市場與消費者心目中奪下第一品牌，主要依賴投入強大的廣告量。印度SONY的廣告量投入，大概是其他國家比例的2倍，平均占營收比達到5.5%之多，在其他國家SONY的比例約只有2%-3%之間。換言之，每100元的營收創造，其中就要花掉5.5元的廣宣費。這些廣告費，主要集中在液晶電視、筆記型電腦、數位照相機及手機等四個主力產品領域為主。

SONY在印度的廣告影片（CF）製作，大部分以當地化人物、當地化風景及當地語言播出，普遍受到印度當地人民的好感，是成功的廣告策略。

(二)行銷通路網的全面擴大

除了上述空軍角色的「品牌」之外，SONY在印度還擁有成功的陸軍角色，即「銷售網」。

到2006年止，SONY在印度的銷售據點分公司成長2倍，達到廣設21個分公司設在印度全國重要的21個大城市。除了SONY專賣店直營體系外，SONY也對傳統的印度家電行、量販店、旅館、資訊3C連鎖店等開拓上架。在SONY Center的直營專賣店，預計五年內要成長2.5倍，達到全印度有250個直營連鎖店。此外，印度各地區各街道的傳統家電行，也是非常重要的銷售管道，SONY透過印度全國當地的經銷商代為拓展銷售。行銷通路網扮演SONY強攻印度廣大地區與巨大人口的最重要地面作戰部隊陸軍的角色，帶來重要的業績貢獻。

此外，為配合SONY良好的品牌形象，SONY印度公司對售後服務也提供良好的制度，目前已設有大型的服務中心（Service Center）11個據點，以及200個較小的服務站據點。

(三)對當地人才養成，不遺餘力

SONY在印度擁有強大販售力的重要因素，就是它對當地化的大力支持與當地人才的大力採用與培養。

目前在印度各城市的21個分公司中，其分公司經理都是印度人，沒有一個日本派駐的；即使在印度總部，也只有總經理及財務主管是日籍人士，其餘行銷副總經理、業務副總經理等都是印度人士出任的。

其實，這也是日本SONY總公司近十年來，開拓海外市場的基本政策，亦即派赴的日籍人士降到愈低愈好，完全以取用自各國當地優秀且忠誠的人才為主。這種對印度人才的重視及制度，對他們開拓印度市場帶來較高的信賴感、熟悉感及成就感，這也使SONY日本總公司省掉很多不必要派駐人員的麻煩。

(四)開發當地化適用的獨特商品

除了上述三點之外，SONY公司也針對適合印度本地市場的商品加以適時開發。例如，日本SONY液晶電視機的全球共通款式都是以40吋的機型為主力，但在印度市場就不能只提供單一機種。由於印度國民所得有限、家庭坪數不算太大、富有人家也不是很多，因此，較小及較便宜的19吋及26吋液晶電視機反而賣的較多，這些都是因應印度市場的獨特性而開發出來的專屬機型。這些當地化的本土機型，幾乎也占了銷售量的一半比例之高。

(五)集團資源綜效運用，發揮相乘效果

最後，在印度市場拓展成功的因素是SONY運用在整個集團的資源，彼此之間相互支援，以發揮綜效價值。例如，SONY在電影部門、音樂唱片部門、手機部門、家電部門、遊戲部門及數位電子部門等，這些單位在支援促銷活動、廣宣活動、代言人活動及業務活動等，都能強力協助，發揮友誼，創造良好成果，這些都得利於整個集團有豐富資源之所致。

印度市場是位於南亞洲的最大市場，其11億人口數僅次於中國大陸。隨著五年、十年後，印度國民所得的逐步增加及經濟成長率上升，印度11億人口市場將會具有1倍、2倍的成長潛力。SONY總公司即以非常前瞻的眼光，為此布局預做準備，如今已打下良好基礎。未來SONY在海外印度市場的飛躍成長將是可以期待的。

問題研討

1.請討論SONY公司在印度市場成功開拓的五大因素為何？

2.請討論SONY公司在印度市場投入大量廣宣費時，如果面臨前幾年可能會發生虧損時，你會有何看法？為什麼？雖然此個案並未討論此內容，但請你想一想。

3.請討論SONY公司為何要運用當地化及當地人才？此舉有哪些益處？

4.請討論全球化統一商品與當地化商品的適用狀況？SONY兩者都有兼顧嗎？

5.總結來說，從此個案中，你學到了什麼？你有何心得、評論及觀點？

〈個案38〉麥當勞國際品牌年輕化的歷程

一、2002年時，美國麥當勞舉辦一個全球各國負責人研討會，檢討麥當勞未來品牌前景如何

九〇年代全球在科技化和全球化上有非常重要的發展，在此過程中，大家都非常重視提升市場占有率。同樣地，1995年至2000年間也是麥當勞急速擴張的時刻，在全球120個國家都可看到麥當勞的金字招牌。

不過，2000年之後科技泡沫化，全球經濟遭受衝擊，麥當勞也受到很大打擊，股價從最高時候的80-90元，一路狂跌到2002年的12元，這是一個相當令外界驚訝、讓麥當勞內部心酸的經驗。為了振衰起蔽，2002年時麥當勞集合了全球主要市場負責人，在澳洲進行了一個禮拜的研討會。

研討會討論主軸有三個：第一個是分析麥當勞過去成功的關鍵，在全球化時代能夠成功急速擴張的因素；第二個是檢討目前的表現，第三個是討論未來麥當勞能有什麼樣的前景。

二、研討會發展出屬於麥當勞的品牌金字塔

研討會最後發展了一個屬於麥當勞的品牌金字塔（見下頁圖），就像

金字塔是由一塊、一塊的磚從基礎往上疊起一般，品牌金字塔也是一層層地打造，從基礎的信任、以麥當勞為榮、願意貢獻；往上發展是品牌的識別，也就是當你看到黃金M時，就會想到麥當勞；看到麥當勞叔叔，就會想到他在社區參與的許多好玩、有趣活動。

再來則是品牌特色，也就是麥當勞在產品面、業務面、環境面、經驗面及整體價值上，提供給顧客的功能性利益（Functional Benefit），這也是麥當勞重要的經營訴求：品質、服務、衛生、價值。

再上層是顧客利益點，顧客享用了品牌特色，然後會產生獨特的用餐經驗，甚至帶來感到滿意的微笑等回饋，也就是更上一層的顧客回饋；再往上走的是品牌帶給顧客的價值，也就是年輕有活力；而最後尖端的品牌個性則是歡樂。

從觀察可得知，品牌金字塔的尖端是品牌在塑造過程最精華且抽象的，而品牌金字塔的建造也不只從理論發展，而是從實際經驗中一步一步堆疊出來的，只是在回溯時卻發現和理論基礎相當吻合。

圖1-3
麥當勞的品牌金字塔

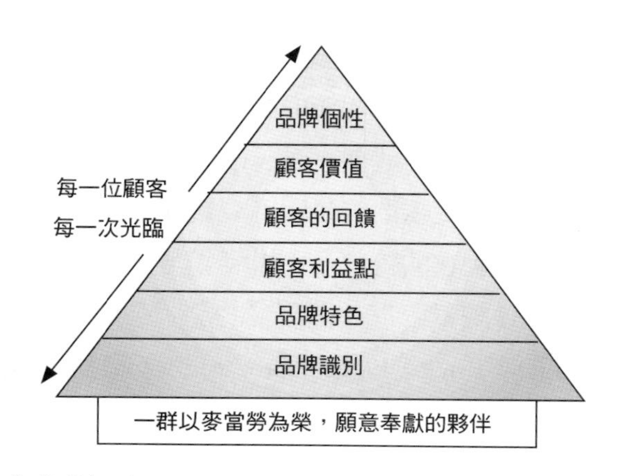

資料來源：麥當勞提供

三、麥當勞品牌年輕化再造工程

認知到麥當勞這個品牌已經五十歲了，五十歲的老品牌要繼續發展，需要很多的創新和創意，而在品牌改變的過程中，最危險的是流失核心的能力和特色。

一個品牌能歷久不衰，一定是擁有讓品牌永恆的核心能力，而品牌也需要創新，才能迎合未來消費者的需求，麥當勞在導出品牌金字塔後，就積極探索如何能在創新之餘又維持品牌核心價值、讓品牌永恆，也就是讓品牌既可以維持過去優秀的表現，又能有創新突破的未來。簡單的說，就是希望可以「Forever」又「Young」，希望麥當勞能「Forever Young」。

為了向媒體、消費者詮釋「Forever Young」，麥當勞在2003年9月推動一個全球品牌再造運動——「i'm lovin' it，我就喜歡」，而在當時推出此運動廣告時，許多媒體及消費者也紛紛詢問，廣告是否昭告著麥當勞的目標消費群將有所轉變。

麥當勞的族群並沒有轉變，「i'm lovin' it」廣告其實強調的是態度。因為在傳遞「Forever Young」品牌訊息時，需要細膩的操作，像是「i'm lovin' it」的I是小寫，是因為麥當勞研究得知，新世代的消費者相當自我，具有獨特的個性，嚮往自由自在、也希望能被認可，但在新世紀裡，除了自我外，也要尊重群體，而群體本身是由小我構成的，所以「i'm lovin' it」的I採用小寫來呼應此概念。

在品牌再造過程中，訴求的不是一個名詞，也不是目標顧客群，而是態度，是「我就喜歡，永遠年輕」的態度，希望藉此讓台灣有二十年歷史的麥當勞，能有一個新的開始。

而要表現「我就喜歡，永遠年輕」的態度，除了靠媒體、廣告與消費者溝通外，更重要的是回到實質面，讓消費者每一次到麥當勞用餐，都能實質感受到它的特色。所以麥當勞實際上的做法，是回溯到品牌金字塔的概念，仔細鞏固每一個層次的品牌架構，也就是利用所謂的5P（People、Product、Price、Place、Promotion）概念，讓品牌本身情感的連結部分能夠實質化。

若是從「國際品牌的在地化」來看，雖然國際品牌是不是一定要在地化，仍然是值得討論的議題，但是，國際品牌卻是必須做到接近市場，而如何接近市場，可以從實質面和形象面來著手。

四、品牌發展的Relevant & Differentiation

在一般產品發展過程，R&D（Research & Development）是相當重要的環節，但麥當勞的經驗是，品牌發展的過程中同樣也需要R&D，不過這個R&D內涵相當不同，此處的R是「Relevant」（相關性），跟消費者本身要接近，接近就能社區化、在地化，D則是指「Differentiation」（差異化）。

品牌建造過程愈能落實R&D，愈能讓消費者了解品牌跟消費者的接近性，品牌同時又能跳脫出來，使消費者感受到它的獨特之處，也就是感覺品牌很親切又很特殊，這是麥當勞在品牌操作中，相當重要的核心能力。

不管是工業產品還是服務業產品，從金字塔最底層來看，人本身還是最重要的元素，透過全球120個國家品牌經營的再造、品牌態度的改變，引導產品開發、顧客服務經驗、整體用餐環境經驗上的轉變，甚至於參與社會公益活動，讓大家都能夠感受到麥當勞重要的改變。

問題研討

1.請討論在2002年時，美國麥當勞總公司為何要在澳洲舉辦全球研討會？Why？檢討哪些主題？
2.請討論麥當勞的品牌金字塔為何？
3.請討論麥當勞如何展開品牌年輕化再造？為何要如此做？Why？
4.請討論品牌發展的R&D有何意義？
5.總結來說，在此個案中，你學到了什麼？有何心得、評論及觀點？

〈個案39〉資生堂改革出好成果

一、史上最佳經營績效

2008年度結算發表會上，資生堂的前田新造總經理笑容滿面。該年度資生堂的營收額達到7,200億日圓，較2007年同期增加3.5%，而營業利益亦較同期增加28.6%，達到550億日圓，並且連續三年都呈現成長的狀態。

特別是在獲利率方面，從前一年的5.8%提升到7.2%；以及在東京股價方面，從2005年接任時的1,200日圓，成長到2,740日圓，幾乎是成長2倍的股價。此舉使得外界投資家均提高對資生堂公司的信任，並且確認此次改革的成功。

二、改革兩個要點

此次資生堂改革成功，主要體現在兩個要點上。

第一是：對於國內非常成熟市場的收益性與獲利率如何提升的問題。由於資生堂2007年首度推出「Tsubaki」洗髮精產品，並且首度暢銷，有效提升資生堂的獲利率。在日本國內事業群方面，使得獲利率從2007年的7.5%，提升到8.1%。

第二是：在海外市場的顯著成長。特別是在中國市場專賣店的有效擴展，使得海外營收增加，海外營收占比亦提高到30%以上。海外市場對資生堂的成長顯得愈來愈重要。

然而，面對日用品消費價格向下滑落的趨勢，以及海外中國市場競爭的日益激烈，資生堂一場辛苦戰仍然擺在眼前。

三、「Tsubaki」洗髮精初上市即成暢銷品

2006年4月，資生堂首度推出洗發精品牌Tsubaki，一上市後，即成為市占率12%的冠軍洗髮精品牌，Tsubaki一年花費50億日圓做廣告宣傳費，終於打出高知名度。

2005年新就任的前田新造總經理即表示將減少太多雜小的品牌，而將廣宣及販促費用預算資源集中在幾個主力品牌（Megabrand）上面，如此可以收到更好的效果。

因此，資生堂將年度廣宣資源集中在「Tsubaki」、「Uno」（男性用化妝品）、「Maqillage」（美人心機）及「Anessa」（安耐曬）等少數幾個主力品牌上。後來，顯示效果也非常顯著。

四、收益力上升的結構改革

前田新造2005年上任後，即展開壯大格局的收益力上升計畫的結構改革。這些改革項目，包括：

第一：如何加速擴大中國事業版圖。

第二：如何加速擴大新的有潛力市場（例如型錄郵購、美容醫療等的參與投入經營）。

第三：國內行銷的改革。

這部分，又包含著：

1.對虧錢事業或虧錢品牌要撤退的決定。

2.對Megabrand（主力品牌）強化且集中資源的政策原則。

3.對化妝品事業及消費品牌（如洗髮精）事業的融合。

4.對品牌經理制（Brand Manager）的堅決導入。

5.對通路別（Channel）營業體制的確立。例如，對地區專門店的密集普及推展、對美妝店、對超市等通路專門業務單位人員的強化補齊。

6.對美容顧問（美容師）銷售技能的再全面提升強化。

五、「事事都是為了顧客著想」是基本信念

前田新造總經理指出上述的結構改革，主要仍必須植基在一個根本信念上，那就是「事事都是為了顧客著想」，亦即要促成顧客的高滿意度。而力推Megabrand的目的，則在深耕品牌，讓品牌可以與顧客相互結合為生活中的一環，這就會成功了。

問題研討

1.請討論資生堂史上最佳經營績效的狀況為何？為何會有如此佳績？Why？

2.請討論此次資生堂改革成功，可以歸納於哪兩個要點上？

3.請討論資生堂如何改革品牌？它們將行銷資源放在哪些品牌上？為何要如此做？Why？

4.請討論資生堂收益力上升的結構改革有哪些項目？

5.請討論資生堂的基本信念為何？為何是此信念？Why？

〈個案40〉匯豐銀行（HSBC）專注富裕層顧客

在2008年的全球金融危機中，很多做投資型的銀行都受到很大的重創，虧損連連，連美國花旗這樣大的銀行，也要美國政府出面救助，才能存活下去。來自英國控股公司的匯豐銀行（HSBC），因投資型業務做的

較少，因此受到的衝擊並不算太大。

HSBC目前在全球85個國家經營有分行的業務，約有1億2,000萬人的普通消費者的存放款或信用卡往來客戶；另外在中上富裕層往來客戶，約有240萬人，這些人的個人資產總額約在300萬到1億新台幣之間；另外，還有一群極富裕層的客戶，約有9萬人，他們的個人資產總額在1億元以上。

至於往來的一般企業客戶，全球約有270萬家，而大型的企業客戶，全球則有4,000家左右。

如下圖所示：

圖1-4
HSBC分散在全球各洲總資產

圖1-5
HSBC區隔的客戶群

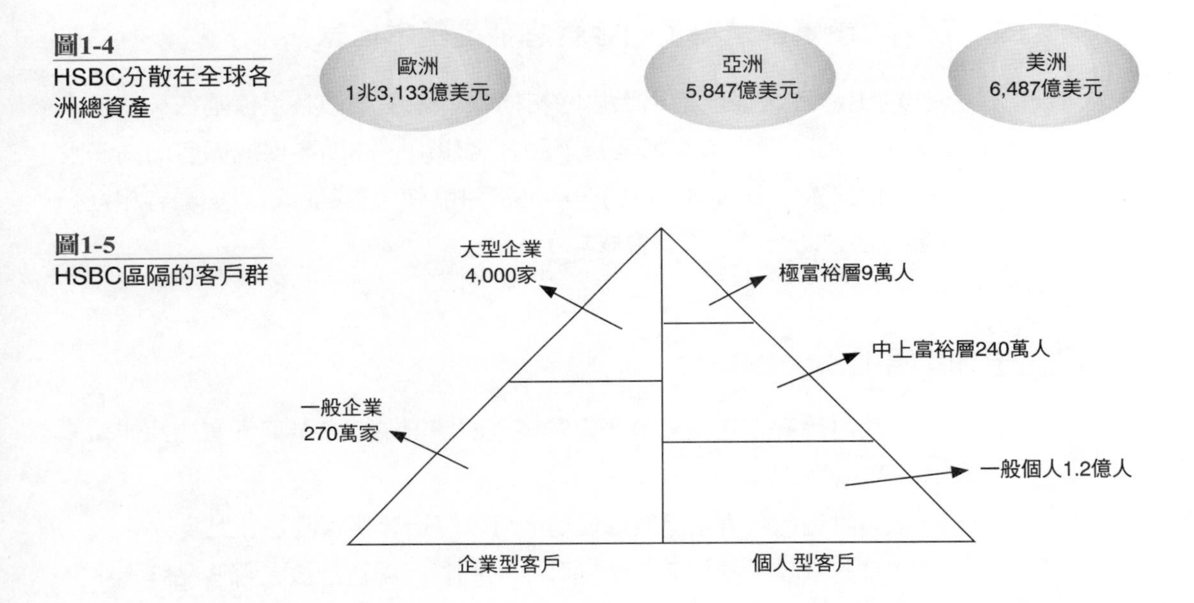

HSBC銀行在2007年度上半年的營收額達到429億美元，獲利額為83億美元，較2006年同期減少27.8%，此乃因全球金融風暴所致，尤其以北美地區的虧損較大，但亞洲及中東地區則是支撐利益的穩定來源。

由於HSBC享有安定性的高評價，因此仍能穩定的得到全球顧客的信賴，而不斷的獲有顧客的資金投入。

HSBC集團控股公司董事長史丹福．格林（Stephen Green）表示：「HSBC的最高經營理念就是要誠實（Integrity），我們一直堅守著要求全體員工一定要誠實正真，並且從此準則中，做好對個人顧客或企業客戶資金的有效保護或運用，讓客戶得到最大的安心與信賴。」

2008年11月全球前10大銀行的總市值排行榜，HSBC以1,262億美元居全球第4名，如下表：

排名	1	2	3	4	5	6	7	8	9	10
銀行	中國工商銀行	中國建設銀行	JP摩根	HSBC	中國銀行	威爾斯發格銀行	美國銀行	三菱UFJ銀行	SANDAN銀行	花旗銀行
總市值	1,977億	1,541億	1,388億	1,262億	1,242億	967億	858億	659億	602億	515億

擁有樸實但重視品質的HSBC一向非常重視「優質服務」（Premium Service），不論是分行內的接待人員、櫃檯人員、金融理財人員、企業授信人員、客服中心人員或信用卡中心人員，都被要求提供最精緻、最快速、最滿意與最優質的各種服務作業及服務態度給所有的HSBC顧客。

HSBC董事Stephen Green表示：「在面對全球嚴峻的金融風暴來襲，對全球金融銀行業是一個重大的嚴肅考驗。過去追求利差大的投資型商品都已消失了，而且沒有人會再信賴。過去HSBC一向是積極中帶有保守，故能避過此次金融風暴，未來的HSBC將更專注於正規的金融服務項目，包括企業放款及消費者金融業務，而投資金融將大幅縮減。HSBC優良的競爭優勢有三點，一是它的卓著信譽與信賴感，二是它的優質感及服務水準，三是它擁有全球較高品質的龐大個人及企業顧客群。這些優良的顧客群，正就是我們得以永續經營的最佳根基。未來，HSBC將回歸到以這些優良、高品質的顧客群為營運的核心點，照顧好、服務好並滿足這些顧客群，這是我們最關鍵的經營所在。」

問題研討

1.請討論HSBC全球資產的配置？以及區隔的客戶群為何？

2.請討論HSBC為何沒有在2008年全球金融風暴中受到重擊？Why？

3.請討論HSBC的最高經營理念為哪二個字？Why？

4.請討論HSBC總市值位居全球第幾位排名？此代表了什麼？

5.請討論HSBC的競爭優勢有哪三點？

6.總結來說，在此個案中，你學到了什麼？你有何心得、評論及觀點？

〈個案41〉日本麥當勞高成長經營祕訣

2009年2月26日，日本麥當勞旗下所屬直營店及加盟店員工合計3,500人，集合在神戶市展覽中心，舉行年度經營大會。日本麥當勞CEO原田永幸在大會以自信的口吻，簡報著他自2004年接手面臨重大經營危機五年以來由虧轉盈的經營績效，以及他所號稱的「原田改革」歷程。

一、營收及獲利績效，達歷史新高

日本麥當勞在2008年度的營收總額高達5,183億日圓，是日本外食產業正式突破5,000億日圓歷史大關的第一家。原田永幸執行長還在會場上正式宣布2012年將必突破6,000億日圓的營收大關願景，引來會場一陣激昂的沸騰。

這個故事要從2001年談起，日本麥當勞是美國麥當勞總公司授權最大的海外市場。但由於日本麥當勞當地的領導人及其策略出了問題，使日本麥當勞從2001年的3,500億日圓營收一路下滑，到2002年及2003年甚至出現嚴重的虧損。後來原田永幸被挖角應聘為日本麥當勞的新任CEO，並擔負起改革危機與振衰起蔽的重大責任。

就任五年來，凡事朝合理化及創新改革去做決斷，果然把這艘快要沉沒的麥當勞大船從迷失中救回來。

原田永幸在就任五年內，全公司營收淨額增加1,316億日圓，獲利成長163億日圓。而總店數反而從過去的3,773家，小幅刪減到3,754家。顯示每一家店的營收額及獲利額均較過去五年前顯著的提升了，這就是原田五年來的改革成果。

二、原田改革的足跡

一般人都認為日本麥當勞好業績，是因為在2005年時，首度打出100日圓超低價漢堡之所致。其實，那只是見樹不見林的一方偏見。100日圓漢堡的推出只是一個吸客的引子而已，在2008年日本麥當勞也曾推出350日圓中高價位漢堡，也創下好業績，甚至目前最高價的也有790日圓的雙層厚漢堡，原田認為中高價位的漢堡，才是日本麥當勞近年來業績大幅提升的牽引力。從另外一種觀點看，日本麥當勞產品研發本部每一年都不斷開發出新產品，而且都很熱賣，因此吸引不同顧客層，並維持營收成長，此產品力的貢獻是很強大的。

原田永幸認為日本麥當勞的改革基礎點，仍要回到公司經營理念的「現場QSC」（品質、服務及清潔）的外食產業本質問題上，並且集中經營資源全力投入。在日本各地每一家麥當勞店，消費者都可以感受到原田改革的足跡，包括：

(一)推出24小時營業時間，迎合更多夜貓族的需求。

(二)廚房機器的大幅更新，能夠加快滿足顧客食用的秒數等待時間，他們為此而喊出「made for you」（MFY）的宣傳口號。

(三)建置店內無線上網的環境，以吸引年輕上班族群的增加。

(四)店內員工制服也經過大幅更新款式，呈現第一線員工有更高的氣質感與朝氣。

(五)店內菜單的POP招牌及販促活動看板，也經過改良更新，更加吸引人注目。

(六)不斷打出價值感訴求，並不斷充實100日圓低價漢堡的式樣及內容，使消費者感到物超所值。

(七)另外，還導入McCafe咖啡供應及導入地區不同的價格取向。

(八)強力中止任意的拓店策略，以避免投資損失。

(九)展開業務體系的組織改革，將五個地區本部組織加以解體，使其更加扁平化。

(十)另外，全面落實貫徹QSC理念的企業文化改革。

三、麥當勞朝加盟化之路邁進

原田永幸對未來麥當勞的經營戰略，就是朝向加盟化的便利商店之路邁進。日本麥當勞近幾年來得到的寶貴經驗是他們必須加速將直營店改變為加盟店。日本麥當勞公司將仿效美國麥當勞公司的制度，從加盟店中抽取2.5%-3%營收額的權利金保障制度。原田永幸的最終目的是希望做到

70%的加盟店及30%的直營店結構。麥當勞加盟體系的極大化，意味著加盟者（加盟店東）必須負責既有的投資及現場營運效率的改善。而日本麥當勞公司總部則專心負責新暢銷商品的持續開發、品牌形象打造及整合行銷活動等三件大事即可。

此種專業分工與加盟制度，其結果就是會使日本麥當勞的總資產運作報酬率及獲利率得到最大的提升。這一套Know How是他們看到美國麥當勞總公司比日本麥當勞公司有更佳經營成果。因此，他們決定仿效，迄至2009年日本麥當勞加盟店的占比已達到45%了，距離70%目標已不遠。

至於「便利商店化」，原田的策略用意，是指必須提高在麥當勞店內用餐的各種便利性服務而言。日本麥當勞的卓越表現，已成為麥當勞總公司在全球市場值得表揚的最佳成功典範。而「原田改革」正是使這艘大船能夠正確與有膽識不斷前進的最大支撐點與祕訣原因所在。

問題研討

1.請討論日本麥當勞的經營績效如何？為何能夠如此？Why？
2.請討論原田改革足跡的內涵及過程為何？
3.請討論日本麥當勞為何要朝加盟化之路邁進？Why？
4.請討論台灣麥當勞是否亦應朝加盟化方向走？為何現在仍是直營店多？為何推動並不順利？Why？
5.總結來說，在此個案中，你學到了什麼？你有何心得、評論及觀點？

〈個案42〉KOMATSU（小松）建築機器的領航者

一、優良的經營績效

KOMATSU（小松）是全球第2大建築或工事機器設備的領航廠商，僅次於美國的Carpitelar公司。2008年度該公司的合併營收額比2007年成長17%，達到2兆日圓，而獲利額則達2,700億日圓，較2007年同期成長30%。這是連續五年來，在營收及獲利雙雙成長的歷史佳績。而在ROA

（總資產報酬率）則為13.5%，ROE（股東權益報酬率）則達23.5%，也是有不錯的資金與資產的回收報酬率。

當然，與Carpitelar比較，還有一般距離，Carpitelar公司的營收額達到5兆日圓。

二、發布三年中期經營計畫

2008年4月，KOMATSU公司在法人說明會上發布新的三年（2011年至2013年）經營計畫，計畫名稱為「Global team work for 15」，此處的15，即是指希望2013年時的獲利率要達到15%，將超越美國Carpitelar公司的12%，而成為全球獲利績效第一的工事建築機器公司。

此外，該計畫也強調全球市場開拓的重要性，包括中國、中東、俄羅斯等國家，KOMATSU市占率在該國均占第一位，但未來仍要持續擴大銷售成長。目前，KOMATSU公司2兆日圓營收來源的70%係仰賴海外市場，而只有30%是靠既有的日本市場。

三、建置全球連線的KOMTRAX資訊情報系統

KOMATSU公司目前在全球已賣出6萬5,000台推土機及建築工事機器，分布在日本、歐洲、美洲、亞洲及中東等數十個國家。該公司近年來研發出一套稱為KOMTRAX的監控已售出建築工事機器的服務及營運資訊系統，這也是該公司獨特的經營模式（business model）。

該作業系統架構圖，如下：

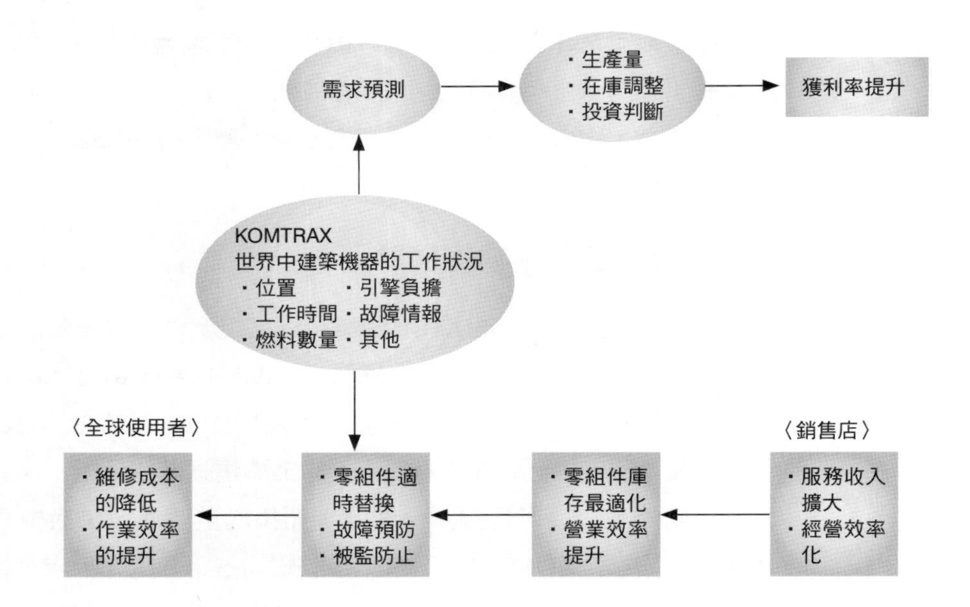

這套系統非常具有獨創性、廣泛性，包括幾個大面向：

第一是：此系統能掌握已銷售賣出的KOMATSU世界中建築機器的工作狀況。

第二是：此系統能對全球使用者提供如何降低維修成本及提升作業效率。

第三是：此系統能對KOMATSU（小松）的下游經銷店（銷售店），提供如何擴大服務收入及提升經營效率化。

第四是：此系統對總公司自身能提供需求預測、庫存調整、生產量、投資判斷等，最終對KOMATSU的獲利率目標達成，能產生具體的貢獻。

目前這套精密連線的24小時資訊情報系統，已在6.5萬台設備中裝上了十分之一；預估整個完成須到2020年；不過，KOMATSU公司倒是很有耐心的去處理，總會有完成的一天。

四、KOMATSU WAY（小松之道）經營理念

談到KOMATSU的經營理念，該公司總經理坂根正弘表示，從1921年設立公司起，KOMATSU即秉持著創辦人竹內明太郎的精神，主要有四項的核心理念，包括：(1)品質第一；(2)技術革新；(3)人才育成；(4)海外雄

飛發展等四項為主軸。

除此四項核心外，懸掛在KOMATSU國內外製造工廠內部的大幅布條都寫著「實踐KOMATSU WAY」。而「小松之道」，還專門有一本小冊子，裡面包括：

全公司篇

1.對品質與信賴性的追求。

2.對顧客的重視（包括交期、要求、意見、反應）。

3.對源流管理。

4.對現場主義的可視化（現場、現物、現實）。

5.對重大政策與方針的展開。

6.對人才育成及人才活力的發揮。

7.對企業外圍策略聯盟夥伴的合作提攜。

8.對下游經銷商、銷售店的重視。

9.對管理（即報告、討論、決議）的執行力。

五、「理」做到、「利」就會來

坂根正弘總經理表示：「小松（KOMATSU）有正確的經營理念，以及小松之道的規範守則，這些都是我們屹立不搖的關鍵本質所在。但其實最重要的，可以濃縮為『理』與『利』兩個字的合成體。『理』就是凡事要追求『合理化』，舉凡在工廠、在通路、在制度上，若有不合理者，就是要加以改革、改善，直到合理性出現、直到合理數據出現。然後，獲利自然就會跟著到來。這就是『理』兼具『利』兩者間的道理深度，此亦為公司邁向全球化無往不利的根本所在。」

問題研討

1.請討論KOMATSU小松公司的經營績效如何？

2.請討論KOMATSU公司的三年中期經營計畫目標為何？

3.請討論「KOMTRAX」資訊情報系統的架構圖及內容為何？為何要有此項系統？

4.請討論「THE KOMATSU WAY」及其KOMATSU公司的經營理念為何？

5.請討論「理」與「利」兩者間的關係為何？

6.總結來說，在此個案中，你學到了什麼，你有何心得、觀點及評論？

〈個案43〉面對不景氣的六個基本行銷動作

最近美國行銷大師柯特勒教授在接受日本《日經商業周刊》專訪時，對業界提出因應當前世界經濟不景氣的六個基本行銷動作，深值國人參考，茲詮釋如下：

一、要深度注視顧客的改變

顧客是企業存在的根本。柯特勒教授認為市場變化的本質，其實就是顧客行動的變化。廠商應該看到顧客對價格、通路、消費觀、價值認知、廣宣認知及生活現況的改變為何。廠商要注意是否看到新的價值？什麼是最重要的考量？在景氣衰退時期，是否洞察到顧客的可能行動？另外，也要對所謂「顧客價值」重新再做定義不可。

柯特勒教授認為顧客的「改變」，一方面帶來潛藏的不利與威脅；但另一方面，也帶來了正在浮現的新商機與新契機。

二、要對自己公司的產品及服務，進行再檢討

柯特勒教授認為廠商應該要儘速檢視自己公司的產品組合陣容及品牌項目數量，一定要基於成本效益考量，做出取捨（Trade-off）。

要集中聚焦，要把每一個產品，每一個品牌，都要當做是「精品」般經營及行銷。

另外，他也認為對顧客不需要的服務及過多、過繁的產品功能，應該考慮削減。整個應該朝簡單化、物超所值、朝健康意識取向及朝感動服務等方向改變及革新。

面對不景氣時代，產品及服務更要及時革新及創新。廠商必須透過檢視與改革自己公司產品及服務，要自己主動淘汰自己，而不是被顧客淘汰掉。

三、對產品到達顧客手上的全部流程，要再做檢討

包括在過程中的配送業者、批發業者及零售業者，對於他們的定位及每一項行動，都要考慮到是否有存在的價值？是否有提高效率的空間？是否有改變營運模式的可能性？是否有縮短時程的做法？柯特勒教授認為對全流程的每一個環節、存在的做法，都要徹底的反省、檢討及改變，而能夠提高效率與效能。

四、對行銷預算削減的檢討

柯特勒教授認為在不景氣時期，每一個企業必然會大幅削減行銷預算支出。但他認為削減的項目及幅度，必須有更前瞻性的眼光來看待，針對有效益性及效果性的行銷活動仍須保留一定的行銷預算。對於若干有助於長期性累積品牌資產的活動，也不應大幅刪除。

總之，要區分短、中、長期眼光來看待行銷預算是否每一分錢都能用在刀口上，而能產生它們應有的效益。

五、整個公司全部要動起來

不景氣時期不是只有銷售部門及行銷部門在孤軍奮鬥，而是全部都要動起來；從董事會、經營層、財會、研發、技術、製造、設計、法務、物流、企劃等所有部門及所有的人員，都要成為第一線戰鬥的「行銷人員」。

六、對品牌資產的累積，仍要持續

柯特勒教授認為不景氣是徹底考驗各品牌生存能力的最佳時機。他極為重視品牌的必要性及價值性，他認為「品牌」是所有行銷活動的「接著劑」。所有「接著劑」就是代表在行銷4P活動中的產品、訂價、通路及推廣活動中的產品都會有品牌的影子存在，而品牌也有影響力充當為接著劑，而使4P能好好的發揮各自的功能與效果，最後成為一個有十足市場競爭力的暢銷產品。

同時，產品在不景氣時期，更應努力持續強化及精實品牌的「核心價值」，讓品牌在不景氣時期，仍能抓住人心而屹立不搖，此為重點所在。

這一波全球經濟不景氣，來得又快又急又猛，各行各業都受其波及，業績也都打了折扣，但真正堅強的企業仍然存在。廠商在思考如何因應景氣低迷的對策之時，應該回過頭來看：我們是否做到及做好了上述這六個基本行銷動作呢？

問題研討

1.請討論柯特勒教授提出面對不景氣時期的六個基本行銷動作有哪些？

2.請討論柯特勒教授認為行銷4P活動的「接著劑」為何？Why？

3.總結來說，在此個案中，你學到了什麼？你有何心得、評論及觀點？

〈案例44〉韓國LG手機躍升為全球第3大的經營祕訣

一、LG手機品牌交出一張亮眼成績單

「即使只看一眼，也要讓消費者買單！」

把每一次給消費者印象的機會，都當成生死勝負的決戰點，LG（樂金）手機品牌在不景氣中快速成長，2008年更擊敗摩托羅拉（Motorola）和索尼愛立信（Sony Ericsson），首次成為全球市占率第3大的手機廠。

2008年LG交出了一張亮眼的成績單。根據市調公司Strategy Analytics的報告，雖然遇上全球經濟不景氣，LG 2008年在全球賣出的手機數量，比2007年多出1,500萬支。2008年LG在台灣的市占率，從年初的3%，到12月時躍升為9.6%，在不景氣中快速搶占市場。「接收摩托羅拉市占率最快的是LG」神腦執行副總裁邱致忠觀察。

拚市占率，許多手機廠靠低價手機達陣，LG電子手機部門在搶攻市占率的同時，營收和獲利卻節節上升。2008年LG電子手機部門的營收是133億美元（約合新台幣4,500億元），比2007年成長34%；獲利14億6,000萬美元（約合新台幣500億元），比2007年成長74%。

二、改變產品設計思維，發掘顧客需求，成立百人生活型態研究團隊

2005年，一次挫敗讓LG改變方向。當時香港的和記黃埔是LG的大客戶，那一年，和記黃埔突然砍掉40%的訂單，導致LG手機部門的業績一夕縮水，也讓當時的LG執行長金雙秀決定，不再依賴大型的電信公司，要加強設計，直接把手機賣給消費者。

五年前開始，LG改變設計產品的思維，他們設計出一套設計管理（design management）流程，拆解品牌和消費者接觸的關鍵時刻。從設計開始，發掘顧客心中的潛在需求，再精準的透過通路重現，等顧客跨進手機店的那一刻，即使只看一眼，都能刺激消費者心理潛在的購買欲望。

「大部分公司是等產品設計出來，再丟給產品經理決定要賣給什麼樣的客戶、怎麼賣。」一位台灣大廠設計中心的研發人員觀察，LG的設計流程卻是倒過來，他們先砸下大量時間做消費者研究，才開始設計手機，經過反覆測試，確定設計的產品符合目標客戶的需求，才正式推出。

LG在首爾江南區的設計中心裡，有個專門分析消費者使用習慣的「Customer Insight」（消費者研究）部門。在內部，巧克力機的設計師只有3個人，但研究消費者生活型態的研究人員，就有100人。

設計中心裡，還有一個「生活型態研究中心」，設計中心會聘請畫家、社會學家、心理學家、建築師，研究不同族群的生活習慣，在設計出產品前，就先徹底了解目標消費族群的喜好。要通過消費者研究部門的考驗，手機才能正式上市。

以巧克力機為例，一般手機從設計到上市，大約需要一年時間，巧克力機的設計團隊，卻是從上市前的一年半，就開始在全球各地進行消費者研究，目的就是在了解25歲左右的年輕族群，喜好的是什麼樣的手機。

研究結果發現，這個世代的消費族群，渴望被羨慕、喜歡炫耀，他們並不在乎手機的功能是不是最先進，「決定購買的主要因素，第一是外型，第二是手機相機的畫素，第三才是其他功能。」巧克力手機設計師車康熙說。

三、賣點：不強調繁複功能，訴求手機與人的親密感

車康熙曾在採訪中分析，當時其他廠商強調的是手機的功能，他卻認

為3C產品要大賣，「就是要讓產品和人建立起『親密感』。」他引入當時最流行的超薄設計，加上熱感應式的觸控技術，手指輕觸巧克力機純黑的鏡面機身，藏在黑色表面下的操作鍵就會緩緩泛紅，螢幕也跟著亮起，就像回應使用者的要求，車康熙要傳達的訴求，是「一碰就臉紅，一種心有靈犀的感覺。」

2006年巧克力機上市時，LG大打電視廣告，不提手機是音樂手機還是照相手機，訴求只有一句話：「一碰就臉紅，就像戀愛的感覺。」一般手機全球賣出100萬支就算是不錯，巧克力機上市兩年就賣出2,000萬支。曾使用巧克力機的消費者古家諭表示，手機的功能其實差不多，會用巧克力機「就是因為外型炫。」

2006年之後，LG用同樣的方法，推出跑車手機、精品手機，在愛買手機的年輕族群裡打響名號，而這群人較不受金融海嘯影響，「LG在每個價格帶都有產品，價格、設計、產品種類都到位。」邱致忠分析。

其他手機品牌業者則觀察，LG全球市占率快速崛起，切入美國市場是主要原因，「美國人上班才用手機，週末就一定關機，搭配門號的0元手機才最符合他們的需求。」一位女性手機業者表示。LG的策略是打低價策略切入美國市場，再用有設計感的手機進攻獲利高的亞洲中高階手機市場，排名因此竄升。

（資料來源：林宏達；商業周刊，2009年3月15日，頁66-67）

問題研討

1.請討論LG手機品牌的經營績效如何？

2.請討論LG為何要改變設計產品的思維？Why？此種改變內容為何？

3.請討論LG巧克力機為何行銷成功？Why？

4.請討論LG手機如何攻進美國市場？

5.總結來說，在此個案中，你學到了什麼？你有何心得、評論及觀點為何？

〈個案45〉HERMES（愛馬仕）的藝術精品經營之道

一、獲利率勝過LVMH精品集團

正當全世界的精品集團如LVMH、TOD'S、COACH都往規模擴張衝營收與市占率，如同LVMH總裁伯納德・阿諾德（Bernard Arnault）預言「未來精品業會不斷出現整併潮，大者愈大」時，有一個歐洲一百六十九年的品牌卻依舊走傳統「小而美」路線。它是「精品中的精品」——愛馬仕（HERMES）。

愛馬仕2008年營收14.27億歐元（約合新台幣570億元），雖然約只有LVMH的十分之一，但獲利能力卻很驚人。根據美林證券評估2008年全球十二家頂級精品集團獲利預測報告，愛馬仕2008年EPS（每股稅後盈餘）8.19歐元，僅次於全球最大鐘錶SWATCH集團的11.5歐元，遠勝LVMH的3.71歐元。至於愛馬仕的核心能耐何在？祕密就藏在兩家公司的財報數字裡。

過去五年，愛馬仕的淨利率都維持在17%左右，每年獲利能力都比全球精品龍頭要強。

二、定位：藝術品、量少、價昂

為何愛馬仕能在大者恆大的精品業裡找到自己的風格？

「與其說我們是在做生意，不如說我們是在從事藝術。」愛馬仕第六代接班人、目前為全球副總裁的吉洋・賽尼斯（Guillaume de Seynes）笑著解釋。他們從不說自己是精品，而是比精品更高檔的「藝術品」。從愛馬仕誕生那天，創辦人狄耶里・愛馬仕（Thierry Hermes）就鎖定是給巴黎地區的皇宮貴族使用，塑造品牌的貴族形象。

換言之，之於愛瑪仕，他們不說「商業模式」（Business Model），而是「藝術模式」（Art Model）。若用藝術品角度去經營商業，愛馬仕的經營策略顯得趣味許多，甚至打破一般商學院裡教授的制式觀念。「若說LVMH是大量製造的精品工廠，愛馬仕就是藝術品品牌。」前LV台灣區總經理、現任Bliss（虹策略）品牌顧問公司執行長石靈慧說。

曾經，家族要求進攻太陽眼鏡市場，原因是可大量生產、且利潤豐厚。但這一決定到甫退休的前總裁金路易・杜邁（Jean-Louis Dumas）就被打回票，原因是「眼鏡太標準化，沒有可以展現藝術的地方」。

甚至，最近十年精品流行在產品上打上Logo（品牌圖案），在愛馬仕的眼中也不是一種藝術品，「到底消費者買是因為有品牌圖案才買，還是真的因為喜歡你的設計與品質？」愛馬仕大中華區董事總經理程家鳳表示。因此在愛馬仕的產品上，幾乎見不到有任何「HERMES」的字樣出現。

藝術品的特質就是量少、昂貴，「愛馬仕能夠塑造成最頂級的精品，使得它的平均售價（以皮件為例）能比LV貴上2倍。」Goldman Sachs精品分析師賈克佛蘭克（Jacques-Franck Dossin）解釋，而這也讓愛馬仕鎖定的客群是更小、更金字塔頂端，不像LV鎖定的客群比較廣。

售價要高、定位藝術，所用的品質就必須比現有的精品要更高級、更奢華。

三、原料來源，確保最高品質及最完美

以占營收四成的皮革為例。一般精品也會強調皮革的品質，但愛馬仕不同的是，確保完美無瑕疵。為此，甚至自己投資上游的動物飼養場，就是要讓皮件的品質一致有「完美皮革」。

舉例在澳洲就有愛馬仕專屬的鴕鳥養殖廠，供應皮件。原因在於一般養殖廠並不特別在意鴕鳥的皮膚狀況，因此一旦鴕鳥受傷，就會有疤痕，即便只有0.01公分，肉眼也看不到，就不是完美；因此，愛馬仕寧願自己設養殖廠，在澳洲的鴕鳥每一隻有獨立的套房，24小時專人照顧。即使皮革沒有受損，愛馬仕也只挑選前20%的皮革，如果因此皮料不夠做成包包，就寧願等下一批鴕鳥長大，才願意出貨，「這就是高品質來自於細節的原因。」吉洋・賽尼斯說。

既然售價比別家貴上2倍以上，當然直接成本就能更高，找更多、更好的皮料。因此，愛馬仕的產品毛利率可達65%，和LVMH相當。但因為壓低廣告行銷費用，使得其營業利率在2007年之前兩年平均都在26%，高於LVMH的17%。一般精品產業的廣告、行銷費用占毛利比率大多達五成以上。換言之，每賺來100元的毛利，會花約50元在打廣告與行銷戰上。以LVMH為例，這兩年，平均為55%；另一個近年來竄紅的美國品牌

COACH更高，達70%。但愛馬仕這五年平均都只有30%。

四、用好的產品吸引消費者，並非大打廣告

2008年初上任的新任執行長帕翠克・湯瑪斯（Patrick Thomas）接受媒體採訪時也解釋為何不打廣告：「我們是產品提供者，而非行銷公司，不需要了解消費者需要什麼，而是要用好的產品吸引消費者來我們世界。」如同一幅已經舉世知名的畫，還需要打廣告告訴大家它有多好？反而是繼續生產藝術品，讓喜歡它的人自然而然親近欣賞。

五、未來將加速展店，維持成長，但仍有問題待克服

帕翠克表示，未來將加快展店的速度，2009年一下就開設五家新店與改裝十家店，是過去的2倍。「目的是要維持每年8-10%的營收成長。」他認為相較過去CEO（執行長）是個重視產品發展的角色，現在的CEO應該要著重更多在財務面上的經營。

然而，加速進入更多市場，意味著愛馬仕必須及時生產更多產品，才能追上展店速度。對於一向標榜以手工傳統、藝術品精神去製造產品的愛馬仕，無疑必須透過變更生產流程才能達到。「……一些分析師就質疑，這樣快速的成長將會傷害愛馬仕的毛利。」《華爾街日報》（*Wall Street Journal*）對愛馬仕未來可能的轉變有所遲疑。如此一來，快速擴張占有率與「慢工出細活」的兼顧品質能否同時維持，將是愛馬仕未來面臨的最大挑戰。

（資料來源：鄭呈皇，今周刊，2008年8月10日，頁82-83）

問題研討

1.請討論HERMES的經營績效如何？

2.請討論HERMES的定位如何？為何要如此定位？Why？

3.請討論HERMES對原料來源的堅持及做法為何？

4.請討論HERMES不太做大量廣告，其原因為何？你是否認同或不太認同？為什麼？

5.請討論HERMES在加速展店策略中，可能會面臨哪些問題？為何要加速展店？Why？

6.總結來說，在此個案中，你學到了什麼？你有什麼心得、觀點及評論？

〈個案46〉消費保守下的行銷真相——奧美廣告集團全球總裁夏蘭澤的看法專訪

夏蘭澤在奧美三十一年，在她任內，建立了奧美頂級的客戶群，全面推廣360度品牌管家（360 Degree Brand Stewardship）的概念與服務，讓奧美在廣告界占據突出的競爭地位。不論是擴展全球業務，或延伸不同功能的服務，「她的建樹讓後人難以追隨。」全球WPP集團CEO索瑞爾（Martin Sorrell）形容。

以下是《天下雜誌》在美國紐約的獨家專訪。

問：在景氣衰退時，什麼是企業贏得消費者的策略？和經濟成長時期有什麼不同？

答：我要提出跟一般人不同的觀點，在這個時候，品牌比任何時期都重要。

雖然企業嘗試縮減建立品牌的花費，但歷史將證明，誰在不景氣時持續投資品牌，誰將贏得市場占有率。誰缺乏對品牌的信念與承諾，從市場抽離，就會讓持續投資品牌的人奪走市場。

真相是，第一、在不景氣時，消費者比以往更有品牌意識，因為他們只願意將錢花在有品質的品牌。他們願意多花一點點錢得到他們心中所感知的較好的品質與服務，以確認安心，願意花時間尋找他們所能購買的最好產品。品牌價值，在這樣的氣氛下，更加重要。

第二，花時間、精力關注在你最好的顧客。現在關注忠誠的顧客特別有意義，因為這些人將幫你度過不景氣，他們是最願意逗留在原來忠誠的品牌；也是最不願意為了一點小錢，拋棄他信任的品牌。

不論你做什麼，最重要的就是聚集在他們身上，因為他們就是銷售數量的來源。你要對他們說話、獎勵他們。

第三、現在是運用媒體、行銷通路更有創意的時候，嘗試一些新做法。當預算縮減時，告訴自己：有些創新做法可以接觸客戶、說服客戶，現在是實驗的大好時候。

問：可以給些更具體或經典的案例嗎？台灣經理人該如何面對消費保守的大環境？

答：IBM是一個好的案例。2008年11月，第四季是全球經濟最糟的時候，IBM幾乎是唯一一家在市場上持續做廣告的公司。他們介紹了新的品牌概念是「智慧的地球」（Smarter Planet，運用資訊科技在實體的基礎建設，包括綠色電表、交通建設、建築物、工廠、河流或城市，創造一個智慧的地球）。

IBM在不景氣時提出企業的新方向，也正好符合美國總統歐巴馬所提出的振興經濟方向——綠色未來。廣告中，IBM不僅是一家銷售軟體與硬體的公司，而是扮演積極角色的企業，他們正在幫助這個地球。

這時，歐巴馬政府打電話給IBM總裁帕米沙諾說：「請你來白宮，請你和我站在一起，我們一起傳遞世界希望，企業可以扮演一個顯著性的角色，可以讓未來更美好、可以讓新的行動發生。」

歐巴馬在許多攝影機前，提到IBM說：「這是一家有願景的公司、一家在不景氣時保持樂觀的公司。」IBM贏得很多正面印象。

我相信未來看這段歷史，IBM在這次經濟衰退中，逆勢操作推出新品牌形象，將成為經典案例。

另一個聰明案例，是現代汽車（Hyundai）在美國推出的行銷方案。2008年底到2009年，人們對買車遲疑不決，因為他們害怕被裁員。現代汽車說：「不要擔心，現在就買車，如果你未來失去工作，現代汽車會將你的車子買回。」

這個行銷案洞察了世界正在發生的事。突然間，當大家業績都是負成長時，現代汽車異軍突起，提升美國市場的占有率。

其他汽車也開始跟隨，因為競爭者知道現代汽車打中了消費者。這個案例的聰明之處是，企業知道現在的消費者在焦慮什麼，並提出了解決方案。

麥斯威爾咖啡也是掌握消費者的需求而成功。麥斯威爾知道，消費者現正重新盤算他們的消費預算，每天花4美元買一杯星巴克咖啡實在太貴，如果要省錢，就需要調整喝咖啡的習慣，在家一樣可以喝到好咖啡。剛好，麥斯威爾得到「美味」（tasty）的評鑑，因此沒有增加廣告總預算，僅增加特殊方案——家庭用戶的行銷預算。

問：在廣告方面，有哪些新發展、新變化嗎？

答：今天，廣告定義已經起了巨變；現在每一件事都是廣告。

過去提到廣告時是指大眾媒體廣告，包括電視、報紙、雜誌和戶外廣告。現在除了運用媒體，廣告也包括e-mail、部落格、活動等。廣告趨勢最大的改變，就是從大眾廣告，現在可以精準到每個單一個體。

你幾乎可以製作針對每個單一個體的媒體計畫。對我來說，這是一個巨大的機會，但它同時是非常大的挑戰。

過去，廣告只要上兩家電視、三家平面媒體，幾乎已經覆蓋所需接觸的消費群。你也可以選擇出你想要接觸的族群，例如是18到45歲的女性消費群。現在，你幾乎是要想出如何單獨地接觸每一個人，可以得到回應，並且衡量效益。

這徹底改變了廣告業與大眾媒體接觸群眾的方式。一對一的溝通，和大眾溝通是非常不同的。當你的廣告接觸每個單一個體的客戶時，你必須知道他們的某些事情。

網路是背後最大的驅動力量，因為網路可以保存、追蹤每個人的所有歷史紀錄，包括背景資料與交易紀錄。最好的例子當然是亞馬遜書店（Amazon）。當你登錄，他就已經知道你過去所有的購買紀錄與行為，甚至是你到訪的網頁，你的滑鼠點閱行為、你的轉寄行為，針對這些資訊，可以計畫一個有意義的廣告、行銷與銷售計畫，並且是深入到單一個人。

問：你剛剛說運用媒體要更有創意，現在全球重要的廣告客戶在選擇行銷管道時，有任何改變嗎？

答：雖然網路是重要的新興媒體，但環顧廣告傳播的整體環境，網路仍只是其中的一環。網路廣告效益需要更多的證明。

現在，即使最積極的廣告客戶，網路廣告預算仍占全部預算的10%以下。目前，證明最有效的網路廣告，是搜尋廣告（Search Advertising），所以Google拿到了最多的網路廣告。其他網路上的陳列廣告（Display Advertising），我不是那麼確定有效益。

如果有一天網路科技有突破，能進一步證明網路廣告的效益，廣告預算的分配馬上就會大幅改變。

現在看來，廣告預算分配在「組合的媒體」（Portfolio Media）上，遠比全部下在「單一的媒體」有效，這已是毋庸置疑的結果。因為，不同媒體有不同的效益：網路可以追蹤到單一個人；但雜誌可以提供高品質的廣告環境，例如LVMH的最新一季廣告，在雜誌廣告上所呈現的氛圍與顏色，在電腦螢幕就無法有相同的效果。

企業應該開放心胸，就像我所說的：「廣告定義已經改變，每件事物都可以是廣告。」

（資料來源：吳琬瑜，天下雜誌，2009年8月12日，頁116-119）

問題研討

1.請討論夏蘭澤認為在不景氣時期的行銷真相應該是什麼？

2.請討論夏蘭澤認為今天廣告方面已有哪些變化？

3.總結來說，在此個案中，你學到了什麼？你有何心得、評論及觀點？

〈個案47〉Panasonic的世界野望

2008年10月1日起，松下電器產業公司正式消失，取而代之的是「Panasonic」公司。過去的松下或國際牌（National）均將一去不復返了。Panasonic 2007年度的獲利總額，創下過去最高紀錄，海外銷售占比占了一半以上。從過去「日本的松下」，已轉變成為「世界的Panasonic」了。這都是松下過去幾年來苦鬥的輝煌成果。

一、在新興國家展開攻勢

Panasonic自2007年度以來，即針對全球東南亞、中東及金磚四國（中國、巴西、印度及俄羅斯）等廣大市場且深具潛力的新興國家，展開全面攻擊。為配合中低收入新興國家的特性，Panasonic也開發出多款低價取向的家電新商品，以及款式也更加多元化。不管從冰箱、冷氣、液晶電視機、電鍋等，由於品質好又平價，因此，銷售數量扶搖直上。2008年度的營收額較2007年成長25%，達到5,000億日圓的高成長營收目標。

二、最大市場必爭之地的美國

家電及液晶電視機的最大市場，即在美國市場，占了全球30%的市場銷售量。面對韓國三星及LG液晶電視機在北美地區的超低價攻勢，Panasonic及SONY兩家日本公司都打得非常辛苦。

面對美國Wal-Mart及其他量販店也逐漸成為銷售液晶電視機的主流通路事實，液晶電視機未來不可避免的也會走向低價取勝的事實，Panasonic已在日本兵庫縣姬路市的工廠，組裝低價的液晶電視機。

此外，Panasonic的VIERA品牌液晶電視機，也全力鋪建銷售通路，目前，正以各州為單位，甄選優良的地區性經銷商及量販店，給予較高的銷售獎勵金、商品配送、售後服務、技術支援、行銷技術培訓等，希望建立出更強大的經銷與零售通路體系。目前，這些下游通路商已在全美23家公司與旗下420家店，平均的營收額都比2007年成長四成。而Panasonic原先行銷人員從25人已擴增到75人，但仍不足，估計將擴增到100人的銷售支援派出人員，才能滿足全美50個州的當地經銷商需求。

北美市場對Panasonic海外整體事業的成長與占比，占有非常重要性，估計達到50%，因此，北美的挑戰是Panasonic的關鍵所在。

三、設定未來長期計畫的十項主題

現任Panasonic公司總經理大坪文雄，他所關心的是未來十年的Panasonic會是怎麼樣的一家公司。首先，他從十年後，整個世界環境與社會環境的改變將會如何著手。他已要求研發部門及經營企劃部門，朝著十年後的商品化及事業化的演變，提出有關健康、網路等相關性的十項研發主題，描繪出技術的變化及消費者與家庭的潛在需求變化，其中，有一項自動化機器人（ROBOT）更是直屬他來負責規劃掌管的。大坪總經理表示：「經營者必須前瞻未來世界的改變，而以創新的思維、技術力做支持，不斷超越消費者的美滿生活需求，這樣就能立於不敗之地。」

四、「世界的Panasonic」充滿挑戰

大坪總經理認為Panasonic 2011年度的全球營收額將可以突破10兆日圓的歷史新高，而ROE（股東權益報酬率）也可以達到10%。他早在2010年時，即對外發表「GP3計畫」全球成長戰略的中期三年經營計畫與宣言，宣示2011年到2013年的全球成長目標與計畫。

Panasonic公司在2001年時，當時曾面臨近二十年來的首度虧損，陷入經營危機，並採取資遣1.3萬名員工的震撼演出。隨後，在卓越的中村邦夫接任總經理後，有效的穩住松下岌岌可危的局面，並轉虧為盈。2006年再由大坪文雄接任總經理，持續改革與邁向全球拓展策略，使松下在營收及獲利均能穩定成長，終至2008年10月1日正式更名為全球統一化品牌Panasonic。今後，所有過去松下產品，包括冰箱、洗衣機、冷氣機、液晶電視機、行動電話、住宅用小家電、DVD、照明用具、居家建材……數項松下或國際牌，今後將改為一個品牌Panasonic了。

登上「世界的Panasonic」之路，路途仍然遙遠及充滿挑戰，身為日本第一大家電公司的Panasonic，面對韓國三星的強大競爭，仍有一場世界級戰爭需要面對及過關。

問題研討

1.請討論Panasonic在新興國家及北美海外地區如何拓展？

2.請討論Panasonic大坪總經理為何要設定未來長期計畫十項主題？Why？

3.請討論「世界的Panasonic」今後將如何？

4.總結來說，在此個案中，你學到了什麼？你有何心得、評論及觀點？

第2篇

台商（台灣企業）行銷全球個案（計29個個案）

〈個案1〉宏碁品牌電腦全球行銷——深耕全球，搶進全球第2大電腦品牌銷售公司，2011年邁向全球第1大NB廠

〈個案2〉宏碁（ACER）全球行銷漸入佳境，拿下全球第2大NB品牌地位

〈個案3〉捷安特（GIANT）成功騎上全球市場

〈個案4〉捷安特（GIANT）自行車——征戰世界，全球運籌

〈個案5〉聯強增資60億元，兩年內在中國完成7,000個據點，達成遍地開花計畫

〈個案6〉台灣友訊（D-Link）行銷全球，名揚國際

〈個案7〉華碩（ASUS）品牌三年內躋身全球前5大NB品牌

〈個案8〉台商麗嬰房在中國大陸獲利超過台灣

〈個案9〉統一企業投資入股西貢飲料公司，以進軍越南市場

〈個案10〉台灣寶成製鞋代工廠布局中國大陸4,000家運動用品零售連鎖店

〈個案11〉台灣百和（LACOYA）品牌商品，展開世界性行銷布局

〈個案12〉台商三陽機車工業坐穩越南市場，瞄準東協市場

〈個案13〉台灣寶熊漁具勇於創新，逆中求勝，躍升為全球第3大釣具品牌

〈個案14〉台升家具成功進軍美國的自創品牌之路

〈個案15〉台商成霖企業邁向全球衛浴廚具精品市場的領導品牌

〈個案16〉荃瑞企業奈及利亞拓銷經驗——愈是辛苦的地方，愈是有機會成長及獲利

〈個案17〉花仙子打造亞洲知名芳香劑品牌

〈個案18〉成霖企業擴張全球品牌地圖與併購術

〈個案19〉美利達自行車與美國通路品牌廠商合夥策略，使獲利10倍

〈個案20〉台商布局中國大陸超商版圖——喜士多轉虧為盈

〈個案21〉台商必修的4堂課

〈個案22〉台商85度C全球展店，突破400家，已在2010年6月返台上市

〈個案23〉台商麗嬰房：把中國市場衝大50倍的祕密

〈個案24〉台啤進軍中國大陸市場

〈個案25〉統一超商正式進軍上海便利商店市場

〈個案26〉康師傅頂新搶做中國第一大速食連鎖店王座

〈個案27〉成霖衛浴及廚具廠急衝大陸市場營收

〈個案28〉中國大型量販通路，台商大潤發稱王居第一

〈個案29〉台灣法藍瓷嚴選4%創意，五年營收翻36倍

〈案例1〉宏碁品牌電腦全球行銷——深耕全球，搶進全球第2大電腦品牌銷售公司，2011年邁向全球第1大NB廠

一、在世界各國，選擇只跟當地大通路商合作，成為歐洲筆記型電腦第一品牌

在通路部分，王振堂董事長發現，作為全球電腦二哥的戴爾電腦，直銷模式雖然犀利，卻不表示全球市場一體適用，而且原有的通路商在面對可能被取代消失的壓力下，也在尋找出路。「如果能讓通路商賺錢，我們自己也可以賺到錢。」王振堂說，通路是品牌的第一道戰線，放棄品牌業者如戴爾要求8%高報酬的想法，若能以2.5%的利潤，換取通路商的相挺，保持公司業務的穩定，未嘗不是一件好事。正好現任宏碁總經理，當時負責歐洲市場的蘭奇（Gianfranco Lanci），對於通路生態頗有想法，於是宏碁發展出所謂的「新經銷策略」，將產品直接交由一地市場的前幾大通路商做代理，宏碁就專心思考產品與整體行銷策略。

「這台宏碁的桌上型電腦只要399歐元（約16,000元新台幣），內含Intel Celeron D346、512M動態記憶體、DVD燒錄器等配備！」穿著紅色背心的售貨員熱心推薦著。

這裡是法國巴黎最大的電腦通訊多媒體賣場Surcouf，店面和整個光華商場一樣大，全球各大品牌的通訊產品都在這個具有指標性的賣場裡廝殺。根據產業數據資料公司（Gartner Dataquest）的統計，法國2008年筆記型電腦與個人電腦的成長幅度，位居泛歐地區（歐洲、中東與非洲）之冠，分別達到36%與20%，遠高於泛歐市場成長平均值的16.9%。在法國這個重要指標性市場，雖然整體PC市場，宏碁還是9%的市占率排名第三，但筆記型電腦部分，宏碁19.4%的表現，打敗惠普及戴爾成為歐洲的第一品牌。

「在個人電腦微利的時代，戴爾是把通路剷除，自己出來賣，蘭奇卻反向思考，雖然自己吃的已不是肉，而是『肉湯』了，但還是大方把湯分一碗出來給通路吃！」宏碁電腦公司南歐業務經理黎輝（Philippe Le）以法國為例，「蘭奇於2000年擔任歐洲總經理時，把原來的十幾家通路，縮

減到只固定和五家往來。這樣一來，大家就有同在一條船的感覺。產品不能亂賣，亂賣大家都不爽。」他強調。

2004年年底，施振榮交棒退休，王振堂升任董事長，在繼任的總經理人選中，蘭奇在歐洲市場出色的表現，讓王振堂看出他的潛力，出乎外界意料的，選了蘭奇這樣一個外籍經理人，出任台灣資訊業品牌歷史最悠久企業的掌門人。「蘭奇很有執行力，知道做生意的關鍵，不在於要做什麼，而是不做什麼。」王振堂評論。

二、組織架構大變革——台灣總部虛擬化，全球各地區總經理才是總指揮者

務實的王振堂，碰上凡事講求數字管理的蘭奇，宏碁進入員工內部戲稱的「王蔣共治」時代（蘭奇原名Gianfranco Lanci，第一個字的發音類似「蔣」），雖然國籍、背景不同，但兩人卻都一致相信，宏碁該努力的方向，不是成為組織規模龐大的巨人，而是具有速度感的輕巧企業。

2007年4月中，包括王振堂、蘭奇以及五大營運區總經理等九位高階主管，齊聚法國鄉下的酒莊進行每季的策略委員會議，重點是要提升歐洲地區以外的營收比重。相對於多數企業透過所謂的「總部」，統合管理資源的分配來達成策略目的，宏碁卻寧願讓「總部」的概念虛擬化，將權力下放，讓包括台灣、中國（香港）、泛歐、泛美及亞太五大營運區，變為成本利潤中心，根據市場脈動，規劃相關的業務推廣活動。「我說的不算數，營運總部總經理才是Keyman。」王振堂說：「不是什麼事都抓在手裡，就能把事情做好。」

三、宏碁只做一個品牌管理者的角色

「五年前蘭奇在歐洲市場推行的新經銷模式，是宏碁成功的關鍵。」加入宏碁已二十年，目前負責宏碁產品規劃及採購的資深副總裁翁建仁指出，這個以大型分銷代理為基礎的「新經銷模式」，讓宏碁能夠用更快的速度反應市場需求，也提升了組織彈性，宏碁才能在激戰中倒吃甘蔗，漸入佳境。

新經銷模式簡單來說，就是品牌廠商在各地區市場選定少數一、兩家總代理商，利用總代理商的通路系統，在為數眾多的經銷商與門市之

間，從事進出貨的銷售協調，「這樣的做法讓宏碁可以更聚焦在產品的規劃上。」王振堂指出。

2008年10月，宏碁進行大陸區通路改革，7個區域、103家直接客戶的格局，縮減成4個區域、30多家直接客戶，還引入英邁作為全國經銷伙伴。未來還將縮減至4個區域、2家全國經銷伙伴及1-2家區域總代理，專注於非直銷營運模式。蘭奇指出，以前宏碁經銷商很多、單一訂單很少，但現在宏碁的新經銷模式有強大的經銷商合作伙伴支持，訂單量大而集中。

「同樣是五百台的訂單，以前平均訂單是一百台做五次，現在只做一次就有五百台，成本自然降低了。」蘭奇強調，宏碁扮演的只是一個品牌管理者的角色。「我覺得這樣的策略，有利於健康的產業生態環境營造，是有說服力的。歷史的經驗告訴我們，只有平衡的事情才會最長久，如果我們能夠營造出一種各取所需、平衡的產業氛圍，我們的實力只會變得更強。」

四、打造世界級水平薪資福利，吸引國際化行銷人才

為了達成宏碁總經理蘭奇上任時宣示的「2008年登上全球第2大PC品牌」目標，宏碁從2005年開始大力推動有史以來最大規模的人事制度變動，「此舉與其說是為了『績效獎酬』，其實更重要的目的，是宏碁想要打造一個足以吸引更多全球菁英加入的公司架構。」董事長王振堂表示。

自蘭奇上任以來，宏碁的確定期檢討人力資源配置的合理性，精簡組織人力成本，但並非如先前媒體報導所言，要大幅裁員或是大幅加薪，改革的目的是要讓未來宏碁全球5,260多位員工，不再以資歷為薪資考核標準、每年固定統一加薪3-5%，而是以職位、工作內容為比對標準，全面推行以職位評比為基礎的「整體薪酬制度」。

宏碁集團創辦人施振榮，卸任後以「品牌傳教士」的姿態巡迴演講時曾提到，台灣最缺乏的就是「國際化行銷人才」，這也是宏碁要以台灣企業之姿做自有品牌時的困境。

宏碁董事長王振堂表示，現今宏碁所要的人才分為三個層次——全球等級、區域等級、國家等級，以因應營運需求。若想留住能做全球化操作的頂級人才，宏碁的人事職等、薪資獎金與福利都必須達到世界級的水

準，才有資格和跨國大廠搶人。王振堂直言，過去宏碁徵募人才的競爭對手是明基、廣達、台積電與神達等企業，現在則將對照戴爾（Dell）、惠普（HP）、蘋果（Apple）、東芝（Toshiba）等跨國企業的整體薪酬制度。

不同於IBM、惠普等跨國公司採行的「矩陣制」，宏碁的組織型態是包括台灣、泛美、泛歐、亞太及中國（香港）五大營運區在內、因地制宜的「邦聯制」策略，各自有財務、人事、行銷、業務制度。現在宏碁決心真正成為全球化企業，建立「人事平台」便是首要工作。

五、把利益分給經銷商，自己的獲利也會提高

2000年宏碁進行製造與品牌分家，外界對於宏碁的未來頗有疑慮，宏碁當時全球市占率不到1%，急需突破性策略，也沒有包袱，不如全力一擊壓寶通路商。隨著宏碁筆記型電腦全球市占率的攀升，宏碁在營運上過了損益平衡點，更有市場力針對經銷通路的效益進行評估篩選，保留強者作為伙伴。

「把原本的複雜管裡，變成簡單管理。」台灣暨香港營運總經理林顯郎說，甚至連物流部分，都由分銷商直接向供應商如鴻海、廣達提貨，減少庫存；金流部分，宏碁為通路商引入EDI電子轉帳系統。買方（經銷商）一旦向分公司下單，系統就會產生AI（自動識別碼），並同步轉給供應商，只需每個月跟分銷商對帳一次即可，應收帳款負擔減輕。「宏碁內部不需要太多業務，減少了人事成本，人均產值就提升了。」林顯郎指出。

將利益分給經銷商，宏碁自己的毛利雖然會下降，但盈利卻會提高。王振堂說，宏碁透過相同平台接單，營收數字就算成長數倍，但是營業費用幾乎沒有變化，他坦言宏碁的毛利目標一直都定在2.5%，「不要多，也不想要少，剛好賺錢就好。」元大京華證券研究報告就指出，宏碁不僅營收成長率從2003年起，每年維持在40%以上，2008年營業費用率更僅6.5%，不但大幅低於惠普的19.7%，也低於善於成本管理的戴爾7%。

六、三年內（2012年）成為全球第一大NB廠

全球第3大PC廠宏碁在美商高盛證券全球科技論壇中強調，全球各地

區需求並無趨緩跡象，並設定將於2012年前達成四大長期目標：(一)成為全球第一大筆記型電腦廠；(二)營收突破300億美元（約1兆元新台幣）；(三)營業費用率降到6%以下；(四)營業利率達4%。

七、併購Gateway及Packard Bell之後，超越中國聯想，並走向全球化企業

台灣的ACER（宏碁）與中國的Lenovo（聯想）競爭逐年白熱化！繼數年前聯想先以蛇吞象之姿買下IBM個人電腦部門，一舉晉升全球第3大PC品牌廠後，宏碁也以迅雷不及掩耳地速度併購Gateway和Packard Bell兩大品牌，打破了聯想卡位全球第三寶座美夢。不過，面對聯想積極推出新的消費品牌因應，宏碁如何守穩戰果拉大雙方差距，將是未來重要課題。

宏碁在臨時記者會上宣布，董事長王振堂以7.1億美元，收購美國第四大PC品牌捷威（Gateway），攻占美國、擠下聯想，確保了全球第3的產業霸主地位。從此，宏碁也將走上多品牌策略，包括ACER、Gateway、Packard Bell，及捷威旗下的另一個品牌eMachine。

降低成本，是多品牌的立即綜效。「透過規模經濟降低採購成本，加上雙方通路Cross-sell、減少管銷費用，預估省下1.5億美元。」居中牽線的花旗亞太區環球投資銀行董事長杜英宗說。併購捷威的最大指標意義，是走過三十多年品牌路的宏碁，終於成為真正「夠格」的全球化企業。

王振堂將全球市場分成歐洲、亞太、美洲三大市場，必須在任一市場的營收及利潤都要超過整個公司的20%，才能稱為全球化企業。合併後，將一改歐洲獨大地位，美洲及歐洲市場將各占宏碁40%的營收比重，宏碁將不再只是「歐洲公司」。

八、宏碁創辦人施振榮：對ACER併購國外品牌的評論——台灣品牌之路的里程碑

經過2000年的再造，宏碁建立了一個品牌行銷公司營運的國際化基礎，過去這幾年，等於建立很強的經營能力及自信。

經過這併購，全世界就只剩幾個品牌，差不多塵埃落定了，就是現在

四個品牌了。就看以後怎麼進一步再拚經營效率。

這次併購和聯想買 IBM的PC部門、明基買西門子手機部門的差異在於：第一，宏碁相對是大吃小，聯想和明基都是小吃大；第二，過去那麼多年，宏碁國際化的程度，也就是當地化的管理，我們的外籍兵團原來就非常堅強，聯想當然差很多；第三，這對原來宏碁在國際上穩定的地位而言只是錦上添花，而明基和聯想，在還沒有併購之前，都是地區性的，不是國際性的。

合併後，在管理上，我們事先跟捷威的管理階層溝通過，宏碁的特性就是相當地當地化，美國人要找到這樣的老闆，也不是很容易。一方面要尊重他們，一方面又能充分了解他們，能讓他們發揮。

未來的多品牌策略，主要是希望擴大占有率。品牌要去管理可能產生的衝突。管理品牌是台灣最欠缺的，但是，可能的長期發展策略，還是必須是多品牌，怎麼定位當然還有待細節的發展。

現在先把市場穩住了，因為多品牌是現在最容易執行的，馬上讓經濟效益先產生，至於長期沒有絕對，因為主權完全操之在我。這一定是台灣品牌之路再往上的里程碑。尤其是未來能夠站穩第三。這是世界最重要的產業之一，我們占了一席之地。

九、只視美國惠普（HP）為主要對手

王振堂對宏基勇奪台灣第一的成績是不會就此滿足的。在他的心目中，他要宏基拿到全球第一，才是他真正的願望。

過去宏基對於第一是較少觸碰的，因為離第一真的有些距離，而對手惠普及戴爾（Dell）也真的很強。

不過，最近已明顯感受宏基高層口氣不太一樣了。首先是王振堂指名挑戰戴爾，「戴爾至今仍學不會通路經銷模式，沒有明顯的績效出來，一旦直銷模式萎縮，恐將一步步退守市場。」

雖然惠普全球市占率接近20%，為現在宏基的2倍，但在王振堂心目中，超越戴爾應不難，「惠普才是宏基心目中主要的競爭對手。」他說。

（資料來源：數位時代雙週刊，2006年5月15日）

問題研討

1.請討論宏碁電腦在全球各國的通路策略為何？為何它能在歐洲筆電市場成為第一品牌？Why?
2.請討論宏碁公司的組織架構有何大變革？為何要如此做？Why?
3.請討論宏碁公司為何只做一個品牌管理者的角色而已？
4.請討論宏碁公司如何吸引國際化行銷人才？
5.請討論宏碁公司毛利率下降，但獲利率卻上升，Why?
6.請討論宏碁公司在2012年達成的四大目標為何？
7.請討論宏碁公司為何能超越中國聯想？Why?
8.請討論宏碁創辦人施振榮對宏碁併購國外品牌評論為何？
9.總結來說，在此個案中，你學到了什麼？你有何心得、評論及觀點？

〈個案2〉宏碁全球行銷漸入佳境，拿下全球第2大NB品牌地位

一、宏碁調整人事，莫貝洛晉升為全球品牌、行銷及人事總經理，導入歐洲成功經驗

全球第3大PC（個人電腦）廠商宏碁公司完成併購捷威（Gateway）後，啟動全球多品牌行銷策略，宏碁總經理蔣蘭奇的頭號愛將莫貝洛（Gianpiero Morbello）最近升任宏碁全球品牌、行銷和人事總經理，引發競爭對手惠普、戴爾和聯想等注意。

莫貝洛2008年2月1日由歐洲總部行銷負責人，升任為宏碁全球品牌、行銷和人事總經理，兼任泛歐地區品牌行銷主管。莫貝洛是義大利人，1995年加入宏碁，對品牌運作和策略更有其獨道之處，在歐洲市場表現傑出，是宏碁站穩歐洲「一哥」的主力戰將之一，蔣蘭奇把他從歐洲市場的成功經驗，進一步導入全球行銷。

宏碁併購捷威後，2008年啟動全球多品牌行銷行動，在亞太仍以宏碁（ACER）為主品牌，美國則主打Gateway品牌，莫貝洛將扮演決策性的

主導者。且2009年宏碁開始贊助奧運會，全球品牌策略進入新紀元。

宏碁董事長王振堂說，宏碁旗下擁有ACER、Gateway、佰德（Packard Bell）、eMachine四大品牌，品牌操作也由單品牌進入多品牌時代，2月開始，宏碁調整高階人事，除了2月更換Gateway執行長，莫貝洛也成為宏碁全球品牌、行銷策略、人事總舵手。

二、全球經營會議定調：集中全力整合美國捷威的資源

王振堂透露，宏碁全球經營團隊元月時在威尼斯舉行年度經營會議，決定上半年經營主軸，將集中全力整合捷威的資源，包括產品、品牌、組織與人員編制，策略上不急於衝量或擴大銷售規模，宏碁和捷威的整合期與效益4月可望明朗化。

王振堂指出，宏碁併購捷威後，之前傾向兩家公司獨立運作，但碰到美國不景氣，目前決定採取「二合一」方式，將進一步精簡人事，並且把組織扁平、合理化。宏碁在併購捷威、再取得佰德（Packard Bell）母公司75%股權後，2月初開始第一波人事重整，初步決定先精簡捷威140位員工，其中包括2007年10月出售捷威商用部門予MPC電腦公司後留下的員工。

王振堂昨天並表示，為因應美國市場不景氣，宏碁與捷威合併將進行有效整合、更深化的國際化策略，未來將採取多品牌策略，在亞太仍以宏碁（ACER）為主品牌，美國則主打Gateway品牌，短期不急著衝量。

三、訂2008年為「日本發動年」，強攻日本市場

王振堂表示，宏碁拿下全球NB第2品牌成績後，挾此品牌優勢，2008年在日本市場也將有高度的進展，看好一年有1,000萬台NB市場潛力，目前除已談好一家大型合作通路，宏碁也針對日本市場需求修改NB設計，搶攻最難伺候的桃太郎荷包。王振堂笑說：「2008年將是日本發動年。」

四、看好中國及印度市場的成長性

另外，他也看好中國及印度市場成長性，強調過去宏碁重心放在歐美，機種設計較欠缺亞洲偏好的輕薄機型，加上缺貨，2007年中國表現不如預期，王振堂樂觀的說：「2008年會重新追趕。」

五、宏碁集團將採取「多品牌策略」

PC已從過去高科技技術形象轉變，王振堂表示，PC產品正在「商品化」（commodity），不再高高在上，處理器或記憶體規格差異已不大，在PC逐漸成為大宗商品化後，也開始適合「多品牌」生存，他表示，惠普日前也宣布將朝多品牌發展，印證宏碁的觀察是對的。

王振堂以P&G寶僑的多品牌策略為例，表示未來集團旗下各品牌將會有完整獨立的產品規劃，由不同品牌經理人操盤，讓消費者在通路上完全感受不到是來自同一個廠商；初步規劃北美為ACER式與Gaeway雙品牌，歐洲則是ACER與Packard Bell，亞洲則仍以宏碁為主，不過，因Gateway桌上型電腦已經進軍中國市場，將會審慎評估未來策略。

（資料來源：工商時報，2008年3月1日）

六、ACER海外行銷布局概況圖示

地區	北美	歐洲	中國	日本	台灣
市場定位	2007年買下Gateway後躍居老3	NB龍頭老大，DT排名第3	NB市占率在第5-6名之間徘徊	目前已有日本分公司，但排名仍在10名以外	NB跟華碩纏鬥爭龍頭
市占率	NB為10.5%、DT為8.1%、市占率都排第3	NB市占率為21%、DT市占率15.8%	NB市占率為7.1%	DT跟NB出貨排名仍在10名以外，暫無數據	NB市占率約32%
品牌策略	ACER Gateway雙品牌	ACER Packard Bell雙品牌	Gateway已進入中國，策略評估中	以ACER法拉利機種進軍，2008年列為重點市場	NB及DT市占率高，單一ACER品牌

註：NB為筆記型電腦，DT為桌上型電腦
資料來源：Gartner、IDC

七、ACER品牌的生產供應鏈概況圖示

產品	筆記型電腦	桌上型電腦	液晶監視器
2008年出貨量	2,073萬台	680-790萬台	未公布目標
2007年出貨量	1,481萬台	約610萬台	1,000萬台以上
供應商	廣達（2,383）、仁寶（2,324）、緯創（3,231）、英業達（2,356）	鴻海（2,317）、微星（2,377）、精英（2,331）	仁寶、佳世達、冠捷、群創（3,481）、達裕國際科技（廣達集團）

資料來源：宏碁、IDC、Gartner報告

問題研討

1..請討論ACER在全球人事布局有何重大變動？為何要如此做？Why？
2.請討論ACER舉辦的2008年度全球經營會議中有何定調？為何如此做？Why？
3.請討論ACER訂2008年為「日本發動年」，有何優勢？
4.請討論宏碁集團將採取「多品牌策略」的涵義何在？你認同嗎？Why？
5.請討論ACER在海外各地區的行銷布局為何？
6.請討論ACER的生產供應鏈狀況為何？
7.總結來說，在此個案中，你學到了什麼？你有何心得、評論及以觀點？

〈個案3〉捷安特（GIANT）成功騎上全球市場

一、全球知名品牌——台灣、大陸居第一；歐洲及美國居第三，日本居最大進口品牌，成就斐然

巨大機械從三十五年前一家做OEM的小自行車廠，如今以捷安特（GIANT）品牌在全球自行車市場占有重要地位。背後靠董事長劉金標不斷否定現況精益求精的思維能貫徹執行，及全球市場在地化深耕的策略布局成功。

在台灣的外銷產業中，巨大稱得上是從中小企業起家，一路壯大並成功擁抱國際市場的典範之一。不僅是台灣、大陸第一品牌，歐、美地區第3大品牌，日本、澳洲、加拿大、荷蘭等國最大的進口品牌，亦陸續多年被富比士雜誌評為全球經營績效最佳前200大的中小型企業。

二、定位為國際品牌經營，高標準要求自己，找出最適當的經營策略

巨大董事長劉金標說，經常有人問他企業成功之道，他總回答：「自

己的舞台自己搭，你怎樣搭你的舞台，你就有什麼樣的揮灑空間。」當初他在搭巨大、捷安特品牌的舞台時，一開始就把它定位成國際品牌來要求，是要做國際市場生意的。因此，在生產製造的品質及交期等，就必須與國際市場接軌。每一家本土企業要跨入國際市場的第一步，一定會經過一段慘重的陣痛期，當年捷安特剛在荷蘭設立歐洲子公司後沒多久，顧客的抱怨意見接都接不完，巨大只能重頭來過，重新改重新做。

說得簡潔一點，巨大是提早比國內的同業轉大人，因此就比國內的同業搶先在國際市場立足。但這只是本土企業在國際市場搶得成功的第一步而已，還必須不斷吸取國外同業的長處，否定自己的現況，持續精益求精創造更好的材質、車型，不管是後來持續投入碳纖維材料領域的一貫化製程，還是透過贊助T-Mobil車隊環法公開賽等國際賽事的運動行銷策略，都是一步一步摸索，找出最適的經營策略。

三、全球在地化深耕的成功

除了一開始就把自己設定為國際品牌的格局練兵之外，巨大能在全球自行車市場打下一片江山的關鍵，也在於其全球在地化深耕的策略成功。巨大善用全球各地人才、技術、材料、設計等資源，完全融入當地社會，這是巨大能真正成為全球化公司的原因。

巨大在全球各主要市場都設有子公司，由總部遴選優秀的在地人士擔任子公司經營負責人，也由該負責人挑選在地人團隊，執行總部交付的任務。在人力資源上採行在地化策略的最大好處是，對當地市場文化、需求、消費習性等較能有效掌握；至於總部設在台灣，能掌握整個集團的研發、財務、行銷及製造整合。

四、產品外觀設計，高度掌握國際時尚藝術

劉金標認為，捷安特自行車這幾年能在國際市場奏捷的一個原因，是產品外觀設計愈來愈掌握國際時尚藝術。巨大是以台灣總部為主軸，結合歐洲、美國、中國大陸等三大區域的人才分進合擊，做跨國性的聯合開發，包括新技術、新材料、新車種、新設計，目前研發團隊共包括150位專業工程設計人才。

為了做到充分整合跨國人才資源，在研發團隊的分工上，也充分運

用當地人才的強項優勢。譬如歐洲人普遍對於自行車的競賽有較高的興趣，就會賦予歐洲研發團隊發展比賽用車的任務，美國人騎自行車登山的休閒人口不少，就讓美國團隊專攻登山車研發。

五、不斷找出新的行銷成長曲線——往高級車、電動車發展

劉金標指出，任何一家企業要永續經營，就必須不斷找出新的成長曲線，才不會被淘汰。巨大以自行車創造第一階段的營運高成長後，下一個發展重心，放在電動車，尤其是大陸市場，成為全球最大的電動車市場。巨大在2005年成立的電動車事業部，2006年就銷售21萬多台，2007年預計銷售30萬台，2008年目標50萬台。以中國大陸這幾年的成長速度估算，2011年的銷售目標，將挑戰100萬台。

在全球自行車產業的地位中，巨大近幾年不斷往高級車發展，平均出口單價已提高至340美元，這離全部生產頂級車的車廠雖還有段距離，但劉金標最自豪之處，係巨大是全球前10大自行車廠中，唯一一家有辦法一貫化經營者，從研發設計、生產製造、品牌銷售、通路，都擁有者。

六、積極布局自有行銷通路

劉金標的策略，不僅在研發設計與生產製造方面，透過更新更好的替代材質，創造更高的附加價值，巨大現在更在全球市場積極布局自有通路。不僅從2007年下半年以來，已陸續在法國、荷蘭設立自有通路，其背後的策略意義，也在於透過自有通路，巨大能第一手掌握全球消費者的消費趨勢與需求，供研發設計部門迅速開發出具競爭力的自行車。

（資料來源：工商時報，2008年2月20日）

問題研討

1.請討論捷安特（GIANT）品牌在全球的成績如何？
2.請討論捷安特國際品牌經營成功的策略因素有哪些？
3.請討論捷安特的產品設計與開發的做法有哪些？
4.請討論捷安特未來新的成長曲線何在？

5.請討論捷安特如何布局全球自有通路？為何要如此做？Why？
6.總結來說，在此個案中，你學到了什麼？你有何心得、評論及觀點？

〈個案4〉捷安特（GIANT）自行車——征戰世界，全球運籌

一、每年產銷500萬台自行車，世界第一

在科技、資訊產業掛帥的年代，自行車業的天空能有多大？在自行車領域深耕三十四年的巨大機械，2010年集團營收300多億元，穩居全球最大自行車公司寶座；巨大以行動證明——自行車產業有很大的天空。

巨大的全球布局是以「世界是平的」概念出發，目前集團在台灣、中國大陸及荷蘭設有五座自行車廠、一座電動自行車廠及兩座材料廠，每年產銷逾500萬台自行車，另有室內健身車及碳纖維布。

二、台灣、昆山、上海、成都及荷蘭，串成五大生產基地

1992年，巨大決定前往大陸昆山設立捷安特（中國），正式展開海外布局，接著就在上海與鳳凰自行車合設巨鳳自行車。1996年再到荷蘭設立歐洲廠，2004年成立捷安特（成都），與台灣總廠連結形成全球五大生產基地。

隨著業務擴展，昆山基地在巨大版圖愈趨重要，從捷安特（中國）、泉新金屬、捷安特輕合金科技，到2008年初成立的捷安特電動車（昆山），逐漸厚實集團優勢，並持續增強在世界舞台競逐的實力。

三、運用外籍人士，協助拓展經營

巨大研發中心設在台灣、歐洲及美國，全部約150名成員，其中外籍占三分之一。而海外行銷公司中，包括美國、澳洲、加拿大、英國、德國、法國、荷蘭及波蘭等子公司，都由外籍經理人掌舵，多國籍團隊充分展現巨大的特色與競爭力。

至於中國大陸方面，也快速推動本土化，例如當地擢升的捷安特

（中國）副總經理朱雄瑜，已派兼捷安特（成都）總經理，生產協理也是當地幹部，而經理、副理級的主管也愈來愈多。

四、打造全球品牌

除全球產銷布局外，全球品牌更是巨大成功的原動力。沒有GIANT（品牌），就沒有今天的巨大。

由外貿協會與知名品牌顧問業者Interbrand合辦的「台灣10大國際品牌」評選，巨大的GIANT品牌自2003年起，連續三年入選，2005年排名第七，品牌價值估逾80億元（2.53億美元），以巨大現有股本28億換算，每股隱含的品牌價值近30元。

在品牌效益方面，GIANT是荷蘭、中國大陸及台灣市場第一品牌，日本及澳洲最大進口品牌；在美國及歐洲則是三大品牌之一。

贊助優秀的自由車隊，在全球知名賽事爭取好成績，以提高品牌與產品曝光度，是巨大打造品牌的重要策略。巨大與海外知名企業共同贊助的T-Mobile Team（德國電信隊），自2004年以來，已三度獲得環法自由車大賽團隊總冠軍。選手騎乘GIANT的碳纖維車風馳電掣，一再出現在全球觀眾眼前，大幅提升GIANT的品牌形象及知名度。

巨大對產品的要求，不只是讓消費者滿意，還要他們感動，甚至騎上GIANT自行車時，就會有榮幸感。

五、不以No.1為滿足

不能以No.1就滿足，要持續追求Only One。製造顧客能夠感動的車子，就一定要掌握市場、消費者的動態，平時需勤練基本功；而且每天要花時間替消費者、顧客著想，努力發想明日商品。

六、全球運籌及品牌是巨大的成功祕訣

巨大董事長劉金標每次談到全球加值服務時，經常說的兩個字是Logistics（全球運籌）及Brand（品牌），這也是巨大的成功祕訣。

七、巨大公司簡介

創立時間	1972年10月27日
現有股本	28.02億元
上半年每股純益	2.06元
董事長	劉金標
總經理	羅祥安
主要產品	自行車、室內健身車及碳纖維布
2010年9月4日收盤價	60元

資料來源：巨大公司

八、國內兩大自行車廠發展高價車策略

為提高利潤，自行車廠往高單價產品發展已成趨勢，尤其國內兩大自行車廠商，耕耘歐美市場多年來，已建立知名度，在市場幾乎飽和情況下，透過高單價產品來達到業績持續提升的目標。

美利達協理王隆進指出，這幾年來國內自行車廠外銷單價幾乎年年略有提升，以2010年為例，國內總體自行車產業出口平均下船價，從2009年199美元（約6,560元新台幣）增至206美元（約6,790元新台幣），其中美利達則從387美元（約1.28萬元新台幣）提升至412美元（約1.36萬元新台幣）。

若以歐美市場銷售價來看，王隆進指出，美利達的平均售價可達1,200美元（約3.96萬元新台幣）高價。為繼續有效拉高售價，2011年更加積極研發材質特殊的高價車款。

王隆進分析，目前美利達的高級車輛主攻登山車款，2007年在雅典奧運一戰成名後，吸引許多歐美專業選手採用，其中一款Mission Carbon高級登山車，雖然售價高達5,000歐元（約21.7萬元新台幣），但有專業比賽背書，相當受歡迎。

巨大最近則在加拿大推出一款高級跑車Dura Ace，要價7,100美元（約23.4萬元新台幣），等於一部國產二手車價格，巨大總管理處特助許立忠指出，這部頂級車款已接獲許多專業騎士的訂單。

許立忠表示，高級車款主打功能性強，以Dura Ace為例，雖然價格高昂，但對專業性選手來說，整體支架重量不到800公克，另外包括變速

器、煞車等零組件，都採用最高級材質製作，選手可花費最少力氣，發揮最大比賽效果。

許立忠指出，不僅歐美市場對高價車款接受度高，就連國內的自行車售價趨勢也愈往上揚，以去年來說，平均自行車售價可達約6,000元，隨著自行車騎乘風氣盛行，今年將以平均售價1萬元為目標。

（資料來源：工商時報，2008年5月15日）

問題研討

1.請討論巨大公司的經營成就為何？

2.請討論巨大公司在全球生產基地的布局為何？

3.請討論巨大公司全球化人才晉用的情況為何？

4.請討論巨大公司打造全球品牌的重要策略為何？又得到哪些品牌效益呢？

5.請討論巨大公司的基本經營理念為何？

6.請討論巨大公司董事長歸納巨大成功的兩大重點為何？為何是這兩項？Why？

7.總結來說，在此個案中，你學到什麼？心得為何？你對本個案有何策略性評論及觀點？

表2-1
2大自行車廠發展高價車策略一覽

公司	巨大（9,921）	美利達（9,914）
2月營收	6.58億元	6.18億元
年增率	7.21%	28.69%
今年高價車策略	‧積極推精品車款，目標拉高國內平均單價至1萬元 ‧研發多功能車款，除登山、越野車款，國內再推時尚功能款 ‧繼續拉高歐美市場比重	‧搶攻國內高級登山車市場，並拉高碳纖維車種占比 ‧看好2008年奧運商機，中國將成為未來目標市場，山東廠投資申請中

資料來源：業者

〈個案5〉聯強增資60億元，兩年內在中國完成7,000個據點，達成遍地開花計畫

一、增資目的在充實營運資金，加速中國大陸布局，籌建二十座運籌中心

看好大選後兩岸政策開放，中概通路前景看俏，聯強國際董事會決議做九年來的首次增資，金額將達新台幣60億元。

聯強表示，增資主要用在充實營運資金，並加速海外、尤其是中國大陸布局，聯強亦同時決定將配送諾基亞手機的通訊通路，提前在年底前完成中國大陸全國「遍地開花」的計畫。

聯強目前是亞洲第一大、全球第三大通路商，總裁杜書伍表示，會在五到十年之內在中國大陸建置二十座運籌中心，由於中國大陸及澳洲是目前聯強「唯二」直接以百分之百控股成立公司進行營運的地區，因此，聯強也把這兩塊市場視為未來海外布局重點，尤其是內需龐大的中國大陸。

國內法人評估，聯強2008年在中國地區，包括擴大NB代理品牌線，同時加入商用資訊及手機新產品等，中國大陸營收占比從2007年的54%大幅升至六成以上。

二、將完成7,000個銷售通路據點

聯強高層透露，準備啟動成都及南京兩個運籌中心，確定2011年會動工，加上2010年已在杭州、廣州各設一座運籌中心，聯強初估未來光在中國大陸建運籌中心資金需求至少30億元以上。至於營業據點的拓展，今明兩年將在中國大陸完成7,000個銷售通路據點。

三、中國大陸營收將持續成長

2007年9月，聯強與諾基亞獨家在中國大陸合作手機FD直供行銷，約貢獻聯強67億元營收，截至2007年底已達1,500個經銷通路，加上2010年中國大陸手機銷售可望成長至1.65億支，法人預估聯強2011年來自中國大陸通訊營收可望超過300億元，2012年更將倍增至逾650億元。

四、以現金增資或發行海外存託憑證作為增資方式

聯強發言人林俊堅表示，增資方式係以現金增資或現金增資參與發行海外存託憑證（GDR）方式發行不超過八千萬股新股、總金額不超過60億元，增資幅度約在7%上下，聯強目前股本108億元。

林俊堅指出，若以聯強收盤價81.7元來看，籌60億元應不用發行到八千萬股。另外，聯強三年前啟動一筆30億元長期借貸，也許會先還掉、少掉利息支出，但這部分還需做最後確認。

（資料來源：工商時報，2008年3月22日）

問題研討

1.請討論聯強增資60億元的目的何在？
2.請討論聯強在中國大陸營業成長的狀況為何？
3.請討論聯強增資方式為何？
4.總結來說，在此個案中，你學到了什麼？你有何心得、評論及觀點？

〈個案6〉台灣友訊（D-Link）行銷全球，名揚國際

一、海外新興市場大幅成長

友訊國際業務區總經理曹安邦表示，新興市場電信網路基礎建設持續成長，2008年國際業務區占營收比重約40%，營收金額成長最大者為俄羅斯及中南美洲，2009年越南、日本、韓國等低基期市場可望有倍數成長，預測2012年國際業務區營收可望成長三到四成。

根據統計，友訊自十年前跨入新興市場，年銷售額自2001年的5,000萬美元，快速成長至2011年可望達4億美元，成長幅度達8倍以上。

曹安邦表示，每個新興市場均積極進行各種技術基礎建設，包含ADSL、Cable、3G、WLAN、光纖到府甚至是WiMAX，都開始有需求浮

現，友訊搶進新興市場，初期都以SMB（中小企業市場）為開端，在打入電信業者，最後搶進消費零售市場，目前SMB市場占國際業務區營收比重約35%，電信端約20%，零售通路約45%。

曹安邦認為，2011年以俄羅斯、中南美洲成長最為快速，營收成長三成以上。目前友訊已經打入俄羅斯十個主要電信業者，市占率達八成以上，而今年營收也成長五成以上。

進入巴西達十年之久，掌握當地十個主要電信及零售通路，印度市場則有三個工廠、兩個研發中心。此外在東南亞、澳洲、中東均有布局，近年更搶進非洲及日本。

曹安邦表示，日本雖非新興市場，但卻是最難打進市場，2010年正式進軍日本，打入NTT電信系統，並搶攻企業端市場，由於基期低，2011年成長約7-8倍，預估2011年也可望有倍數成長。2010年友訊在日本營收約2.5億日圓，2011年可望突破10億日圓。此外，越南、韓國及沙烏地阿拉伯可望有倍數成長表現。

二、來自38個國家總經理開會，儼然是一個小型聯合國

友訊布局全球，旗下除美洲、歐洲、大中華區以外，全部歸在國際業務區，包含俄羅斯、拉丁美洲、東南亞、中東、澳洲、非洲、印度及日本，共有38個國家，76個銷售辦公室。依慣例，友訊每年底來自國際業務區總經理都會齊聚友訊在內湖的營運總部，除檢討今年表現，也訂定明年目標，來自38個國家總經理一起出現，儼然是一個小型聯合國。

三、國際業務區總經理領航，每年海外出差繞地球四圈

友訊國際業務區總經理曹安邦，近年讓友訊在新興國家的網通設備市場表現亮眼，羨煞其他國際網通大廠，面對強敵環伺，曹安邦認為，友訊品牌深耕當地，優勢在於比「氣長」。

友訊國際業務區涵蓋全球五大洲，曹安邦每年固定至少繞地球四圈以上，其中還不含為了特定業務從單一國家飛到另一國家的哩程，每年回台灣，總被媒體追問今年又飛了幾十萬哩程數，曹安邦則笑著說，已經多到數不清了。

曹安邦個性風趣，轄下的新興市場是友訊的重要「金庫」，更是國際

品牌廠想搶下的「肥肉」，面對競爭，曹安邦仍是一派輕鬆，他表示，其他品牌廠在新興市場採取的價格騷擾動作多於威脅，雖然因此損失一點毛利率，但仍不構成威脅。

曹安邦認為，其他品牌要搶進新興市場，仍需耕耘多年時間，但很多對手仍在猶豫，友訊則已搶得先機。

曹安邦認為，友訊最大優勢在於，品牌深耕各地市場，產品線齊全，與代理商及電信客戶建立良好關係，競爭到最後比的是，「誰的氣比較長」。

四、品牌比代工的利潤高

友訊科技總經理廖志誠說，全世界約有七、八成的無線網路通訊產品是從台灣出口；但真正是掛上「台灣品牌」的出口產品，卻只有一、二成。這說明了，台灣有實力做科技重鎮，但卻缺少自有品牌。

他表示，當代工的好處是，一旦接到大訂單，會讓獲利暴增；但品牌業者卻必須費心維護通路、發想行銷策略，過程相當辛苦。不過從利潤角度來看，代工業者往往陷入「保四」、「保五」的困境邊緣，但像友訊、合勤等品牌業者，卻可維持30%-40%的利潤。

五、只做代工，不做品牌，將難以找到活路

廖志誠說，日本、美國過去都經歷了產業外移的問題，但他們把勞動部門移出去，卻更用心在本國發展品牌，降低了產業空洞化的危機。發展品牌，往往需要花費十年工才可能有收成，但台灣業者只做代工，不做品牌，將來絕對找不到活路。

友訊每年向全球銷售3,500萬台產品，在全球中小型網通產品市場上，享有世界第一的封號，十多年的品牌之路走下來，友訊約擁有1億多名的全球客戶。廖志誠形容，每天天一亮，友訊散布各地的2,000多名服務人員就開始上工。

友訊從開門做生意的第一天起，就決定走自有品牌之路。這幾年，友訊總經理廖志誠在海外行走的最大感想是：韓國、中國大陸廠商最愛做品牌，「一流的人做品牌，二流的人做代工」，但台灣的情況卻很不一樣。

廖志誠說，當年交大同學當中，很多人一開始創業就是做品牌，但只要碰上投入多、回收少的瓶頸，或是猛然收到國外大廠的代工訂單，就放棄自創品牌的夢想。可惜，訂單來得快，去得也快，只要碰上抽單，代工營收也跟著大幅下滑。

（資料來源：經濟日報，2008年9月20日）

問題研討

1.請討論台灣友訊公司在海外新興市場成長的狀況如何？他們如何做到？

2.請討論友訊公司的國際業務區掌管海外哪些地區及國家？

3.請討論友訊公司海外行銷的最大優勢有哪些？競爭對手又有哪些？

4.身為友訊公司國際業務區的總經理，你認為他的工作應該著重在哪些？Why？

5.請討論品牌比代工的利潤是否高？Why？做代工的生命長否？Why？

6.總結來看，在此個案中，你學到了什麼？你有何心得、評論及觀點？

〈個案7〉華碩（ASUS）品牌三年內躋身全球前5大NB品牌

一、全球業務會議宣示：三年內躋身全球前5大NB品牌

全球主機板龍頭廠華碩全球業務會議決議，品牌業務營收未來三年每年成長五成。華碩2008年第三季已擊敗新力，躍居全球筆記型電腦（NB）品牌第八名，華碩（ASUS）三年內應可躋身全球前5大NB品牌之列。

值得注意的是，華碩2008年營收已達7,300億元，若以品牌業務營收預估成長五成加計代工業務計算，華碩集團將繼鴻海之後，成為我國第二

家年營收「兆元企業」的電子業；但因華碩分家在即，預計品牌及代工業務2011年營收將分別為3,500億及6,500億元。

華碩全球業務會議昨天結束，會議由董事長兼總經理施崇棠親自主持，在會議結束前，施崇棠將一面印有華碩品牌的旗子，交給現任副總經理沈振來，象徵華碩2009年品牌與代工業務分家後，將由沈振來接任華碩品牌業務總經理。施崇棠僅擔任董事長一職。

二、2011年華碩品牌NB出貨將可達1,200萬台

華碩表示，該公司自有品牌NB 2008年出貨量約430萬台，2010年達900萬台，由於華碩品牌NB業務近來每年都是以五至六成的速度成長，因此預計2011年品牌NB出貨量就可衝破1,200萬台。目前是全球第2大NB品牌的宏碁，預估2011年出貨1,300萬台。

三、「易PC」出貨目標上調到500萬台

此外，華碩近期推出的明星產品「易PC」2010年出貨量約30萬台，2011年原訂目標是380萬台，但因接單相當樂觀，華碩已上修明年出貨目標為500萬台，未來「易PC」在整體低價NB市場，維持五成以上的市占率。華碩明年自有品牌主機板業務預估僅成長約二成，以2,500萬片為目標。

四、品牌業務營收額將達3,500億元

若以華碩2011年預估營收8,000億元計算，品牌業務約達3,500億元；負責代工業務的「和碩、永碩」，2010年營收大約5,000億元，也訂下三年內挑戰兆元的目標。未來代工部門由華碩副董事長童子賢領軍，程建中出任代工總經理。

（資料來源：經濟日報，2008年1月6日）

問題研討

1.請討論華碩全球業務會議宣示了什麼目標？什麼叫做「全球業務會

議」？為何要有此會議？Why？

2.請討論華碩低價電腦「易PC」的銷售情況好不好？為何會好？Why？

3.請討論華碩品牌及代工兩種業務的營收額為多少？為何要將兩者切割開來？Why？

4.請上華碩公司官方網站，進一步蒐集與了解華碩（ASUS）品牌行銷全球的相關資訊為何？

5.總結來說，在此個案中，你學到了什麼？你有何心得、評論及觀點？

〈個案8〉台商麗嬰房在中國大陸獲利超過台灣

一、麗嬰房零售據點在中國達到650家，獲利超過台灣市場

麗嬰房持續擴展在中國大陸的據點，2008年大陸獲利已超越台灣，這也是麗嬰房進軍大陸十三年來，大陸獲利首次超越台灣。

麗嬰房2010年底在大陸的據點數已達650家，通路型態以加盟店、百貨專櫃及直營門市並重，年營收14.8億元（即人民幣3.7億元），獲利達1億元（約人民幣2,500萬元），一舉超越台灣；2007年麗嬰房在大陸的獲利為7,200萬元（約人民幣1,800萬元）。

麗嬰房將以每年新增150個點的速度，拓展在大陸童裝業的市占率，2011年在大陸的總據點數就可達到800個點，因經濟規模擴大，開店效益浮現，使2010年大陸獲利顯著成長。

二、台灣出生人口下滑，是最大困境

因市場規模就是這麼大，新生兒出生人數預估跌破20萬人，讓麗嬰房不得不藉由開闢新品牌通路、轉投資新事業，為營收及獲利注入活水。

麗嬰房2010年在台灣年營收23.5億元，原本預估2011年目標25億元，但預估將只達到23億元，2011年保守預估年營收成長率5%。

三、加速擴增代理品牌數

麗嬰房在大陸只有六個品牌，模式為授權、代理及自創，這樣的速度還是太慢。當務之急是積極洽談代理品牌，擴增在大陸的品牌數，提供消費者更多樣化的選擇。麗嬰房已與一家外國童裝品牌洽談進入最後階段，預計2011年就可與消費者見面。

四、已成功在上海市建立起「童裝王國」聲名，未來營運據點將成長到2,000家

上海麗嬰房嬰童用品有限公司總經理李彥表示，到2010年為止，公司規劃每年的營業額目標都能有35%的成長，而在不扣除成本支出的情況下，預計2011年大陸市場的零售業績目標為5.4億元人民幣（下同）。2007年為7.4億元，大約是新台幣30億元。

前進大陸市場十多年的上海麗嬰房，已成功的在大陸內需市場建立起「童裝王國」，也成為上海閩行區的繳稅大戶。來大陸十二年的李彥說：「1993年來上海時，現在最熱鬧的淮海路一到晚上十點就沒什麼遊人在閒逛，那時台商主流是做加工製造，談到做內需市場銷售，很多人都會用懷疑的眼光看著我們。」。

目前麗嬰房在全大陸市場有2,000名員工，650家直營銷售點，占公司大陸所有銷售點的七成以上。而上海、江蘇、浙江等地仍是麗嬰房的主戰場，僅上海一地就有150家直營點。按照麗嬰房的規劃，未來三年希望大陸市場的營運據點要能成長到2,000家。

五、中國市場廣大，各地區差異性更大

「大陸的經濟成長和『少子化』現象有利於麗嬰房的成長。」李彥提到，過去的大陸是「五個小孩穿一條褲子」，如今則是「一個小孩穿五條褲子」，市場的消費能力不斷增長。

由於大陸市場廣大，各地區差異性更大，未來麗嬰房會根據氣候及地方經濟差異，把大陸市場劃分為北部、東部、西部等範圍。例如，東部地區的經濟實力強，消費者喜歡更為細緻的服務；北部地區則因為氣候變化大，將會有七、八成的童裝，與台灣所推出的樣款是不一樣的。

另外，許多新的點子與觀念在台灣上路後，麗嬰房也會嘗試在大陸市

場推行。例如，三年前麗嬰房在台灣成立的「Open for kid」，即專門銷售專業運動休閒童鞋，但由於台灣市場小，經營得較為辛苦，如今公司有意把「Open for kid」這個點子搬到大陸。

六、成功關鍵在通路布建及人才培養

「通路布建和人才培養是最重要的。」談到麗嬰房未來幾年在大陸的發展，上海麗嬰房童嬰用品有限公司總經理李彥強調，通路布建方面仍要持續進行，憑著先前打下來的基礎，讓麗嬰房可以依靠通路取得競爭優勢。

李彥說：「現在新進入的業者若要做通路，得要花上更多的心力和成本，沒有花費幾年功夫，別想做得起來。」

這幾年麗嬰房的銷售點愈開愈多，相對衍生出來的一個問題就是對人才的需求與培養。上海麗嬰房對人才的需求不僅大量，還要求具備一定素質，才不會砸了公司的招牌。

七、要求大陸員工回台灣受訓

「我大概是第一個帶大陸員工回台灣受訓的台幹吧！」李彥回憶，1995年的時候，公司向台灣政府部門提出申請獲准後，他就帶了五、六個大陸員工到台灣受訓，之後，帶大陸員工到台灣幾乎成為麗嬰房每年的「例行公事」，2008年就有兩批共三十多位的大陸員工到台灣受訓。

李彥說：「其實這些大陸員工留在台灣的時間不會太長，公司讓他們來台灣，主要目的不外乎是『犒賞、觀摩、感受』，讓他們更進一步了解公司文化及精神，增強對企業的向心力。」

李彥表示，由於公司不斷成長，現階段培養員工雖然重要，但仍有「緩不濟急」的感覺，因此麗嬰房也打算與上海的職業學校進行建教合作，重點是要培養銷售據點的未來店長人才。

（資料來源：經濟日報，2007年12月6日）

問題研討

1.請討論台商麗嬰房在中國大陸市場的經營成果狀況為何？

2.請討論麗嬰房在台灣市場的經營是否面對一些困境？
3.請討論台商麗嬰房在中國的未來發展策略及營運目標為何？
4.請討論中國大陸市場廣大與地區差異性的狀況為何？以及中國市場的成長潛力如何？
5.請討論上海麗嬰房總經理認為在中國發展成功的兩大關鍵為何？
6.請討論上海麗嬰房如何培訓上海當地員工？
7.總結來說，在此個案中，你學到了什麼？你有何心得、評論及觀點？

〈個案9〉統一企業投資入股西貢飲料公司，以進軍越南市場

一、看好越南飲料市場發展潛力

統一企業加碼布局越南市場，宣布參與越南最大本土飲料公司Tribeco（西貢飲料股份有限公司）現金增資，入股Tribeco，取得近13%股權，總投資金額約7,000萬元，未來雙方將合作開發東南亞的飲料市場。

統一表示，入股Tribeco主要是看好越南市場發展潛力。越南加入WTO後，進口原物料關稅會降低，且當地勞動力成本便宜，已成為全球勞力密集產業的重鎮，當地每年國內生產毛額（GDP）成長率達8%以上，長期商機可觀。

二、對發展東南亞市場具有綜效效益

這項合作案，由統一總經理羅智先與Tribeco最大股東越南京都集團董事長陳金城正式簽約後，同步對外發布。這也是統一繼楊協成後，集團在東南亞市場的第二個合作範圍涵蓋東南亞以及大陸市場的合作夥伴。

再者，越南緊鄰大陸西南，與大陸市場具有連結性，統一與Tribeco策略聯盟後，除可加速統一在越南市場的布局，也可把大陸西南與東南亞市場做區域整合，對統一發展大陸與東南亞市場深具綜效。

三、雙方結盟，將展開多方面合作

統一表示，越南飲料市場，一年規模達8.2億美元，折合新台幣270億元，目前仍是外資天下。統一在越南的飲料布局，偏重茶飲料、蔬果汁和豆奶，Tribeco在乳品和碳酸飲料占有越南相當大的市占率。

雙方結盟後，統一將可直接切入由Tribeco建立的完整通路體系，並藉由技術、產品、行銷和銷售的合作，進軍東南亞市場。雙方更可進行產品線分工、原物料共同採購、品牌相互授權等合作，統一也表示不排除再增加持股的可能性。

（資料來源：經濟日報，2007年4月26日）

四、統一企業在東南亞國家的策略聯盟合作案整理

	主要業務	合作夥伴	雙方持股	合作內容
泰國統一	飲料	楊協成	各50%	合資成立統一楊協成行銷公司，利用雙方在星馬泰等生產基地與通路優勢，共創雙贏。未來不排除共同進軍大陸市場。
印尼統一	飲料、速食麵	ABC公司	務50%	印尼前三大食品廠商ABC公司與統一合資設立印尼統一，發展當地市場。
越南統一	飲料、速食麵	Tribeco（西貢飲料控股有限公司）	統一持股13%	統一透過參與現金增資，持股13%，將進入董事會。未來將與Tribeco和其大股東越南京都集團共同發展大陸與東南亞市場。

資料來源：股市觀測站

問題研討

1.請討論統一企業採取何種方式進軍越南市場？為何不自己100%獨資去做？Why？

2.請討論統一企業與越南西貢飲料公司結盟後，雙方將展開哪些合作事項？

3.請討論統一企業在泰國、印尼及越南等三個國家市場，採取何種進入策略？

4.總結來說，在此個案中，你學到了什麼？你有何心得、觀點及評論？

〈個案10〉台灣寶成製鞋代工廠布局中國大陸4,000家運動用品零售連鎖店

一、將成為運動用品界的7-ELEVEN，也是中國最大的零售通路業者

寶成集團總裁蔡其瑞與執行總經理蔡乃峰指出，將整合中國大陸各地行銷通路成為一家專責公司，以「勝道（YY Sports）」品牌，主導大中華區的連鎖通路，計畫兩年內大陸零售店擴大到三、四千家，未來要挑戰成為全世界體育用品最大連鎖通路，且不排除在香港或上海申請股票上市。

寶成舉行股東常會，身兼寶成子公司裕元工業總經理的蔡乃峰強調，將由裕元轉投資建立連鎖通路事業體。

蔡乃峰強調，寶成發展大中華區連鎖通路，原計畫2009年底前達到1,000家，但2006年底就已達到1,451家，因此目標大幅上修為3,000-4,000家。

寶成將把目前大陸各地的通路整合為一家專責公司、以「勝道（YY Sports）」為企業Logo，提升品牌知名度。未來會採直營、加盟、併購等方式進行。蔡乃峰說：「我要成為運動體育用品界的7-ELEVEN。」

二、將替品牌客戶製鞋＋賣鞋

蔡乃峰強調，不會發展自有品牌運動鞋，會繼續與品牌客戶擴大合作。寶成只是在大中華區建立連鎖通路，替品牌客戶做鞋、賣鞋。

寶成2008年體育用品零售批發事業營收達3.05億美元且已獲利。蔡乃峰說，整合成為一家通路公司後，營收將會大幅增加，未來不排除申請股票上市，地點則會以香港或上海為考量對象。

至於在生產的布局，寶成2009年仍在印尼、越南及大陸等地持續擴廠。其中，集團在大陸安徽設立的鞋廠，將投資1億2,000萬美元，分三期建廠，第一期計畫於2010年初量產，生產非NIKE客戶的戶外鞋及便鞋，規劃月產能50萬雙；等安徽廠二、三期完成之後，新廠總月產能可達100萬雙；另集團旗下揚州廠的鞋子最大月產能為50萬雙，之後再看接單情況，再擴廠。

三、發展零售店的原因

蔡其瑞說，一雙離岸價格20美元的運動鞋，品牌客戶可能以40美元轉賣給下游零售店，獲利空間遠大於製造廠。銷售端的零售店賣給消費者的價格有可能達到80美元，獲利空間很大，這是寶成集團積極發展零售店事業的重要因素。

（資料來源：工商時報，2008年8月25日）

四、寶成國際集團的產銷布局概要

項目	目前成績
大陸零售通路	截至2006年9月的零售直營店640家；零售加盟270家。另分銷點2,100家，2006年零售與批發營收3.05億美元
籌設新廠	1.大陸安徽廠，分三期投資設廠，第1期廠房2009年初可投入生產 2.大陸揚州廠已量產，最大月產能50萬雙
生產線	截至2006年9月底止 裕元：大陸廠193條、越南廠114條及印尼廠66條 寶成：台灣廠3條
營運	寶成2008年營收142.24億元 集團2008年合併營收1,874.94億元

資料來源：寶成工業

五、寶成集團體育用品的零售布局

項目	代理批發	零售直營加盟
店數（2008年底）	分銷點2,100個以上	1,451店
品牌	Converse、Wolverine、Hush Puppies	Nike、Adidas、Reebok、Converse、Puma等
地區	大中華區獨家代理	中國大都會及二線城市
兩年內店數	未評估	3,000-4,000家，爭中國第一

資料來源：寶成集團

問題研討

1.請討論寶成製鞋代工廠在運動用品零售事業的策略布局及願景目標為何？
2.請討論寶成公司發展零售店事業的背景原因或目的何在？Why？
3.請討論寶成公司的生產布局狀況？
4.請討論寶成公司的零售布局狀況為何？
5.請上寶成公司官方網站了解這家全球第一大製鞋代工廠的營運狀況為何？其OEM代工世界級客戶有哪些？
6.總結來說，在此個案中，你學到了什麼？你有何心得、觀點及評論？

〈個案11〉台灣百和（LACOYA）品牌商品，展開世界性行銷布局

一、旗下三大服飾品牌，將展開世界性品牌的行銷事宜

已躍居全球傳統黏扣帶最大產值廠商台灣百和，2011年將兵分多路進行市場布局。台灣百和旗下無錫百和，將著手改為「股份制」公司，為該廠未來發展做準備，且自創品牌「LACOYA」與「PAIHO」，也已分別在義大利與西班牙註冊登記；加上集團已併購法國「LANCHE」男裝品牌，讓百和旗下三大服飾品牌，未來將展開世界性品牌的行銷事宜。

為擴大「LACOYA」生活館在亞洲市場的布局，台灣百和最近不僅籌設台北設計中心，並力邀曾任職於香港G2000等兩大品牌主管的姜廣華，擔任旗下LACOYA品牌總監。另外，LACOYA旗艦店最近又分別在大陸的無錫、杭州及上海等三地，各設立一家分店，預估2011年大陸銷售據點（含直營與加盟店）設定在100家左右。

LACOYA生活館，目前在台灣共有16處直營店，另有8家加盟店，其餘則在別家企業既有通路上設立販賣點。例如，奧黛莉內衣200家分店中，約有40家分店已有銷售LACOYA竹炭內衣與瘦身衣等相關商品。為擴大在台灣的LACOYA展店部署，台灣百和本月初又分別取得新東陽所經營的中壢與南投等兩處高速公路休息站，設立LACOYA專櫃的權利，目前該專櫃正在裝潢中。

另在大陸LACOYA展店方面，台灣百和最近又在杭州與上海開設兩處LACOYA旗艦店。台灣百和副董事長鄭國煙表示，未來LACOYA生活館設點的對象，將以百貨專櫃為主，大陸的步行街專櫃為輔。

至於大陸的內地方面，LACOYA生活館則以加盟展店為主。

另外，新加坡及馬來西亞的LACOYA展店計畫，林姓華僑剛取得LACOYA在當地的代理權，由於林姓華僑，目前是經營SPA業，未來除了在該SPA店內展示與銷售LACOYA相關商品外，也將在新加坡與馬來西亞等兩地，再開設LACOYA旗艦店，讓LACOYA旗艦店正式跨足東南亞市場。

二、LACOYA及PAIHO品牌商品進軍歐洲

另外，為訴求世界性品牌，台灣百和旗下「LACOYA」自創品牌，已著手在義大利登記品牌，未來將搶攻功能性的服裝，包括竹炭服飾與相關商品；而旗下「PAIHO」自創品牌，已在西班牙登記品牌，未來將主打女性時裝。至於台灣百和已併購的法國「LANCHE」，未來將以銷售男裝為主，預計2011年秋冬時，即可推出中高檔價位的男裝運動休閒服飾。

三、大陸及越南均設廠

台灣百和集團越南廠，2008年底剛接獲IKEA公司的DIY書架所需射出型黏扣帶訂單，總訂單金額為70萬美元，加上越南近幾年經濟起飛，使

得越南廠未來營運看好。

台灣百和副董事長鄭國煙表示，應越南政府的邀請，越南廠擬於2011年底至2012年規劃股票上市，而越南廠之所以會選擇在當地股票上市的主因，主要是要因應未來東協發展趨勢所致。

集團旗下無錫百和的股本，目前將改為「股份制」，並進行資本公積、盈餘公積與未分配盈餘轉增資作業。據了解，在股份制換算股本之後，無錫廠的股本為2億元人民幣。由於大陸廠2008年已是集團最大的營收來源，且無錫百和又是旗下各家大陸廠之中，最大的營運主力，因此，無錫百和2009年發展的爆發力，不容小覷。

鄭國煙說，無錫廠2009年除了持續深耕黏扣帶等主力產品外，也會加強射出型黏扣帶（俗稱射出鉤）運用在消費性3C成品加工方面。目前該廠已陸續承接蘋果電腦的iPod擦拭布、iPhone手臂袋，及華碩電腦的擦拭布等接單。其中，光是擦拭布一年接單金額就高達新台幣1億5,000萬元。他強調，跟消費性有關附屬材料與副料，未來都是無錫百和發展的重點產品。

（資料來源：工商時報，2008年1月8日）

四、台灣百和公司營運概況表彙整

地區	96年合併營收（億元）	最新計畫
大陸廠（含無錫、東莞等工廠）	約33	無錫百和股本改為「股份制」，並在無錫、杭州及上海設立「LACOYA」旗艦店
越南廠	約7.3	擬2009年底至2010年間規劃在當地股票上市
百和歐美子公司	約4	旗下「LACOYA」、「PAIHO」兩個自創品牌，著手在歐洲登記品牌註冊
台灣總公司	逾16	成立台北設計中心，著手開發LACOYA相關商品，並在台灣持續展店

資料來源：台灣百和

問題研討

1.請討論台灣百和公司的全球行銷布局為何？
2.請討論台灣百和公司「LACOYA生活館」在台灣及大陸的據點發展狀況為何？
3.請討論百和公司在大陸及越南設廠狀況如何？
4.總結來說，在此個案中，你學到了什麼？你有何心得、評論及觀點？

〈個案12〉台商三陽機車工業坐穩越南市場，瞄準東協市場

一、三陽機車在越南九年才轉虧為盈，2007年在香港掛牌上市，成為新興的越南概念股

1月底的週日早上9點，胡志明市內五星級飯店內已經外商雲集，只見各國人士寒暄，等待著頒獎典禮正式開始。

這是當地最大英文期刊《西貢時報》（*Saigon Times*）40大最佳公益外商的頒獎典禮。得獎廠商之一，台灣三陽工業轉投資越南，以SYM品牌打下摩托車一片江山的VMEP總經理陳邦雄親自出席領獎。自從1992年轉投資越南，三陽賠了九年，終於從2001年開始賺錢。從2000年一年賣出3萬多台摩托車，到2007年賣出21萬台，SYM的發展歷程，反映了台商到越南發展的軌跡。

VMEP在2007年12月20日正式在香港掛牌上市，成為新興的越南概念股。

2008年到越南，不管走到哪個地方，都是滿街的車子。但是1992年三陽初到越南投資時，「那時是滿街沒有車，也沒有旅館。」陳邦雄回顧當年。

二、建構協力廠體系，穩定在地化生產競爭力

VMEP虧損多年，後來轉虧為盈的關鍵，是先從建構起協力廠商開

始。

陳邦雄回顧，1998年他剛外派越南時，除了越南當地消費力尚未崛起外，跟著三陽前進越南的協力廠商也只有16家，根本競爭不過當地廠商。

「從台灣進口零件，關稅是40%-50%，從東協進口到越南，只有0-5%，怎麼競爭？」陳邦雄說。

找出關鍵問題後，2000年陳邦雄特別在全台灣跑了好幾圈，也到大陸主要的機車聚落包括江西、浙江、廣東跑了一圈，想辦法說服協力廠商到越南，有時候為了看一個廠，要坐車4小時，他笑說：「那時候感覺會坐車坐到得痔瘡。」

2008年，VMEP在越南已經有50幾家協力廠，穩住了在地化生產的競爭力。

三、發展高價位機車，穩住高獲利率，證明行銷策略的正確性

VMEP成長的第二個關鍵是發展更高價位的，不需要變速打檔的速克達機車，穩住高獲利率。

一般越南流行的國民機車是價位約1,300萬越盾（約新台幣2萬8,000元），俗稱CUB車。但是這種機車中間有個橫桿，造型也不優雅，女性騎士大感不方便。因此1998年後，VMEP陸續推出針對女性設計的速克達（SCOOTER），取名為ATTILA，儘管售價比一般機車貴1倍，達2,600萬越盾（約新台幣5萬2,000元），卻大受歡迎，被越南人形容為：「越南婦女的夢中情人。」

「越南是女性社會，女性撐起一片天，這種機車已經變成女性身分與定位的象徵。」外派VMEP約一年的管理部經理李元策說。至今ATTILA仍每個月賣出1萬1,000多台，占公司一半營業額。

持續搶攻高檔速克達市場，其實也正是VMEP的發展策略。2007年8月，VMEP甚至推出更高階的女性速克達伊莉莎白，一台賣到3,100萬越盾（約6.2萬元新台幣），一樣賣到缺貨。2008年VMEP已針對男性推出150CC、價位4,000萬越盾（約8萬元新台幣）的男性速克達。

四、目前居市場第4大，仍有成長空間

目前在越南有四大機車外商，第一是日本HONDA，一年可賣110萬台；日本YAMAHA居第二，可賣50萬台；VMEP居第三，約21萬台；日本SUZUKI 2007年賣5萬多台。儘管整體市場量比不上HONDA與YAMAHA，但是在速克達機車市場裡，HONDA市占率32%，只比VMEP多2%，讓VMEP策略更聚焦，希望拿下越南速克達的第一品牌。

一方面，越南市場還有很大成長空間。根據VMEP市場調查，台灣每1.9人有一台機車，越南是每4.2人才有一台，而且越南的國民所得目前不過809美元，「從800美元到3,000美元的經濟成長，至少要走十年，所以機車業在越南的市場前景還是很看好。」陳邦雄說。

五、以越南為跳板，進軍東協龐大市場商機

事實上，步入2008年的這一年，也是VMEP進入越南十六年後，非常重要的一年。因為從2007年底香港上市成功後，VMEP的新發展遠景，就是把越南當作前進東南亞國協的基地。

不只越南有機會，越南附近的東南亞國家更是潛力無窮。「東協十國每一年超過1,100萬台機車銷售，有些國家像寮國或是柬埔寨根本尚未開發。」陳邦雄看好越南鄰近國家市場，VMEP也開始從越南出口機車，例如2007年就出口到菲律賓2萬多台，計畫逐漸拿下東南亞市場。

六、未來重點策略必須提升整個品牌形象、投資通路並強化研發中心

2007年底釋股25%，取得1億美元資金的VMEP，資金最主要用途就在打品牌、擴通路與投資在已於2009年完工的研發中心上。

越南政府自2008年1月1日起，首次允許外資企業可以買賣土地，看好這一波機會，VMEP計畫將募資所得六成拿去投資代理商或是零售據點。目前VMEP共有230家代理商，不排斥自己直營或是入股，好全面提升整個品牌的形象。

2007年VMEP就邀請台灣偶像歌手183club到越南開演唱會，大受當地年輕人歡迎，各重點機車行也都重新裝潢，由VMEP統一指導，發給海報，並以新潮、動感、時尚為主題。

事實上，隨著越南愈來愈富裕，機車市場也逐漸從製造導向，轉變為行銷導向。最近走進VMEP的機車專賣店，都會看到巨型海報，上面是三個在打坐的都會熟女，畫面飄逸唯美，宛如日本化妝品廣告，這也是為了推出伊莉莎白女用高單價機車而設計的。2009年4月已完工的研發、設計與試車中心，更是VMEP前進東協十國的新武器，「屆時所有外資車廠中，從市場調查、研發、生產到銷售，只有我們全部都有。」陳邦雄對著一大群協力廠商描繪他的未來策略。然而，三陽的企圖不止於此，他們與工研院創意中心、麻省理工學院合作開發電動折疊車，不只為創新產品。更為團隊注入新的刺激、活化組織思維。在大陸、越南也大筆投資成立研發中心，以更接近市場，建立全球協同設計平台，加快商品創新速度、降低生產成本。

不管如何，還是實力最重要，環境因素不是產業本身可以控制的，但產業可以做的是，培養自己的實力。

七、必須與當地社會結合，回饋越南地方，才能成功

在越南，不能把自己定位為一個外來品牌，要跟當地社會結合，抱持「取之於社會，用之於社會」的態度，所以，三陽做了很多慈善事業，例如蓋學校、認養孤兒、造橋修路等，還帶著協力廠商一起做，並打出與越南共發展」的口號，獲得社會的認同。

他們對品牌很執著，認為機車就是要本田，三陽的品牌強度雖不如本田、山葉等日廠，但做不一樣的事情，從社會參與漸漸連結到產品，讓消費者感覺三陽的產品是適合當地社會的需求。

（資料來源：遠見雜誌，2008年3月1日，頁202-208）

問題研討

1.請討論三陽機車在越南多久才使公司轉虧為盈？目前一年賣多少台？為何九年才能轉虧為盈？Why？

2.請討論三陽機車轉虧為盈的兩個關鍵因素為何？

3.請討論越南機車市場的成長空間有多大？目前三陽機車市占率為多

少？日系機車的市占率如何？

4.請討論三陽機車在2007年於哪一個國家上市股票？其目的何在？

5.請討論東協機車市場規模有多大？三陽機車是否計畫拓展？

6.請討論三陽機車未來的三個重點策略為何？為何要做這三件事情？Why？

7.總結來說，在此個案中，你學到了什麼？你有何心得、觀點及評論？

〈個案13〉台灣寶熊漁具勇於創新，逆中求勝，躍為全球第3大釣具品牌

一、開發新型釣魚捲線器，在全球市場一炮而紅

全球頂級釣魚捲線器市場，長期以來一直是被SHIMANO、DAIWA等兩大日商攻占局面，但在台灣寶熊漁具近兩年來接連研發出具橢圓齒輪傳動結構的EOS新型釣魚捲線器，及為美商TIBURON公司代工生產每具售價達2萬餘元、可自動變速的高級捲線器，在全球市場一炮而紅後，已打破此種均勢。

寶熊漁具總經理鄭俊文強調：「由於我們不斷在漁具市場導入新創意、新技術與新產品，除了在南非、智利與英國等地的釣魚捲線器市場，我們都已經拿下了第一之外；2007年澳洲地區的銷售額，也首度達到150萬美元，在當地擊敗群雄。

另外，紐西蘭市場因銷售成績亮麗，同樣有機會成為當地的第一大品牌，使得寶熊與SHIMANO、DAIWA等國外競爭者在全球市場的差距正逐漸縮小中，很快應可以平起平坐。

二、在高低檔漁具上，均裝上EOS捲線

寶熊2008年能在國際主要漁具市場攻城略地，要歸功於該公司一項很重要的產品策略，即把2007年新開發出來的EOS橢圓齒輪傳動結構，全面配置到各類型捲線器上，不再侷限只裝置在高階產品上，讓其全球市占率得以大幅提升，並成為打擊競爭對手的主要工具。

寶熊漁具經理余俊傑進一步指出，EOS捲線器具備拋竿更遠、目標更準確、收竿不塞線、釣線不易損壞等多重優點，把傳統圓形齒輪結構捲線器的諸多缺失都解決了，推出後深受專業釣客的歡迎，有效提升了寶熊的品牌知名度。

但如果僅把它定位在高檔捲線器，銷量將受限，且不利於寶熊未來與日商繼續爭霸全球市場，因此公司決定調整產品經營策略，將其市場向下延伸，使得寶熊從300餘元的低階產品，乃至上萬元的高檔捲線器，都已全面裝置了EOS，形成在市場大小通吃的現象。

「即使是一顆僅區區數百元的捲線器，我們也把它的圓形齒輪傳動結構改為EOS，讓一般釣客也能感受它的好用！其與1萬元一顆的專業級EOS，所差的只是它的材質可能是塑膠，而不是鋁、鎂、銑等輕金屬，耐用性稍差一點，但並不影響其性能表現！」余俊傑說。

三、在世界三十餘國，申請專利

在寶熊全面主打EOS牌效奏，在世界各主要國家釣具市場形成流行話題，加上先前又為EOS申請了三十餘國的保護專利，製造了進入障礙，讓競爭對手不易跟進下，寶熊過去所建置的350萬顆捲線器年產能，因國際訂單湧入，供不應求，生產線擠爆，客戶下單後約需拖到四個月後才能取貨，較以往多出1倍時間。

四、獲得美國TIBURON高級品的代工訂單

寶熊是由一群對釣魚具高度熱忱的年輕工程師於1986年所創立，其強項在於研發，除了EOS的開發備受世人刮目相看外，該公司於2006年底破解了美商TIBURON公司的製造技術，進而為對方代工與行銷生產全球最頂尖的釣魚捲線器，也一直為業界所津津樂道。

位於美國加州的TIBURON，雖然只是一家傳統的小型船釣捲線器製造工廠，產量不大，但件件都是精品，使其產品售價相當高昂，連業界龍頭的日商SHIMANO以及美商的PENN等業者都瞠乎其後，被譽為是船釣捲線器業界的「勞斯萊斯」。

而TIBURON所研發的頂級釣魚捲線器，具備獨特的專利技術，能自動感測魚兒是否上鉤，當沒有魚時可進行高速收線，有魚時又能自動轉為

低速檔，使得收線時更為省力；這樣的傳動設計，與自排汽車在上坡時能自動跳回低速檔，提供豐沛的動力輸出，頗有異曲同工之妙。

TIBURON為了降低在美生產的高昂成本，先前已洽談過全球多家捲線器OEM大廠尋求合作，其開出的條件是合作廠商必須具備一流的產品開發能力，即拿到技術圖後，就需馬上破解其設計原理，且需擁有關鍵零組件的加工能力，來進行量產事宜。

2006年10月，寶熊開發部協理廖清柏銜命前往美國，與TIBURON公司高層洽談技術合作；五天後當他返抵台灣後，即先從繪製設計圖開始，逐一複製零組件，並在徵得TIBURON原廠的同意下，將舊齒輪結構的若干缺點加以改進，最後完成組裝，送樣給TIBURON公司進行檢測，讓對方首度看到一顆比原廠精密度更高、操作更順暢，且幾乎沒有瑕疵的複製品，不禁嘆為觀止。

結果，TIBURON高層很快就決定，將全部訂單下放給寶熊生產，並委由寶熊協助其拓展國際市場；而該顆擁有專利技術的捲線器，每顆售價高達700餘美元，是寶熊所生產過最高檔的產品。

總經理鄭俊文認為，TIBURON的大訂單能夠順利落袋，主因寶熊長期以來都在為國際大品牌代工，對捲線器的結構不僅知其然，也知其所以然，所以能徹底洞悉對方產品的缺失與不足處，並加以精進，終能贏得對方的信任。

五、95%產品均外銷，美國為最大市場

基於兩岸分工及全球布局需要，寶熊目前在台港及大陸東莞各設有生產工廠，另在美國及德國分別設置了發貨倉庫與研發設計中心，2008年度其釣魚捲線器產量達350萬顆，年營收約15億元，較2007年增加15%，在全球釣具廠商中排名第三。

寶熊產品中有高達95%是銷售到國外，最大市場為美國，約占其整體營收比重的四成；其次為歐洲，約占三成，其餘為中國大陸與南美，台灣僅占其5%左右。

面對全球化競爭時代的到臨，寶熊近幾年也積極擴大釣具產品群，在東莞廠區設置了數個新廠，產品種類涵蓋釣竿、釣線、釣鉤、釣餌及其他周邊產品等，加上EOS捲線器專利產品2008年度才剛發威，預估2011年營

收仍有15%以上的成長空間，目前公司也積極籌備在台股票上市事宜。

（資料來源：貿易雜誌，2008年3月號，頁48-51）

問題研討

1.請討論寶熊公司因為開發哪一種高級產品而使公司業績扶搖直上？該產品的優點為何？
2.請討論寶熊公司如何為EOS捲線器做保護權利？
3.請討論寶熊公司如何獲得美國最頂級釣具公司TIBURON公司做OEM代工訂單？
4.請討論寶熊公司的生產工廠、發貨倉庫及研發中心設在何處？最大市場為哪一個國家？未來發展策略何在？
5.總結來說，在此個案中，你學到了什麼？你有何心得、評論及觀點？

〈個案14〉台升家具成功進軍美國的自創品牌之路

一、移廠中國大陸東莞，重拾競爭力

「當年，台灣的土地價格飆漲、勞工短缺、生產力低落，直接投資經營成本過高，已不適合家具產業的生存，更不用談企業的發展空間了。」台升家具董事長、同時也是現任東莞台商協會會長的郭山輝回憶說：「有的台灣木製家具廠選擇到印尼、馬來西亞投資，但我認為中國大陸遼闊的土地與廉價的勞動力，才是像家具這一類傳統產業真正可以發揮的地方！」

其實，台升家具首次登陸投資的地點——東莞大嶺山，本身並不是木材的產地，又何以會雀屏中選呢？其中的關鍵，似乎也正是奠定台升家具今日基礎的思考關鍵——大規模生產。

郭山輝指出，台升家具想要的是快速擴大產能，並縮短移轉的陣痛。而東莞大嶺山的低廉勞力成本、優越的地理位置以及租稅優惠，正符合台升家具尋求大量生產的需要。

而事實也證明，一貫化、大量生產的模式，已為台升家具帶來極大的成效，「由於切割、組裝、貼皮、噴漆、包裝出口的一貫化作業模式相當成功，再加上品質管控良好，世界各地的客戶蜂擁而至，台升家具的業績也獲得大幅成長。」郭山輝說。

二、代工榮景有限，開始自建通路及自有品牌

代工的榮景總是有限。「在代工的後期，同業間降價搶食客戶，市場已陷入一片削價紅海之中！」郭山輝指出台升家具在中國發展近十年後的深刻體驗，而為跳脫追求市場占有率的迷失，台升家具自1999年起開始向「自建通路」轉型，以「Legacy Classic」中價位品牌，布局美國市場。

三、以併購策略，成功立足美國品牌市場

90年代早期專業代工的訓練，以及後期自建美國通路的舉措，其實只為台升家具站穩擴張的第一步，若要說台升成為世界級的家具大廠，還不得不記上郭山輝成功的併購策略一筆。

2001年，家具業的大廠——環美家具（Universal Furniture），傳出要出售的消息，原本並無併購計畫的郭山輝，在商談之後，覺得這是另一次建立自有通路的良機，於是買下這家曾是業界老大哥的公司，正式成為台升家具在美國的第二通路。

台升家具在併購環美的品牌與通路後，先是關掉了環美在美國的倉庫與三個零散的工廠，改以在中國的龐大產能與倉儲設備為後盾，為美國的經銷商依訂單包裝、裝櫃，運送至美國各個家具賣場，不但大大節省在美國的經營成本，供應時效也大為提高。

在品牌的定位上，台升家具的Legacy Classic品牌以「優質、比較優質」的級別搶占美國中、下價位市場，而Universal Furniture則主攻「最優質、比較優質」的中、高價市場，兩種品牌的設計包羅傳統到現代，品項包括臥房、飯廳、客廳及家居辦公家具等，提供超過六十種系列，合計4,000多項產品。

2006年，台升家具又再度併購了美國著名的沙發公司——Craft Master，成為第三條品牌與通路，正式挑戰美國深具傳統內涵的沙發市

場。那麼2007年又會有什麼動作呢？「我們可以再併大一點的公司！」郭山輝說。

自2001年開始，台升家具放棄了代工業務，完全走向自建品牌與通路，而在投資上，也更加採取大型化策略，一般蓋一座家具廠只要花5億元新台幣，但台升家具足足用了14億元，為的就是獲取規模經濟的效益。

四、形塑垂直整合優勢，重拾高階代工市場

在郭山輝的經營策略裡，要打的是一場「垂直整合」的戰略。台升家具透過中國工廠與在北美的品牌與通路優勢，整合集團的生產與行銷利潤；另外，透過產、銷之間的整合，快速因應市場變化，開發更符合市場需求的產品，並縮短客戶庫存與市場預測時間。

「經過整合，從客戶向台升下訂單，到出貨送至客戶手中，足足比傳統方法省了兩個月的時間。」郭山輝說。

郭山輝指出，外銷成功的三項要素，不外乎：「合理的價格」、「品質優良」、「交貨準時」，而這也似乎是台升家具廣泛受到業界矚目的原因。近年來，台升家具以其「成本低、品質佳、交貨準」的供應特色，已重新獲得如Thomasville Furniture、Lexington Home Brands及Henredon Furniture Industries等知名家具公司的代工業務。

目前，台升家具以東莞廠為基地，為他的競爭對手提供高階家具的代工業務，展開另一階段的市場競合關係。而此一借力使力做法，台升家具不必自建通路，是繼中低、中高階品牌市場之後，又以另一種形式搶占高階家具市場。

從代工到自建品牌、通路，然後又再走向代工與品牌的雙軌道路，台升家具挑戰了市場的競爭規則，這也正凸顯了台升家具在全球家具製造、供應、行銷的優異能耐。至於，未來的目標呢？「台升仍然要專心本業、擴大在歐洲的布局，並朝向沙發及各類家具的發展與整合。」郭山輝說。

五、授權美國人經營好美國市場，台升只負責財務控管而已，自建通路才能成功

當然，台升家具自建通路所面對的問題並不止於此。郭山輝深知自建通路的困難在於跨文化管理與空間差距的問題，於是採用了充分授權與分工的模式，不但訂定制度、尊重專業，並以業績、預算成效掛帥。

「我們採取完全CEO並附屬CFO的制度，因為在美國要去教美國人如何開發市場、如何控制成本是不對的！」郭山輝解釋他的授權理念與成功打入美國市場的第一個關鍵，「其實也就是說，美國的CEO全權負責目標、獎金、預算（銷售、成本）的嚴格執行，而台灣只派一位CFO到美國負責管錢，財務的事CEO就完全不用理會了。」有了這樣的授權與分工，台升家具在美國通路的布建，算是相當順利、成功。

六、建構全球最大家具倉儲供應系統，提升物流效率

其次，台升家具另一個成功打入美國市場的關鍵是——提供買方更好的物流模式。

在傳統的木製家具物流模式下，一般是由代工廠船運送交進口商倉庫儲存，當經銷商下訂才包裝、出貨至買方倉庫、店面。在如此冗長的物流過程裡，「搬上、搬下，上、下貨太多次，包裝不好就完蛋了，成本也會Overhead。」郭山輝道出長期以來家具業傳統物流的效率損失。

對此，台升改變了家具的物流策略，改以提供進口商在中國大陸的物流倉庫，待經銷商下訂，即可在倉庫取貨、裝船出口，直接送至經銷商倉庫或店面，稱之為「綜合直接貨櫃」服務。

「在過程中，買方仍然另付了一次國際運費，但人工搬運成本省了三分之二，總成本節省了25%，在時效上也提升了二十五天。」郭山輝仔細核算了新物流模式的經濟效益。「而這樣的模式對已經走向少量多樣的家具採購服務相當有利，同時也減少對毛利的壓力。」郭山輝又說。

「綜合直接貨櫃」的物流模式是台升家具非常自豪的競爭優勢，在這個模式之下，由發出訂單起算，將貨物交運至美國西岸一般花費約四週，到美國東岸則需時約六週。對台升家具的客戶而言，在此模式下，可以減少存貨的投資金額以及持有成本，並可將其訂購的多種家具產品集中

在一個貨櫃中交運，不但滿足了降低經營成本的需求，甚至能提供「door to door」的全程服務。

另外，對於急需或無貨倉、店鋪的客戶來說，台升家具也提供在美國東、西岸貨倉與業務據點的「貨倉訂單」服務，使客戶能取得最便捷的供應管道。

因此，總結來說，台升家具以其在中國大陸與美國的倉儲實力，讓客戶可按短、長期的不同需求下訂，而其靈活的供應鏈管理，也為台升家具創造更大的交易空間，促成產銷雙贏的局面。

（資料來源：貿易雜誌，2007年2月號，頁42-45）

問題研討

1.請討論台升公司為何要移廠中國大陸廣東省東莞？
2.請討論台升公司面對代工榮景有限的不利狀況下，採取了什麼因應對策？
3.請討論台升公司在美國的併購策略為何？為何要如此做？
4.請討論台升公司如何形塑垂直整合優勢？
5.請討論台升公司未來的目標呢？
6.請討論台升公司如何經營管理在美國的自有通路？為何要如此做？Why？
7.請討論台升公司的物流系統有何特色？如何做？
8.總結來說，在此個案中，你學到了什麼？你有何心得、評論及觀點？

〈個案15〉台商成霖企業邁向全球衛浴廚具精品市場的領導品牌

一、徹底省思所製造的產品是否真的是市場所需要

成霖企業董事長歐陽明多年來不斷勉勵與教育員工——「將不起眼的

小水珠化身為美味的甘霖」、「引導自己及周遭的人成為社會正面向上的力量」，讓成霖的員工能因此洞悉人的生存價值與工作真諦，義無反顧、勇往直行，不會茫然、失去方向。

歐陽明強調，企業的存在不在於盲目的追求營業額的極大，而是應該徹底省思所製造的產品是否真的是市場所需要，如果不是市場所需要的東西就不要去生產，而即使是一小顆不起眼的小水珠，也要設法讓它化身為可口的甘霖，達成滋潤萬物的功效，如此，企業存在的價值就會被彰顯，而這也是歐陽明最早要將公司取名為「成霖」的原因了。

二、全力投入單把水龍頭製造，成為亞洲最大製造商

個性一向浪漫的歐陽明，年輕時從淡水工商觀光事業系畢業後，未步上休閒旅遊的工作領域，卻因英語能力強，於28歲創業，做起建材五金貿易生意，1980年因看到單把手水龍頭將全面取代冷熱分離水龍頭的龐大市場商機，歐陽明決定關掉貿易公司，全力投入水龍頭製造領域。

靠著掌握產品全程設計與研發，加上良好的工廠管理能力，成霖贏得美國大客戶Homedepot的力挺，拿下OEM與ODM訂單，讓其逐步發展為國內，也是亞洲最大的衛浴水龍頭製造廠。

成霖在1999年上市後的前幾年，每股獲利大抵都能穩定保持在4、5元的水準，在業界維持領先，但歐陽明卻不想就此沉浸在成功的掌聲中，為了挑戰更高的經營境界，開始調整營運，步伐加速、向前邁進。

三、展開新營運成長策略，自創品牌及併購雙管齊下

歐陽明指出，在新營運成長策略的驅動下，成霖除了先前在北美以及中國大陸衛浴精品市場自建的DANZE、GOBO等兩個自有品牌之外，包括德國衛浴配件大廠LENZ、義大利衛浴精品品牌PADO，以及在美國陶瓷衛浴設備業界擁有七十年歷史的GERBER，近三年來都被成霖逐一併購，成為其集團旗下一員，讓成霖成為國內、甚至是全亞洲擁有最多衛浴精品品牌的企業集團。

更讓國內媒體出奇不意的是，歐陽明不僅在歐美市場併購知名品牌動作不斷，2001年9月中旬更決定投資1億3,000萬元買下安德成科技52.05%的股權，及斥資4億8,300萬元購下麗舍生活國際80%的股權，引發國內相

關業界高度注目。

歐陽明強調，安德成科技是淨水器產品的專業通路商，在國內擁有完整的實體通路與豐富產品線，且淨水器產品主要安裝於廚房，該市場現地快速成長中，符合成霖跨入廚具產業的發展策略與擴大通路版圖的需求，決定加以投資。

至於麗舍則是國內第一家引進世界頂級衛浴廚具精品的業者，在高級廚具與衛浴行業擁有超過二十五年的行銷經驗以及品牌口碑，專走豪宅設計師客製訂單路線。目前更積極將經營觸角延伸至中國大陸，在上海設立營運據點，如能與成霖集團過去在衛浴產業的垂直整合、品牌建構、管理流程以及全球策略布局的豐富經驗整合，將有機會發展為兩岸大中華衛廚精品市場的領導品牌。

四、將經營觸角延伸到廚房產業

成霖會將經營觸角再伸向廚房產業，歐陽明強調，主因其全球市場規模高達327億美元，但國內外卻鮮有大廠跨入，競爭程度不高下，擁有高毛利率可期。其次，衛浴產業與廚房產業市場通路近似，終端客戶購買習性也相當接近，擴大產品面後，成霖可利用既有通路銷售更多產品，發揮互補的綜效。

至此，可看出成霖的經營格局近幾年在歐陽明精心鋪陳下，已由原衛浴水龍頭，一路伸向五金配件、衛浴用品、馬桶、浴缸設備及廚房用淨水器、廚櫃設備與生活用品等，產品面相當完整與齊全，彰顯其未來要全面征服全球衛浴廚具精品市場的強烈企圖心。

五、掌握國際品牌與通路，開始擁有價格主導力

為了併購歐美具長期投資價位的知名品牌，與重新整頓中國大陸買入的美林衛浴設備廠，以及投入足以振奮市場的新產品研發，成霖近幾年來連年攤提了龐大的管銷研發費用，使其營運陷入空前低潮，2008年每股稅後盈餘更掉到僅約1元左右，為上市以來的新低點，脫離其以往在五金同業高獲利的形象。

但在掌握微笑曲線兩端之一的國際品牌與通路後，讓成霖在銷售市場上開始擁有價格主導能力，再搭配在中國大陸上市的成霖潔具子公司與併

購山東美林窯業後，所掌握的低成本製造優勢，使其利差不斷擴大，讓成霖開始享受「賣得少卻賺得多」的品牌利益，讓同業羨慕不已。

歐陽明舉例說，成霖在美國經營的DANZE自有品牌，初期因挹注龐大的通路與宣傳費用，一度虧損連連，但在跨過損益平衡點後的營運規模後，經營效益開始顯現，2008年獲利約350萬美元，2009年則有機會跳升到700萬美元，增幅達1倍。而併購GERBER後，成霖運用其在美國市場的歷史品牌優勢，2009年乘勢推出兩款兼具省水與低噪音功能的「超級馬桶」，在市場上銷售一夕爆紅，使該品牌也有提早在2010年轉虧為盈的可能。

成霖在各個自營與併購的國際品牌與通路效益開始浮現下，訂單湧入，讓其中國大陸各生產基地供應上顯得左支右絀，歐陽明日前與經營幹部在開會討論後，已決定加速在中國大陸建置新產能，其中山東美林窯業陶瓷設備廠方面，目前年產量可達180萬件，在成霖台灣母公司決定匯入325萬美元增建新廠與窯爐後，預計年產量可提高至280萬件，以充分供應GERBER，甚至成霖DANZE與GOBO等另兩個自有品牌，未來擴張衛浴設備市場所需。

（資料來源：商業周刊，1016期，2007年5月，頁110-111）

問題研討

1.請討論成霖公司為何能成為亞洲最大衛浴水龍頭製造商？
2.請討論成霖公司新營運成長策略有哪些？為何要採此策略？Why？
3.請討論成霖公司為何要將經營觸角延伸到廚房產業？Why？
4.請討論成霖公司掌握國際品牌及通路之後，有何效益？
5.總結來說，在此個案中，你學到了什麼？你有何心得、評論及觀點？

〈個案16〉荃瑞企業奈及利亞拓銷經驗——愈是辛苦的地方，愈是有機會成長及獲利

一、到「市場去深耕」的行銷導向

「我們公司的經營型態跟別家貿易公司有點不同，就是主張『到市場去深耕』，以行銷為導向，而非以生產為導向。」一年中要出國二十多趟，以便掌控全球的市場趨勢及經銷情況的荃瑞企業董事長吳迺松，笑著解釋荃瑞的發跡及經商型態。

1980年代，荃瑞在創始之初，並不像一般貿易商選擇已開發國家像是美國或日本等，作為經商貿易對象，反而選擇遠在地球另一端的非洲國家——奈及利亞，作為事業發展的起點。

二、選定奈及利亞為主要目標市場

「其實可別小看了這個非洲國家，早在80年代，奈及利亞因為擁有油田資源，因此貨幣十分強勢，當地幣值兌換美元是1：1，但在物質方面，卻是需求大過於供給，就是看上這點，我們才決定投入這個市場。」吳迺松回憶當時進入奈及利亞的動機。而且由於是進口商，因此，在市場定位走高價位、高品質產品，確實受到奈及利亞廠商及消費者的歡迎。

剛開始荃瑞也是採用簡單的貿易機制，找尋當地的貿易商進口販售，單純的下單、出貨、驗收、請款。但一開始，就發現事情並不是想像中的單純。

因為奈及利亞畢竟是落後國家，並沒有多少人接受過教育，因此在經商觀念上仍停留在很原始的交易概念，也就是買賣及賺錢，其他像是誠信、良好的顧客關係等都不重要，再加上奈及利亞的社會治安並不好，號稱是騙子最多的國家。由此可知，在這裡做生意，很容易有糾紛產生。

三、建立自己良好的經銷體系，並貼近市場需求，掌握消費者需求

吳迺松提出荃瑞早期常遇到的狀況，以買賣塑膠地毯為例，一般的交

易過程，是當客戶下單時，會先簽下合約並支付一半的訂金，之後荃瑞才會向中國大陸的製造商下單，並訂定日期交貨。但由於是越洋交易，因此，在交易過程中，難免會有匯率的波動，而當貨物抵達奈及利亞，並通知客戶來取貨時，對方一旦發現匯率上漲，導致自己有損失，或是利潤不夠時，便會認為荃瑞的報價不合理，進而要求退貨還錢。

但當荃瑞依合約退還一半訂金時，奈及利亞的客戶卻要求應該連同利息一起退回，否則就認為是欺騙……。類似這樣的糾紛層出不窮，導致經營階層必須疲於奔命處理外，根本無心把事做好，更遑論公司獲利。

後來吳迺松與荃瑞的經營團隊發現，事實上奈及利亞的市場需求量大，即使不走中間的貿易商，其利潤也相當吸引人，於是荃瑞決定建立自己的經銷體系，以高額的績效獎金及優惠措施，吸引良好的經銷商加入，並建立合理的行銷遊戲規則，這一切才漸漸走入穩定期。

「有了這套經銷體系後，所有產品訊息全都由第一線的經銷商提供，而不再是從貿易商那裡取得，相對市場訊息的取得更為直接，我們當然也更貼近市場，更能掌握消費者的需求。」吳迺松分析說。

於是產品也從塑膠地毯、電子產品、電線電纜、穩壓器，延伸至電視機、烤箱、果汁機等等的小家電，再加上公司一套健全的品管掌控，於是在1998年推出Qlink品牌，馬上席捲奈及利亞，成為當地數一數二的知名品牌。

（資料來源：貿易雜誌，2008年6月號，頁41-43）

問題研討

1.請討論「到市場去深耕的行銷導向」其涵義為何？

2.請討論荃瑞公司為何選定奈及利亞為拓銷市場？Why？該國有何優缺點？

3.請討論荃瑞公司為何要建立自己的經銷體系？Why？

4.總結來說，在此個案中，你學到了什麼？你有何心得、評論及觀點？

〈個案17〉花仙子打造亞洲知名芳香劑品牌

一、台灣第一個打破芳香劑產業的創業家

芳香劑、除臭劑、除濕劑、除塵紙拖把等產品，幾乎是現代家庭必備生活日用品，更是不少家庭主婦家務上少不了的好幫手。但是，對於二十四年前的人而言，這些產品可能聽都沒聽過，甚至，連使用芳香劑、除濕劑的概念也沒有。

不過，卻有一個人，在市場大環境尚未成熟前，在民眾需求尚未被喚起前，即大膽投入這個產業，製造一連串跟氣味有關的產品，創造風潮，帶動市場需求，讓台灣的芳香產品市場從零到有，後來並且成為「芳香劑」市場霸主。這個人，就是花仙子董事長王堯倫。

「那時候大家所認識的芳香產品，只有明星花露水，可是以國外經驗來看，芳香市場商機，其實很大。」王堯倫笑著如此說。二十四年前，台灣人民國民平均所得，約為3,000-4,000美元，根本不算富裕，對於生活品質和品味，要求也不高，可是，王堯倫觀察到，歐美先進國家在國民所得超過6,000美元以上時，對於芳香產品等日用化學消費品需求頗大，台灣經濟早晚有一天會到達這樣的水準，因此，化工科班出身的他，決定選擇當時幾乎沒人在做的芳香產品產業，開始他的事業，成為全台灣第一個投入芳香劑產業經營的創業家。

這樣的決定看似大膽、冒險，卻是王堯倫整整思考、規劃兩年的結果。在充分準備與計畫下，王堯倫一出手就成功。由他自行開發的第一項芳香產品——花仙子香香豆，上市就在全省小學生中造成大流行。1990年，王堯倫又從台灣潮濕的氣候中，觀察出除濕產品的需求，推出克潮靈除濕劑，結果又是大受歡迎，一舉奠定花仙子在國內除濕產品的霸主地位。之後，王堯倫又推出除臭系列產品——去味大師，以及驅塵氏除塵紙拖把等產品，結果依舊極受消費者青睞。

二、受到市場歡迎，成為台灣第一品牌

由於花仙子每一系列產品，均因為符合消費者需求，使用便利，因而受到市場歡迎，因此很快的便成為台灣第一大品牌，擁有超過50%的市占

率，連國外老品牌聯合利華、P&G都不是對手。甚至，花仙子這幾年在成功前進大陸及亞洲市場下，逐漸有成為華人世界裡聯合利華的架式。

由於王堯倫精準掌握創業利基，抓住台灣消費者需求，花仙子創業二十四年來，沒有虧過1毛錢，王堯倫更是從未向銀行借過錢。在無負債，沒有財務壓力下，花仙子創業腳步始終穩健，從2002年至2005年，花仙子每股稅後純益（EPS）都分別交出0.57元、0.55元、0.7元、0.93元的成績，營運表現一年好過一年，而且還獲得「突破雜誌消費者心目中理想品牌第一名」、「優良企業顧客滿意度金質獎」等殊榮，1999年還被《天下雜誌》評選為成長最快的100家中堅企業。而王堯倫個人更因此獲選為創業楷模，2008年並當選青創會總會長。

三、運用併購及策略聯盟，使自己能夠站穩

不過，花仙子畢竟不是國際大廠，如何在P&G、聯合利華等國際重量級企業挾殺下，找到一條屬於自己的道路，非常不容易。王堯倫發現，芳香劑、除臭劑、除濕劑等單價不高的產品，對這些猶如大鯨魚的跨國企業而言，是很難經營的市場，但是相對來說，這正是花仙子的機會。結果，王堯倫是正確的，這些單價不高，頂多百元以上的商品，因為成為家家戶戶必用的民生必需品，猶如小水滴，慢慢一滴一滴的滴出了屬於花仙子的大藍海，創造出非常驚人的商機與利潤，讓花仙子年營收均在6、7億元之間。

此外，王堯倫為了擴大市場規模，也運用併購以及與其他品牌聯盟等策略。2003年，他併購了台灣的潔氏公司。2005年，又進一步併購上海泰力康環保科技公司。在此期間，他與國際知名公司Sara Lee合作，取得銷售代理權，然後又和日本Duskin公司合作生產清潔打掃產品，並代理美國汽車用品專業製造廠Cyclo等品牌，在多管齊下之下，花仙子愈站愈穩，全球布局腳步也加大。

四、加大亞洲市場布局，成為亞洲家庭日用品領導品牌

目前，花仙子在菲律賓、越南、泰國等東南亞國家都有經銷商代理，在中國大陸沿海一線城市裡的量販店、超市、藥妝店，亦都可以看到花仙子產品。花仙子顯然已成為亞洲家庭日用品領導品牌。

不過，隨著花仙子事業版圖愈來愈大，員工成員橫跨東南亞，效率與溝通成為最大障礙，王堯倫決定耗費新台幣數千萬元，買了一套德國商用軟體SAP，希望建立一個跨國資訊管理平台，以減少語言和作業障礙，提升企業效率。

為了建置這個系統，所有員工白天上班時間，幾乎都在檢討流程，員工的上班時間，等於是從晚上6點課程結束後才開始，人人回到家都已經深夜了，這樣的日子總共持續了兩年之久。這整整兩年，王堯倫沒給員工加過薪，但是卻少有人離職。王堯倫欣慰的說，這顯示大家對於公司前景非常在意，也支持為永續經營所採取的做法。看到員工這麼辛苦卻仍相挺，他誓言一定會更加打拚來回饋員工。

（資料來源：貿易雜誌，2007年4月號，頁52-56）

問題研討

1.請討論花仙子王董事長的創業歷程如何？
2.請討論花仙子為何能在該類產品領域成為台灣第一品牌？Why？
3.請討論花仙子在國際大廠挾殺競爭下，運用哪些策略使自己能夠站穩？
4.請上官網了解花仙子的每年營收額及獲利狀況為何？
5.請討論花仙子在亞洲地區的拓展情況如何？並請上官網了解花仙子在海外布局的更詳細資料為何？
6.請討論花仙子導入SAP跨國資訊管理平台的目的何在？
7.總結來說，在此個案中，你學到了什麼？你有何心得、評論及觀點？

〈個案18〉成霖企業擴張全球品牌地圖與併購術

一、成霖併購國外品牌的三項考慮條件

攤開成霖的併購品牌地圖，品牌散布在美、歐、亞洲地區，在短短九

年間，成霖從一家水龍頭代工製造廠變成全球多品牌公司，版圖橫跨各大洲，垂直整合衛浴、廚房設備上下游的產業價值鏈，包括品牌商、製造商、通路商、進口商等多個品牌。

成霖併購的方式就像「買果園」一樣，買自己所沒有的水果品種果園，之後再接枝改良，然後再到其他地區複製生產，副總經理戴元鑑說，就是把品牌及公司團隊成員留下來，改善公司虧損的狀況，例如降低製造成本，再把通路經營成功的方式複製到其他市場。

併購品牌時，成霖會考慮下列三項條件：

(一)在衛廚產品、通路領域，找到符合中長期策略發展需要的品牌，例如成霖以製造水龍頭為主，中長期需要發展陶瓷、五金衛廚產品，以補足陶瓷、五金製造技術，所以需要收購衛浴陶瓷或廚房設備的品牌；又因需要發展歐、美、亞洲地區市場，所以需要併購當地通路品牌。

(二)成霖希望發展「全方位能力」，指研發、製程、出口商、進口商、配銷商、直營店、旗艦店等完整的產業價值鏈，併購進來的「能力」要能與公司產生互補綜效，像是通路能力、研發能力、製程能力很強，如GERBER擁有陶瓷技術與製造能力，也擁有美國通路市場，恰巧補成霖不足的部分。

戴元鑑指出，全方位能力除了可以擴大客戶服務的範圍，也能降低競爭對手的威脅，當競爭威脅產生時，可以以既有的能力進入競爭者的領域，以維護自己與客戶的利益。

(三)留住既有的團隊經營原來的品牌，以避免文化差異所帶來的經營難度與衝擊。

從1999年到2007年，成霖併購了10家公司、11個品牌，全方位能力已就位，2011年計畫要發展全球性品牌DANZE。

二、併購品牌比自創品牌更為有效

十多年前，成霖自創品牌DANZE進軍美國市場，但品牌一打出去，馬上遭受美國客戶的反彈聲浪，叫成霖別搶他們的生意，否則就抽單。出師不利讓成霖頓感進退不得，停下來思考該如何繼續前進。

成霖原本從事出口貿易，貿易商擅長於運有送無，歐陽明當時靈機一動，自創品牌行不通，何不「買品牌」，就像曾經買技術、買工廠一樣。2003年併購有八十年歷史的美國品牌GERBER，一下子擁有了美國的衛浴陶瓷製造技術與通路，成霖副總經理戴元鑑形容：「買GERBER就像挖地道一樣，可以無聲無息地打品牌，比敲鑼打鼓地自創品牌來得有效。」因為美國品牌通路客戶早已習慣GERBER這個競爭對手，不覺得市場被自己的供應商侵犯，成霖終於可以在不得罪客戶的情況下，跨出品牌的一大步。

此外，想擴張成熟市場就是採取併購策略，由於全球衛廚產業已進入成熟市場，每年成長幅度約5%，業者想要提高市占率，除了搶競爭對手的市占率外，就是買下現存的品牌，成霖採取後者，希望蠶食鯨吞，逐步擴張市場規模。

三、併購綜效顯現

成霖原本的優勢在水龍頭的製造與設計，以及製造流程與成本控制。1999年進行全球收購時，歐美各地的衛廚品牌面臨製造成本過高的壓力，獲利大幅下滑，故急於將製造委外，成霖適時主動洽談收購事宜，而他們的意願也很高。

首要的併購綜效來自於降低成本，無論被併購的是產品或通路品牌，一旦被併購進來，成霖第一個改善的是製造成本結構，將製造移往亞洲，水龍頭製造設計由成霖台灣工廠包辦，其他陶瓷衛浴設備，則由中國子公司美林製造，美林原來是中國品牌，是為了降低製造成本而併購進來的公司。

在創新技術的整合上，由美國GERBER主導概念化產品設計，基礎設計在台灣，商業化設計在大陸，並由台灣總部負責統合、溝通與市場預測。

成霖採取「跟隨者創新」，利用各地技術創新與接近市場的優勢，與總部產業趨勢預測的能力，由台灣負責觀察各地領導品牌的創新方向，從其申請零配件專利來判斷兩年後的新產品方向，如兩年後走復古風，成霖也開始在亞洲布局專利，等領導品牌在市場推出新產品後，看銷路如何，再開始量產製造，一方面降低創新風險，一方面新產品比其他競爭者推出速度來得快。

在採購整合上，如2007年併購進來的英國PJH，每年有86億元採購金額，成霖計畫降低對外採購比率，逐年增加內部採購比率，並發揮國際採擴的效益。九年來，營收成長從2001年的35億元到2007年的230億元，年平均成長率30.33%。品牌占總營收42%，約3億美元，預計2011年可以提高為6億美元。

在顧客價值整合上，如客戶原來已將產品委託亞洲OEM，成霖將其轉移為ODM訂單；或客戶原來只賣衛浴用品，可以向其推薦其他衛廚產品。

四、併購決策委員會組織與三層評估關卡

鯨吞蠶食、藉力使力的併購方法需要常態性進行併購策略，成霖除了設立全球併購委員會外，還設定併購計畫與標準，鼓勵高階主管主動提出併購建議對象。

併購委員會由五位決策成員組成，包括總部英籍CFO、營運長、戴副總、北美CEO，以及隨機加入一位機能性成員，視併購標的的核心能力而定，如併購標的主要是取得研發技術，會請全球研發主管加入。

併購決策採取多數決，大家所推薦的標的必須歷經三層評估關卡，包括MA1、MA2、MA3。

MA1階段，只要符合公司中長期計畫與產業整合目標，有公司需要的能力與人才，都可以納入委員會討論的議程。

MA2階段，與併購對方展開溝通，進一步了解意願及索取公司的經營資料，通常幾位委員、董事長通過，才會進入下一階段。

MA3階段，與對方簽訂保密協定，向對方索取更機密的資料，保證資料不外洩，若雙方未談成，則需要將資料歸還。此階段通常會有外部的法律、財務、銀行專家加入討論。

成霖併購成功機率頗高，戴元鑑認為，一方面進入MA3階段，雙方除了簽訂保密協定外，也可能簽訂備忘錄（MOU），歐美系公司對備忘錄的定義與華人不同，他們視簽訂MOU具備法律效力，凡是在上面落筆的條件，對方都必須兌現。

戴元鑑建議，在簽訂MOU前應該先仔細檢查清楚，可以在進入實地查核前再簽訂MOU，以免有所貽誤。

五、採取以夷制夷策略，有效管理全球各地品牌

管理這麼多分布各地的品牌，成霖採取以夷制夷的方式。

一開始接觸是在實地查核階段，成霖讓其他同樣派駐歐美品牌的主管來現身說法，分享他們與亞洲老闆相處的經驗，因為彼此能感同身受，較容易快速建立起對總部的好感與信任。

由於Local Brand由Local Team負責，留才成為首要之務，留才重視兩件事，一是敬業問題，他們有可能因為面對亞洲老闆，而有另起爐灶的念頭，如何保持其敬業精神；另外，若他們無法達成業績目標，會馬上主動提出辭呈。戴元鑑建議，最好在訂定目標時保留緩衝的空間，讓其有改善補救的機會，避免一翻兩瞪眼的結局。

最好的留人方式是「激勵重於懲罰」，他觀察，雖然簽訂敬業條款，但如果人真的走掉，還必須花錢打官司，並非好的結果，積極的方式可以從交易條件著手，例如只買80%股權，20%留給被併公司員工，或併購採取分期付款，先付70%的頭期款，後面30%要達到經營目標後再付款，他們都會因為股權的關係而留下來。

成霖管理被併購公司除了建構統一的IT系統，還採取ASP、Buget、KPI管理，ASP是年度策略方針ASP（Annual Strategy Planning），每年六月，討論未來五年的中長期策略，十月份則規劃明年的策略目標。

田於地方高階主管的權限很大，需要訂定核決權限，藉以規範權利義務，此外也設計可以量化與質化的獎懲制度，讓管理更透明化，也同時達到全球績效目標與獎懲的一致性。

（資料來源：貿易雜誌，2007年1月號，頁52-57）

問題研討

1.請討論成霖公司併購國外品牌的三項考慮條件為何？評估的程序又如何？

2.請討論成霖公司併購的成效如何？

3.請討論成霖公司如何有效管理海外各地品牌？

〈個案19〉美利達自行車與美國通路品牌廠商合夥策略，使獲利10倍

一、股東大會滿意公司經營團隊的高績效表現

「宣布散會，謝謝！」位在彰化大村的美利達工業總廠，6月27日由總經理曾崧柱主持的股東常會，從宣布開會到散會，前後不過25分鐘，股東們顯然很滿意經營團隊過去一年的表現，因為這家公司正攀上建廠三十六年來，前所未至的營運顛峰。

美利達2007年營收總額達100億6,000萬元，較前一年大幅成長44%；獲利額為13.5億元，每股稅後盈餘（EPS）6.18元，緊追競爭對手巨大工業的6.47元，年增率更高達八成。代表產品高價化程度的成車出口平均單價（ASP）創下443美元（約合新台幣1萬3,000元）新高，是台灣自行車產業出口平均單價的2倍，也遠勝巨大的333美元（約合新台幣1萬元）。

二、被美國OEM大客戶倒帳，深刻感受純代工廠的悲哀與危機

八年前，美利達的代工大客戶美商Schwinn/GT發生財務危機宣告倒閉，被倒帳1,300萬美元，不只造成新台幣5億元的巨額虧損，更從此流失三成代工訂單，面臨建廠以來最大危機。

「做了二、三十年代工，每年都要面對慘烈的殺價搶單，但下場竟是無緣無故被老客戶倒帳。」曾崧柱形容，「那種感覺，就像叫你把身上的現金全部交出來，然後走回家去一樣。」突如其來的危機，讓曾鼎煌父子深深體會到，半甲子代工生意，到頭來竟是夢一場的悲哀。求學期間寒暑假就往工廠跑的曾崧柱覺悟到，唯有從代工紅海上岸，掌握通路和品牌，美利達的未來才能看得到希望。

三、籌資10億元，入股美國SBC知名品牌通路商，雙方合夥合資經營，意圖力挽狂瀾

當時美利達品牌（Merida）的自行車產品還不成氣候，打品牌戰也非經營團隊的核心能耐，但為填補產能空缺，併購國外自行車品牌成為唯一

選擇。於是，曾崧柱和核心幕僚行銷副總鄭文祥，一方面檢視倒閉遭拍賣的Schwinn/GT投資價值，也同時評估和最大代工客戶、美國高級自行車品牌Specialized進行深度結盟，試圖透過讓客戶變合夥人的策略，牢牢綁住訂單來源。

就在被倒帳後出現虧損赤字、股價跌落到面額以下，差點被打入全額交割股的關鍵時刻，曾崧柱鐵了心要擺脫代工枷鎖，於是不惜冒著流失其他客戶的風險，大膽決定以新台幣10億元代價，籌資購入Specialized Bicycle Components, Inc.（簡稱SBC）公司49%的持股，成為在自行車業形象如BMW般的SBC創辦人之外，最大單一股東。而代工廠與品牌商相互持股的合夥模式，在全球自行車產業也是首例，「再不成功，美利達就真要下來了。」鄭文祥形容當時這個決定對美利達的關鍵影響。

四、在歐洲，亦與品牌通路商合組銷售公司，展開策略聯盟多元化合作

在此同時，美利達也在歐洲發動併購策略，與歐洲代工品牌Centurion合組銷售公司MCG，美利達持股51%。原本專注中高階登山車利基市場的Centurion產品設計團隊，則成為美利達歐洲獨資公司MEU的新生力量，負責規劃美利達品牌歐洲市場的產品開發。位在德國西南部，賓士汽車總廠工業重鎮斯圖加特（Stuttgart）的MCG、MEU這兩家公司，近80人的設計、行銷團隊，包括一支每年花費上億元預算，與德國福斯商旅車部門共同贊助的Multivan-Merida國際車隊，其中沒有人是台灣美利達派駐過去，卻都是美利達品牌在歐洲市場練兵的祕密部隊。

五、投資入股美國SBC公司，使獲利大幅增加，創造綜效與雙贏

謹守入股不介入經營原則，美利達透過上下游垂直整合，不但藉以綁住SBC生產訂單，讓其從七年前占美利達三成出貨金額，拉高到2007年約六成五。更重要的是，SBC也因為擁有美利達這個穩定的供貨來源，大幅提早產品上市時程。

分析美利達獲利來源，2007年SBC的投資收益就高達6億4,000萬元，占整體獲利的三分之一；獲利由六年前的1億1,800萬元，到2007年的13

億300萬元，成長10倍，每股稅後盈餘也從0.46元，飆升至2007年的6.18元，足足成長12倍。生產製造、投資品牌兩頭賺，就連對手巨大總經理羅祥安，都不得不承認美利達下了一著好棋。

鄭文祥表示，與SBC結盟的創新策略，既非代工生產OEM，也非自創品牌的OBM，且無法歸類為代工設計ODM，可說是獨特的「美利達模式」，讓雙方透過緊密合作發揮成本綜效，創造雙贏；SBC省去找客戶、送樣、比價時間，美利達也不必再為代工微利爭得頭破血流，當別人正殺紅眼砍價格，美利達早已著手開發新產品。

也因此，以往美國市場6月新車才能上市，SBC 2008年4月，年度新車就鋪到全美通路，商品搶先上市，毛利率跟著提升。「論營收規模，和巨大比，美利達是老二，但我拚的是速度。」曾崧柱信心滿滿的表示。

六、入股美國品牌廠商策略正確與代工核心能力，成功則是必然

美利達協力廠商佳承精工總經理黃昭維表示，美利達的經營風格表面上會甘於做老二，默不出聲的向老大哥學習，但不輕言服輸。特別是和擅長設計、行銷的SBC結盟，找到能力互補的合作夥伴，對的策略加上三十年代工累積的深厚功力，讓美利達能成為這波自行車景氣起飛的大贏家，成功可說絕非偶然。

機會總是留給準備好的人，好景氣也只留給提早發動策略布局的公司，目前美利達98%產能，都用來供給SBC、Merida和Centurion三大品牌。拒絕再扮演代工角色後，2007年美利達單月營收甚至一度超越巨大，讓老大哥首次嘗到被老二超越的滋味。

回首美利達終結代工宿命的轉型來時路，「是有那麼一點從老演員變導演的意味在。」曾崧柱替自己下了這樣的註腳。

（資料來源：商業周刊，2008年11月10日，頁45-47）

問題研討

1.請討論美利達公司的經營績效如何？為何會有此優良績效？Why？

2.請討論美利達過去曾被美國OEM大客戶倒帳的危機及悲哀情況為何？為何OEM廠有這種宿命？Why？

3.請討論美利達採取進軍美國市場的策略為何？為何要如此做？Why？

4.請討論美利達公司在歐洲又採取哪個策略？Why？

5.請討論美利達與美國SBC入股投資後，有哪些正面效益產生？

6.總結來說，在此個案中，你學到了什麼？你有何心得、觀點及評論？

〈個案20〉台商布局中國大陸超商版圖——喜士多轉虧為盈

一、喜士多是中國合資便利商店中，首度轉虧為盈的業者

7月3日，就在兩岸直航的前一天，潤泰集團總裁尹衍樑終於揭開他在大陸布局七年的神祕事業面紗。

面紗背後曝光的是，尹衍樑花了七年時間，一手打造出的大陸台資連鎖便利商店版圖——喜士多，業界俗稱「小潤發」。這個他默默經營多年的大陸事業，一現身，已經變身巨型流通旗艦。

七年內喜士多不但開店數逾300家，粗估年營收也將突破人民幣7億6,000萬元，單店每日人民幣7,000元的營業額，已成為全中國大陸便利商店日營收之冠，與日商羅森齊名；而且也是中國合資便利商店經營中，第一家單店面損益平衡（編按：所有門市營運損益平均）的業者。

八年前，尹衍樑以新台幣60億元賣出67%金雞母大潤發的股權給法商歐尚（Auchan）量販店，並轉進大陸。沒想到，在大陸布局的喜士多，再度變成尹衍樑的另一隻金雞母。

7月3日，喜士多總經理魏正元（編按：大潤發前總經理）現身台灣，宣布喜士多開放台灣加盟主，目標2011年年底要達2,000家店，等於平均每月要再新開55間門市，他憑什麼敢做如此宣言？

二、達成損益平衡的對策

(一)管控店坪數及租金上限

在大陸開便利商店，最大的兩大問題：一是展店、二是獲利。大陸外來的合資超商雖多，但始終在賠錢階段，喜士多可以率先達到損益平衡，究竟又有何經營祕訣？

答案一是店中店。在大陸，經營超商必先精算有效店面坪數，以控制店租成本。魏正元分析，大陸大店規模坪數多在30坪以上，但是大陸超商因地理位置的不同，開店面積需求差異極大。

喜士多第一件做的事，就是先根據單店單日營收，設定租金上限，再據此換算出開店面積。一旦不符合獲利原則，即將大店切割，轉租店中店，因此，在喜士多店內常見鮮花、水果等其他小店。

精確的控制管銷成本，這是喜士多找到最快讓門市獲利的方式。2009年喜士多已有40家店完成切割、轉租，不但能精確控管單店的租金成本，透過轉租，亦可產生另一筆業外收溢。

(二)統計產品毛利、業績，精挑熱賣品項，做好銷售組合

但大店變小店，接下來要面對的問題是，陳列商品種類和品項跟著減少，該如何將坪效拉抬到極致，以確保營業額不墜？

答案二是，取經量販店的單品管理模式。

因為坪數縮小，必須放大毛利，才可能有最佳的營運績效。單品管理模式，強調的是每日計算每項產品的毛利和銷售額，藉此找出在同類商品中，最熱門的商品品項。

喜士多即根據這個原則去創造每家店的最佳產品組合，達到最佳業績。

喜士多與一般便利商店最不同的是，採用量販店的銷售組合策略，進行各店產品差異化，經過單品管理分析後的喜士多店，會因時因地，快速調整進貨品項，讓每一家店都能發揮最大坪效。也因為是根據每日進貨產品的毛利換算，每一家不同區位的店家，都可以根據自己的特色，經營出最大毛利。

魏正元說：「要得到最大的坪效，對的品項遠比對的數量重要。」

他形容，正因為學會用航空母艦（大潤發）靈活、細膩的單品管理模式，管理便利商店這艘遊艇（喜士多），讓喜士多可以成為第一家店面損益平衡的中國合資便利超商。

三、用高額獎金解決房事、人事，透過「找店員」開發新店面

另外，在中國開便利商店，「房事、人事也是另一關鍵。」潤泰創新總經理簡滄圳表示。

通常要談下新店面的租約，除了租金外，普遍還必須支付前任承租者一筆「轉讓費」，補償對方裝潢和停止營業的損失。

但是，公司負責開發店面的人員或第三仲介商，經常會與前任承租者聯手哄抬轉讓費價格。有時候，一筆轉讓費，最高可喊到約合房仲人員一年的薪資，這也是許多外來經營者不得其門而入的一大障礙；有時，可能甚至談了大半年，最後不是破局就是無疾而終。

魏正元發現此蹊蹺，決定取經房仲業。喜士多的做法是，發展出一套高額的累計獎金制度，綁住這群最熟悉當地市場的「找店員」。找店員一旦開發出一間店，獎金最高相當於同業的半年薪資。

喜士多還規定，找店員每談成一件案子，只能先領取一半獎金，剩下金額再分月領取。這是要確保店面產權無虞，一旦發生問題，比如大樓管委會禁止便利商店設置看板，公司立即依照情節輕重，扣除找店員未領取的獎金。

當然，為了避免找店員虛報店面租金，公司會先在內部估算出每家店面的租金上限，掌握最終的合約訂價及決定權。

找店員回報的租金一旦超過額度，合約就無法通過公司審核，自然沒有獎金可領。此外，只要三個月沒有開發新店面的找店員，公司立即開除。

魏正元說，解決了店租和找點的問題，喜士多單2009年上半年就快速展店40家，未來兩年半內要快速展店至2,000家，屆時營業額可望破新台幣200億元。

如此驚人的速度，讓許多當地業者備感壓力。

四、在中國大陸加盟超商的條件

中國超商的零售市場，已進入蓬勃發展的階段，2009年第一季營收成長率高達30%，遠超過台灣的2.5%。

目前，加盟大陸超商，除了需先負擔一筆約人民幣25萬元（約合新台幣100萬元）的開辦費外，日資羅森、台灣全家，在加盟主加盟前會先要求支付一筆人民幣6萬元（約合新台幣26萬元）的加盟金，開店後，每月抽取產品毛利的35%。

本土的品牌：可的、良友金伴，要求的加盟金約人民幣2萬元至3萬元，開店後，每月抽取產品毛利的15%。

至於喜士多的做法是，免繳加盟金、不抽任何的產品毛利。開店後，每月收取人民幣1,000元的管理費用以及每月進貨費的0.5%。想到大陸加盟超商，還是要仔細比較各家的加盟方式。

五、喜士多單店日營收額拼第一

中國大陸9大超商營業規模比較如下：

超商名稱	成立年	家數	單店日營收（人民幣元）	年度營收（人民幣億元）
喜士多	2001	300	7,000	7.6
羅森	1996	300	7,000	7.6
全家	2004	130	6,000	2.8
香港7-11	1992	430	6,000	9.4
OK	2003	80	5,500	1.6
可的	1996	1,400	4,000	20.0
快德	1999	1,230	4,000	17.9
良友金伴	2003	600	3,500	7.6
好客	2000	1,000	3,000	10.9

註：以上數字統計至2008年3月31日

（資料來源：商業周刊，第1077期，2008年7月21日，頁88-90）

問題研討

1.請討論台商喜士多目前在中國大陸的營運狀況如何？

2.請討論台商喜士多為何可以達成損益兩平衡及獲利，有哪些經營要訣？

3.請討論台商喜士多如何解決房事及人事問題？

4.請討論台商喜士多及其他超商品牌在中國大陸的加盟條件為何？

5.請討論中國大陸9大超商有哪些？

6.總結來說，在此個案中，你學到了什麼？你有何心得、評論及觀點？

〈個案21〉台商必修的4堂課

中國政府的4萬億元投資改變了中部基礎建設，也創造出內需市場，台商展開了一波波進軍。

只是想搶中國內需市場並不容易，做外銷的台商得學會從零開始，把過去那種大規模生產接單的心態完全放掉；如果你是什麼都沒做過，想創業的台商，你得到內陸城市學會蹲，能在小地方稱王，才能有立足之地。

你知道台塑集團創辦人王永慶靠木材事業起家的那家公司依然存在嗎？而且正搶攻中國內需市場，卡位中部六省！這家在大陸的品牌叫艾芙迪家具，以上海為基地，從沿海往二線城市與中部六省布建通路，在中國已經擁有104個據點，成為台商在中國的三大家具品牌之一。而艾芙迪今日的成績正是付了許多學費，才逐步從外銷轉進內銷市場。

艾芙迪在台灣的母公司是新茂與朝陽木業，今天的朝陽木業，與台塑集團已經切割，由王永慶的外甥婿蔡崇文家族負責經營，主導中國市場品牌的中國朝陽家具集團董事長蔡尚志，要叫王永慶一聲舅公。

一、第一課：掌握通路才是贏家

2003年，當木材業台商還在享受外銷美國高峰時，蔡尚志就已經開始選擇在中國經營內銷市場，在上海投資設立據點。此舉讓他在2004年美國對中國的家具業者祭出高額反傾銷稅時，沒有跟著其他台商業者轉往越南，因為蔡尚志那時就相信中國的內需市場一定會起來。

但實際上，他是要學著從零開始，而且熬很久。「我們在上海是一套、一套的家具在賣，外銷台商則是一個月一千個、兩千個貨櫃在出貨！」蔡尚志說，當時同業問他們做得如何，他都不敢說，怕說出來會被笑死。

這很難，當台商享受家具外銷美國高成長時，蔡尚志是窩在上海，學會如何開店、賣家具給直接客戶。富蘭德林事業群總經理劉芳榮說：「想從外銷轉內銷，台商往往會被過去的成功所侷限，習慣於大量外銷模式，以為製造高品質、低售價的產品，就會有人買。」

劉芳榮說：「想做內銷，要花時間懂市場、學行銷，中國市場與接單出口美國是完全不同的事情。」

朝陽除了有專門的人負責內銷，工廠也分成三個事業單位，一個負責美國民用家具市場、第二個負責酒店式家具、第三個負責中國內需市場，用完全不同的思維來做不同的市場。

即便是這樣，朝陽步伐其實非常慢，花了五年時間，到了2008年，整個中國內需占營收比重也不過是一成五。

但是對蔡尚志來說，腳步雖然不快，內銷最重要的是掌握通路與據點，現在艾芙迪在上海、北京、重慶、青島及中部六省建立了104個行銷據點，擁有遍及中國各大城市的通路。

能掌握通路才是贏家，蔡尚志說，中國大陸市場跟台灣與美國不同，中國有點類似計畫經濟體系，各城市都有超大型的賣場，你要有辦法進入賣場，卡住好位置，才能跟其他的品牌一起競爭。

也因為這個型態，蔡尚志說，現在台商想要在一級城市做家具內銷市場，已經太晚，因為好的地點已經被卡位走了。

二、第二課：逐步擴充規模

接著是自己的專賣店要開多大？什麼坪數才合適？這一步也是很難。剛開始，蔡尚志只開三百五十平方米（約一百零五坪）的店。等到產品能夠推得動，再增加新的品項。接著才擴充店面，現在艾芙迪專賣店坪數設計在六千平方米以上（約一千八百坪）。只是當賣場愈來愈大，代表想做內需的成本負擔愈來愈高。

這樣走了六年，蔡尚志愈來愈看好中國中部六省以及二線城市的潛力，「同樣一套家具，在中國的售價可以比美國高出20%。」蔡尚志說，美國市場惡性競爭到要提供貸款刺激消費，大陸是捧著現金來買。

相較美國市場的過度消費，蔡尚志認為中國內銷市場還有很大潛力，中國目前大約有5億的城市人口，以每年超過1,800萬人的速度增長，未來將擁有10億的城市人口，內銷市場將有很大的潛力。

「預估未來五年中國內銷市場占朝陽集團營收比重可望再增加十五個百分點，到達30%。」蔡尚志預估，特別是中部六省，將是未來成長力道最快的地方。

三、第三課：一年不賺錢就退場

場景再轉往長沙，一個一輩子從沒做過麵包的人，竟然在中國的中部省分開了兩百多家的麵包店。這個人是普羅集團董事長鄭聰俊，原來只是貿易商，1992年前往長沙投資，開了第一家麵包店，那時鄭聰俊連做都沒做過麵包。

跟其他台商投資不同，鄧聰俊是標準的中部省分起家的台商，所有的投資就是在湖南省會長沙往外輻射的十幾個大城市，例如南昌、武漢、鄭州等二線城市，「我在這些城市都是最強的，比別人有優勢！」鄭聰俊說。寧為雞首，不為牛後，在湖南、江西、湖北等省分，普羅集團的羅莎蛋糕都是第一品牌。

鄭聰俊跟蔡尚志完全不同，是一個從沒有做過內銷市場，也沒經營過外銷工廠的人，但你想跟鄭聰俊一樣從無到有，跨入內銷市場嗎？

首先，要學的是他的不貪心。沒想過去上海、廣州或北京，鄭聰俊只守著中部省分，水溫試得夠、摸得透，等市場變大就擴充店數，市場不好就調整分店數，一路開開關關，往上成長；再從麵包為主，跨足投資豆漿、牛排館等事業，以食品領域往外延伸，形成一個以食品為核心的事業體。

不躁進的背後，代表了對自己競爭實力的正確認知。劉芳榮說，很多人連大陸市場有多大、市場狀況如何都不知道，就進來投資，三個月後錢花光也就只好撤退。劉芳榮建議，有意去做內需市場，又沒有經驗的人，不要小看大陸的二級城市，甚至是三級城市，能夠把一個城市生意做好，都是了不起的事情。

只是，鄭聰俊說：「光是長沙這十年來，想做內需食品業的台商，失敗的依然超過二十家！」

鄭聰俊說，光開店就是學問，他說，即便用了所有科學方法，包括當地人均收入、客流量、人均消費等數字分析，明明都能賺錢的店，還是會賠錢。

這時候怎麼辦？鄭聰俊說，一旦一年不賺錢，就該當機立斷關店退場，以免愈賠愈多，最後拖垮自己。保住本錢才能長期蹲馬步，了解市場。

十年前，羅莎蛋糕就已經擁有了200家分店，十年後，還是200家店，原因就是有超過50家的店被鄭聰俊給關了。「開店靠運氣，關店比勇氣！」鄭聰俊說。

四、第四課：摸清自己口袋深度

對有意進軍內銷的人，鄭聰俊提醒，大陸內需市場都已經規模化了，現在的投資都要比過去多好幾倍才夠。以開麵包店為例，從1992年需準備新台幣200萬元，現在變成新台幣2億元，因為市場規模化，除了開麵包店，還要投資中央廚房，以垂直整合的模式來競爭。因此想到中部六省的大城市，也要考量自己的資本、實力是不是足夠。

劉芳榮則建議，外銷市場也不是不能做，現在的狀況是全球大蕭條，需要的是耐心，等著訂單回流。轉內需或是遷移到越南，都是要付出成本的，而且也不一定會成功。

無論如何，要搶進四萬億機會，更需要快速應變與轉型的能耐，再加上正確的自我評估，才能在中國從世界工廠變成消費大國的過程中，有機會變成擁有品牌與通路的新台商。

（資料來源：呂國禎，商業周刊，第1113期，2009年3月15日，頁112-117）

問題研討

1.請討論本個案第一課「掌握通路才是贏家」的內容及涵義為何？

2.請討論本個案第二課「逐步擴充規模」的內容及涵義為何？

3.請討論本個案第三課「一年不賺錢就退場」的內容及涵義為何？

4.請討論本個案第四課「模清自己口袋深度」的內容及涵義為何？

5.總結來說，在此個案中，你學到了什麼？你有何心得、評論及觀點？

〈個案22〉台商85度C全球展店，突破400家，已在2010年6月返台上市

一、展店重心放在中國大陸，全球總店數將突破500店

85度C咖啡、蛋糕連鎖集團在台中市大墩路開出全球第400家分店！該集團指出，未來全球展店重心擺在中國大陸，2009年底前，大陸直營店將由69家增加至90家，2010年大陸直營店將以倍數快速成長，帶動全球總店數突破500店。

該集團總經理特助謝明惠指出，隨著大陸積極展店，85度C 2009年兩岸合併營收目標45億元，較2008年大幅成長逾30%。集團日前委由元大證券輔導股票上市事宜，已在2010年6月完成股票掛牌上市目標，成為台灣首家上市咖啡連鎖集團。

此外，85度C為了落實集團化管理，同時配合股票上市作業，最近進行組織架構大調整，其中，台灣事業部由李曜洲接任董事長，大陸事業部則由孫武良擔任董事長，而85度C創辦人吳政學升任集團總裁。

創立僅五年的85度C集團，在站穩台灣腳步後，更放眼國際，目前在台灣擁有327家店、中國大陸69家直營店、美國1家、澳洲4家，逐步朝著國際餐飲集團發展。昨日在開出全球第400店後，同時推出與台灣菸酒公司首度合作的製酒紅麴月餅，搶食月餅市場商機。

值得一提的是，85度C在上海一戰成名，短短1.6年時間大開46家直營店，2009年7月進駐深圳、打開華南市場後，本月18日將正式進入北方市場，在北京成立85度C首家門市，該集團總裁吳政學近日已親自飛往北京坐鎮，顯示該集團對北方市場的重視。

85度C集團總監鍾靜如表示，在台灣，85度C主打平價咖啡，帶動全民喝咖啡配蛋糕風潮；但在上海，85度C調整經營策略，主打麵包與蛋糕，再帶動咖啡及茶飲，目前上海門市糕點與飲料營收比重為8：2。

二、進入快速擴張期，大陸2011年總店數上看250家店，營收額將超過台灣

中國大陸85度C進入快速擴張期，將在9月開出北京店，插旗華北市場，這是繼2009年7月開出深圳店後，85度C另一大動作拓點，85度C將首度劃分為華東、華北及華南三大領域快速展店，2009年業績已首度超越台灣85度C。

台灣最大的連鎖咖啡店業者85度C在2007年12月進軍上海市場後，以複合式的麵包及咖啡店一炮而紅，成為當地知名的連鎖咖啡店，兩年內華東地區總店數已經高達60多家店，全都是直營店，並順利申請進駐2010年上海世博會。

85度C上海總經理孫武良表示，目前每個月以新增六、七家店的速度展店，預計2011年總店數可望達到200家店至250家店，由於全數店面都是麵包、蛋糕及咖啡複合店，全面24小時營業（除了進駐百貨商場店以外），單店營業額較高，2010年中國大陸85度C的營業額超過台灣85度C。

孫武良指出，目前85度C開店主力以上海為中心的長三角為主，2010年7月在深圳開出華南第一家85度C，9月已把戰線拉到華北，在北京開出第一家85度C，將使華北、華東及華南三大區域同步進入快速展店階段，華北更是2011年重點經營區域。

85度C也是台商十多家獲選進入世博會的餐飲業者之一，看好世博會將帶來7,000萬人潮，85度C加快展店速度，預計2011年總店數可望再成長1倍，並且每季都推出新產品，吸引消費者不斷上門。

孫武良強調，目前85度C華東60多家店中，上海占了42家店，且大都位於市區重要商圈及路口，2010年世博會開幕時，上海的85度C已有150家店，世博會參觀人潮看完世博會後，到市區觀光消費時一定會看到85度C，後續的商機相當大。

85度C頂著台灣第一大連鎖咖啡店的光環，進軍中國大陸後備受矚目，據傳有數千人排隊等著要在中國加盟85度C，但得到的答案都是只開直營店不開放加盟，創投公司則是捧著大筆的鈔票想要投資入股85度C，但就連高盛想要入股也被85度C拒絕。

三、上海開店戰將愈挫愈勇

85度C上海總經理孫武良是開店的戰將，到上海不到八個月，就開出

第一家店，開幕時以咖啡1元促銷打響平價咖啡名號，但開店兩天就因衛生執照問題而停業，孫武良愈挫愈勇，不到兩年開出60家店，華東、華南及華北將遍地開花。

孫武良2007年初來到上海，在沒有設立營運總部的情況下，孫武良從購買地圖研究商圈開始做起，花大錢詳細做好市場調查的前置工作，重金聘請上海最貴的律師，協助處理各種合約及法律問題。

其實孫武良早知道85度C上海第一家店有合約糾紛，與死對頭星巴克咖啡有一屋兩租的問題，但孫武良在開店使命必達之下，以超出市場行情的月租金人民幣15萬元（約新台幣75萬元）搶租店面。

孫武良並未因第一家店的關店而受挫，依舊策略性地以高價租金搶占黃金店面，在九個月後收復「第一店」，這一戰讓孫武良開店功力大為精進，對於大陸開店的執照及相關法令研究得更為透徹，讓孫武良敢於走出上海，到深圳及北京開店。

85度C規模快速成長，日前獲選進駐上海世博會，為了讓進駐世博會發揮最大效益，孫武良將重點擺在開店上，唯有最多的店數才能吃到世博會的大餅，屆時高達7,000萬的人潮，不僅會在世博會內消費，也會到上海市區消費，對整個85度C門市都有業績加乘的效果。

四、鮭魚返鄉，85度C回台灣上市掛牌（已在2010年6月回台上市）

台灣知名平價咖啡連鎖店85度C，將以海外控股投資公司名義，申請回台「第一上市」（在全球都沒有股票上市，在台股首次上市），將成為第一個以加盟連鎖餐飲品牌上市的公司。

負責輔導85度C上市的元大證券表示，最快2010年第二季送件，2010年第三或第四季可掛牌上市。

2003年由吳政學創辦的85度C平價咖啡連鎖店，以「五星級飯店高品質商品」、「價格只有五星級的一半」理念，搶攻平價咖啡市場。

有趣的是，以烘焙、咖啡聞名的85度C申請在台股掛牌，卻選擇掛在「觀光類股」，而不是「食品類股」。元大證券副總經理張財育表示，這是85度C的決定，因為85度C也可看做大型連鎖通路，產業定位較難明確劃分。

85度C進軍大陸才兩年，目前已經開了七十幾家店，顧客經常大排長龍，2009年已在中國展店至90家店。

85度C為何不直接上市？集團公關總監鍾靜如表示，85度C旗下有台灣、中國大陸、美國、澳洲四大地區事業部，將自己定位為國際化集團，市場不只台灣。

除了中國成長爆發力最強外，其實目前85度C全球的「店王」是美國門市，曾創下單月42萬美元（約合1,300多萬元新台幣）的銷售量。鍾靜如表示，美國人「喝咖啡像喝水」，相較於星巴克等店的價格，85度C相當有競爭力，因此2011年初將在洛杉機再開一家分店。

五、複製台灣經驗，在中國大陸快速展店

從台灣紅到大陸的知名烘焙咖啡連鎖店85度C，從2003年在台灣開出第一家店，短短四年就在台灣開出超過300家分店；2007年進軍大陸，目前已開出70多家分店。

不過，85度C大陸分店與台灣分店最大不同點，就是台灣大多數分店只賣飲品、蛋糕，少部分兼賣麵包，而大陸則各分店都有賣麵包；賣麵包的營業額雖然只占總營業額20%多，卻是吸引消費者上門光顧的一大原因。

85度C董事長吳政學分析，該公司在大陸成功原因很多，主要是複製「台灣經驗」在大陸快速展店，不惜重金搶占最佳店面位置，例如：最貴的上海百樂門對面分店，每月店租高達新台幣110萬元，並且擁有台灣七百多名優秀廚師作為後勤支援。

85度C在大陸各分店全為直營店，有利管控品質，不像台灣九成以加盟店為主；這是85度C擁有雄厚資金，才能因應每開一家分店平均投入新台幣1,000萬元的實力。

85度C當初進軍大陸並非一帆風順。2007年底在上海福州路開設第一家旗艦店僅四天，即因捲入當地「一屋二租」糾紛，陷入被迫停業的難堪局面。

六、創辦人吳政學帶台灣品牌走出去，成為國際化的連鎖品牌，短短六年時間創造奇蹟

85度C創辦人吳政學是連鎖烘焙業的傳奇人物，在連鎖加盟業活動的

會場上，常被以「台灣之光」形容。他五專肄業，來自雲林、沒有富爸爸加持的白手起家者，如何在40歲成為掌握全球400家連鎖店的經營者？

雲林縣口湖鄉農家出身，吳政學領薪水的時間只有三個月，其他時間都在創業。他開過髮廊、鞋業加工廠，也做過鋪設大理石的勞力工作。90年初期，他加盟賣飲料的「休閒小站」後，進入加盟連鎖的事業後，開始成立「五十元熱到家」披薩。現在，他創辦的85度C咖啡已經快速攻占各大城市的黃金三角窗。

沒有傲人學歷，但在部屬眼中，「老闆的數字能力很強」，他會隨身帶著各家分店的月營業報表，緊盯每家店業績的變化，在聽簡報時，也會抓出關鍵的數字。

曾經有銀行打算跟85度C合作聯名信用卡，不過吳政學一聽到要被銀行抽走0.8%的利潤時就馬上推掉，「我們利潤算得很緊」。

從飲料到披薩，到現在的咖啡和蛋糕，吳政學每次出手都帶動一股市場潮流及跟風。

「創業其實是有邏輯的」，他曾說，掌握消費者心理、用心經營是最基本的創業公式，還要記取教訓、轉變為優勢。

就像他第一次跨入加盟界，要加盟休閒小站飲品時，他就先觀察休閒小站第一家店開在東海大學旁、生意好到不行，所以他就選在逢甲大學附近開加盟店，果然一舉複製成功。

很多人喜歡拿星巴克跟他比，他也將此視為他的目標，「為什麼台灣只能有外國進口的麥當勞、星巴克、肯德基的連鎖，台灣品牌卻很少走出去？」吳政學有信心85度C絕對有機會成為台灣第一個走出國際的連鎖品牌。

七、希望成為中國第一大平價咖啡連鎖品牌，單店投資回收速度快

85度C在中國的單店投資金額約在人民幣一、兩百萬元之間，估計最快三個月即可以損益兩平，慢則也只需要四、五個月就可獲利。咖啡、蛋糕、麵包的毛利約在三到五成左右，平均毛利可維持在15%，單店經營績效都在水準以上，因此許多創投公司都對85度C的興趣極高。

85度C希望三年後成為中國第一大平價咖啡連鎖品牌。2009年計畫

從30家店開到90家店，店數增加2倍，主要布局在長三角，計畫拓展到杭州、昆山、無錫、寧波、義烏等地區市場。同時發動深圳、北京兩地，成為三個經濟圈的布局。

全球布局上，85度C在澳洲、美國還在緩步拓展市場。這些市場購買力強，單店營利能力是台灣的3倍，但開店困難度卻相對高。85度C 2009年上半年全球營收較2008年同期成長八成，台灣店數規模仍維持在324家，主要獲利來源仰賴中國市場。

八、估計總市值達250億元，創投公司興趣高

85度C事業版圖橫跨中國、台灣、美國與澳洲，2010年營收為新台幣45億元，2011年在中國快速展店下，營收將挑戰60億元。

2009年9月香港匯豐私募基金投資約7億元，取得85度C咖啡連鎖店7%股權，從這筆交易可看出市場認為85度C擁有至少100億元的身價，匯豐預估，2011年85度C的市值將達250億元。

85度C在中國已有近200家店，2010年上半年營收已將近20億元，獲利超過2億元，營收與獲利表現直追台灣，中國市場2011年即可成為85度C最重要的市場。

九、85度C小檔案

總部	美食達人連鎖加盟集團
資本額	新台幣9,000萬元
創辦人	吳政學
預估年營收	新台幣60億元
產品	咖啡、蛋糕、麵包
分店	▸台灣324家 ▸大陸200家 ▸美國1家 ▸澳洲4家
定位	台灣最大的咖啡蛋糕連鎖店

資料來源：85度C

（資料來源：1.曾麗芳，工商時報，2009年9月12日
2.李至和，經濟日報，2010年10月8日）

問題研討

1.請討論85度C全球展店的狀況如何？合併營收的狀況如何？

2.請討論85度C目前在大陸的展店狀況及區域發展策略為何？

3.請討論85度C為何在大陸不開放加盟？Why not？但是台灣卻是加盟店居多？

4.請討論85度C初期在上海開店的問題為何？此問題教訓帶來何種經驗？

5.請討論85度C 2010年回台上市的狀況為何？

6.請討論85度C為何在大陸能迅速成功？Why？

7.請討論85度C創辦人吳政學的創業過程為何？此涵義為何？

8.請討論85度C單店的投資及回收狀況為何？

9.請討論85度C的總市值將為多少？總市值涵義是什麼？

10.總結來說，在此個案中，你學到了什麼？你有何心得、觀點、評論？

〈個案23〉台商麗嬰房：把中國市場衝大50倍的祕密

一、會計師出身的總經理，臨危受命上陣

李彥，曾是國內安侯會計師事務所知名會計師，但也因在偶然的機運下，因緣際會成為麗嬰房公司在中國大陸的總經理。

1993年麗嬰房至中國發展，1994年底，台灣麗嬰房計畫股票上市，李彥挾著對財務方面的特長，被網羅到麗嬰房公司，除輔佐股票上市外，並擔任稽核職務，至1996年麗嬰房在上市審核通過之後，卻發生原先銜命赴中國開疆闢土的首任總經理，被同業挖角離去的變故。

在此之前，李彥因上市需求，多次赴中國麗嬰房了解業務與財務，對中國事務了解頗多，因而臨危受命接任上海麗嬰房總經理。當時，麗嬰房已進中國三年，也打下初步基礎，李彥也曾經協助建立制度與管理模式，因此在接任後，儘管對中國事務還是處於「摸著石頭過河」的階

段，但總算還是把中國麗嬰房導入坦途。

二、銷售據點逾1,260家，中國營收額為10億人民幣

在李彥到上海就任時，那時的員工約500人，開店數75個據點（加盟店不到20家），年營業額約2,000萬人民幣。而至十三年後，麗嬰房的大陸員工已經多達3,500人，目前銷售據點逾1,260家，直營店852家，如果再加上加盟店數，規模遠較十三年前成長十餘倍。2008年上海麗嬰房的營業額近10億人民幣，近十三年下來，營業額成長約50倍。

三、初期策略：以「國外品牌帶通路」策略逐步開拓市場，然後再導入自有品牌，通路據點成功布建

麗嬰房赴中國投資初期，是以「品牌帶通路」方式，逐漸拓展麗嬰房的知名度，1996年，取得美國Disney Baby品牌在中國大陸地區的經銷權，以迪士尼的知名度逐漸拓展銷售通路，1997年再取得日本Pigeon品牌在大陸的經銷權。

直到1999年，麗嬰房在中國才自創服飾品牌Phland；不過麗嬰房的自有品牌知名度仍不及國際品牌的銷售力道，麗嬰房只得以長期經營方式，逐步開拓市場。

有了自有品牌之後，中國麗嬰房陸續再取得包括美國的New Balance Kids、Barbie、義大利Robeta di Camerino、英國Peter Rabbit及法國Chipie等國際知名服飾品牌的經銷權。2008年麗嬰房更在上海設立中國地區第一家Disney Baby品牌服飾專賣店。

麗嬰房在中國發展，早期是在百貨、商場設立專櫃銷售商品，而藉由知名品牌拓展零售點的策略奏效，至2004年，包括直營店與專櫃，已達500個銷售據點，之後，包括專櫃、直營店與加盟店等通路的設點，仍為主要經營策略，至2008年止，總銷售點已超過1,200家，呈倍數擴張。

四、未來新五年計畫目標：中國嬰幼用品第一品牌

上海麗嬰房是台灣麗嬰房100%的轉投資事業，2008年的獲利貢獻達2.22億新台幣，是麗嬰房保持年度獲利的關鍵所在。

中國麗嬰房在上海地區，已成為當地嬰幼用品的第一品牌，而中國同

類商品的競爭，李彥一點兒都不擔心：「在中國，做嬰幼兒用品的企業太多了，但很多是區域性品牌，儘管雄霸一方，但中國市場太大了，麗嬰房並未感受到威脅。」

目前，中國麗嬰房積極進行新的「5年計畫」，即擴大市場占有率，由品牌發展通路的策略階段性完成，接下來將儘速拓展加盟店，同時，加快批發市場業務，並以「通路帶動品牌銷售」，全力搶攻市場占有率；「麗嬰房要成為全中國嬰幼兒用品的第一品牌。」李彥充滿自信。

五、計畫進軍中低價位的廣大市場

李彥的信心並非無的放矢，中國麗嬰房在2008年新成立、以批發市場為主的麗漢公司，正是支撐他信心的重要來源。

「麗嬰房專賣店商品，都走中高級價位路線，但面對中國嬰幼兒用品市場之廣，我們沒有理由放棄中低價位市場。」李彥的想法清楚而直接；這一家2008年成立的新公司，也由他擔任董事長，希望透過經銷商在家樂福、大潤發等大賣場直接銷售。

目前他已經針對中低價位商品，成立研發、設計單位，專門生產中低價位商品，主攻這塊最大的市場。

不過，李彥特別強調，麗嬰房及代理國際品牌的商品，僅在直營店及加盟店銷售，對產品做市場區隔。

六、開拓加盟店，以二、三級城市為主，通路結構區分為中國四大區塊

在銷售戰略上，李彥指出，台灣做童裝品牌的企業不多，多是以促銷型式生存於市場，這種情況，跟中國麗嬰房在大陸市場的同行一樣，畢竟，在營業額夠大的情況下，才能做企業形象與品牌宣傳。

中國麗嬰房目前在大陸市場，銷售據點最多，行銷區域也最廣，已經初具「中國嬰幼兒用品的第一品牌」的雛形。

「拓展新店數不是2009年的重點，2009年已增加200家店，總店數目標為1,400店，中國市場大，展店不難」。

中國麗嬰房目前在中國市場的連鎖店比重，直營店仍是重心，約占營收的70%，加盟店與批發銷售，約各占15%，分布在中國四個區塊，包括

華東（江蘇、浙江一帶）、華中（武漢、四川及大西部）、華北（北方地區，包括東北）、華南（包括西南地區）等。

其中仍以中國麗嬰房總部附近的上海地區一帶，營業比重最高，約占50%，其他三個地區發展潛力大，視為今後麗嬰房展店的重點區域，而尋求第三方的合作，「開拓加盟店是中國麗嬰房2009年重點目標之一，主要以二、三級城市為主；另外，批發銷售也是麗嬰房2009年布建的方向。」

七、清倉特賣會造成搶購熱潮

「大嬸，麗嬰房又有拍賣會，去不去看看？」「什麼時候開始？我一定會去。」

2008年7月份下旬，上海麗嬰房年度的清倉特賣會，就是透過街坊鄰居、親朋好友的口耳相傳，奔相走告的行銷手法，成為當地最受關注的訊息。

時值盛夏，頂著超過攝氏37度高溫，在上海麗嬰房總部的教育訓練中心，不少婆婆媽媽帶著板凳，戴上遮陽帽，或撐著洋傘，一條人龍，從該教育中心門口，沿路蜿蜒至大馬路上。

「麗嬰房對於積壓的庫存、零碼、或過時的童裝、服飾等嬰幼兒用品，都會適時進行清倉大拍賣，一般為期1-2週」，中國麗嬰房總經理李彥說明著。

麗嬰房的嬰幼兒服飾，在大陸地區已是名牌象徵，這種撿便宜的機會，更不能錯過。

「每次推出清倉拍賣，都會造成搶購熱潮，每次的人數都有幾千人來消費，2008年拍賣下來，單是一個星期，營業額超過600萬人民幣，幾乎是一天100萬人民幣，以目前匯率算，是500萬新台幣。」李彥說。

（資料來源：吳瑞達，工商時報，2009年6月17日）

問題研討

1.請討論麗嬰房在中國市場的通路據點及營收額狀況為何？

2.請討論麗嬰房拓展中國市場的初期策略為何？為何採此策略？

Why？

3.請討論麗嬰房未來五年的經營目標為何？有何達成目標之策略？

4.請討論麗嬰房為何要進入中國大陸中低價位產品市場？Why？

5.請討論中國麗嬰房未來的通路拓展策略為何？

6.請討論中國麗嬰房有何促銷方法造成搶購？

7.總結來說，在此個案中，你學到了什麼？你有何心得、評論及觀點？

〈個案24〉台啤進軍中國大陸市場

一、大陸啤酒市場有4,000萬噸，台灣市場僅有57萬噸，不得不去大陸爭戰

傳統的台灣啤酒已積極推出年輕取向的新口味！台酒總經理徐安旋自2008年7月上任以來，深知台啤原來的苦味度偏高，為迎合各年齡層之消費族群不同喜好，致力研發出苦味度低、大麥釀造等各式啤酒，未來會從包裝設計到口味推出差異性產品，並向上提升品質。

為了讓暢銷五、六十年的台灣啤酒，品牌價值能夠創新，徐安旋說，新款啤酒，無論從包裝設計到口味的研發，都以年輕化為考量。「品質是商品的生命，品質要不斷的提升及改進，才能夠讓產品的生命更豐富」，也因此台啤參加世界啤酒大賽總能獲獎。

也因為對台啤品質有信心，徐安旋對台啤打進大陸市場相當樂觀，他說，台灣整個啤酒市場規模不過57萬噸，大陸市場卻有4千萬噸，加上大陸民眾的國民所得不斷提高，啤酒的消費量一定會繼續提升。

二、台啤的品質及品牌是成功的基礎點，將分三階段策略進軍中國市場

徐安旋表示，台灣菸酒的登陸，目前最有機會的就是台灣啤酒，因為台啤在大陸的品牌溝通最容易，當地消費者對冠有「台灣」兩個字的產品相當有好感，只要品質好，就有機會打下市場。

此外，台酒已計畫三階段將台啤推進大陸市場。徐安旋表示，第一階

段將採直接銷售，台啤取得商標後，大陸的通路商研判台啤在大陸市場將有很大的機會，因此2008年一整年銷往大陸不到20個貨櫃的台啤，這兩個月內的出貨數量就將近150個貨櫃，一個貨櫃是2,000箱、4,000打，換算下來就是60萬打。

第二個階段是在每個地區遴選經銷商，屆時台酒會在大陸大舉投入廣告、宣傳來促銷，等通路組織建構得較健全，並在各地區陸續成立經銷商後，台啤接下來會在大陸找大型啤酒工廠尋求委託代工。徐安旋認為，水是啤酒的主要原料，所有成本中，運輸費用占極大部分，加上啤酒又講求新鮮，運送過程容易搖晃、日曬，對啤酒品質都會構成不利影響，因此只要銷售規模夠大，第二階段就會找大陸的代工廠。

第三階段則是等委託代工達到一定銷售規模，大約達到一年700萬打、1,000萬打以上，就有直接設廠的價值，屆時再考慮在大陸投資設廠。

三、先採賣斷方式，再建立經銷方式

雖然台啤目前銷往大陸的銷量已大幅增加，不過徐安旋表示，同一地區由多家通路商直接運進去銷售，市場會比較混亂，為爭奪銷售點，通路商可能做出不利經營的價格戰等策略。因此，只要經過市場測試，確定消費者的接受度後，台啤最慢2011年就會在大陸建立經銷制度；一旦銷售量達到50萬、100萬打以上，就可以考慮尋找當地啤酒廠委託代工。

目前台啤在大陸可以賣到每罐6.5元人民幣，當地的啤酒一罐只有2、3元左右，海尼根也是賣6-6.5元，其他一些進口品牌則在4-4.5元，台啤售價很高，但因為品質好，口味被當地人接受，賣得還很不錯。

由於經銷商尚未建立，徐安旋說，台啤目前是採賣斷的方式，價格由通路商決定，促銷和宣傳等活動也尚未展開，等到銷售數量夠了，台啤就會強力促銷，包括報紙、電視等媒體，甚至高速公路兩旁的立牌都會密集的打廣告。

四、短中期目標仍以中國為主的亞洲市場為行銷目標，長期目標再做國際化策略

台酒每年稅前純益達到100億元，繳庫金額也有70幾億元，是一家相

當賺錢的公司，徐安旋表示，像台酒這麼賺錢的企業，不管是國外同業或投資公司，對台酒都相當有興趣，不過據了解，財政部對於台酒的IPO（上市），原則上還是採全民釋股，策略性投資人目前沒有列入考慮。

徐安旋強調，台酒短中期目標，仍似拓展亞洲市場為主，亞洲又以中國市場為主。「以台酒目前的研發及經營市場能力，除非再大量引進人才進來，否則應以亞洲為優先」。至於長期策略，則需再大量引進國際經營人才，才能做第三階段市場的開拓。

五、台啤登陸戰：美味、低價、拼實力

從基層員工開始，一步步做到台灣菸酒公司副總經理的游杭柳，可以說是最了解台啤的人之一，因為包括金牌啤酒以及MINE等大家耳熟能詳的台啤產品研發過程中，都可以見到他的身影。

對於台啤的下一步，游杭柳說，大陸已同意台啤註冊商標，當然台啤要到中國大陸攻城略地，首要之務，就是要保持台啤最有名的「青」的口感，其次就是調整符合大陸各地區的口味，第三是設法降低成本，壓低價格，否則很難與大陸啤酒一拚。

接下來，台啤會耐心尋找有能力的經銷商，因為這一部分也是國營事業最大困擾，因為凡事都要公開招標，台啤很怕找到沒有競爭力的經銷商，砸壞招牌。另一方面，台啤又不能都找熟悉的台灣經銷商，因為他們未必熟悉大陸市場，挑戰不小。

在還沒有找到經銷商前，台啤先採取貿易出口的方式，加速進軍大陸市場，未來台啤將訂定啤酒出口管理方法，否則若只消極的出口，結果各個進口商價格不能統一，也許會互相傾軋，價格一混亂市場就完了。

他說，台啤、金牌啤酒及MINE都會進入大陸市場，首先推出試銷的是330cc小瓶裝及330cc的小罐裝，因為這些產品的競爭力不錯。至於大瓶裝啤酒，因為台灣瓶子生產成本比大陸貴，而且大陸不方便回收，競爭力稍差，暫時沒有進軍大陸計畫。

對台啤而言，要到海外開疆拓土，維持品質與口感，是最重要課題。

（資料來源：崔慈悌，工商時報，2009年8月6日，經營知識版）

問題研討

1.請討論台啤公司為何要去大陸？台啤在台灣市場有高度市占率及高獲利，為何仍需中國市場？Why？

2.請討論台啤公司進軍中國市場的三階段策略為何？為何如此區分？Why？

3.請討論台啤公司的短、中、長期目標為何？

4.請討論台啤登陸戰，拼的成功點何在？Why？

5.總結來說，在此個案中，你學到了什麼？你有何觀點、評論及心得？

〈個案25〉統一超商正式進軍上海便利商店市場

一、統一7-ELEVEN進入上海，使大陸版圖發展計畫更趨完整，預計三年內展店165家，五年內300家

國內零售龍頭7-ELEVEN正式進入上海，使得統一超商流通次集團的大陸版圖發展計畫更趨完整，統一企業集團總裁林蒼生表示，7-ELEVEN在上海預計三年內展店165家，五年300家，且規劃第四年獲利，同時，他也表示，不排除以併購方式擴大規模，他也相信有質就會有量，而且也不怕山寨店搶市。

統一超商在2008年5月取得上海7-ELEVEN的經營授權，籌備近一年的時間後，終於在2010年2月1日正式開幕，一口氣在上海開設4家便利商店，2月2日則與日本總部舉行盛大的簽約儀式，此舉對於統一集團而言，具極大意義，包括總裁林蒼生、統一企業總經理羅智先，及統一超商總經理徐重仁、柒－拾壹（中國）董事長大塚和夫等多位重量級人物均前來上海共襄盛舉，不過，眾所期盼的統一大家長高清愿並未現身。

徐重仁表示，在1991年至1992年，統一超商就與日本總部談進入上海的事情，2009年終於完成這個夢想，以前7-ELEVEN在台灣成立時，單打獨鬥，如今7-ELEVEN進駐上海，將以大帶小的精神，架構資源共享平台，讓整個集團的資源動起來，台灣7-ELEVEN行銷群也全面支持。

統一超商投入1億元人民幣成立統一超商（上海）便利商店，由林蒼生兼任董事長，總經理則由黃千里擔任，林蒼生表示，展店不是最終目的，而是能否做出品質，做出差異化，在上海的7-ELEVEN，則推出現炒的「快餐島」，及「好炖」（關東煮），符合上班族的用餐需求。

林蒼生說，台灣便利商店的市場若形容是火爆，那上海就是核爆市場，因此，統一將運用全集團的力量支持這四家店，未來展店計畫希望三年能開到165家，5年300店，至於是否會採併購模式？他表示，不排除。

二、公司統一超商，合併營收可望增加二成以上，並善用集團兩岸資源整合，創造綜效

黃千里則指出，上海外食人口占了八成以上，且消費者喜歡鮮食的東西，因此特別規劃現炒及關東煮，且運用集團的國際採購力量，可提供平價的商品，台灣與上海的7-ELEVEN價格一樣，頗具競爭優勢。此外，黃千里也表示，上海星巴克已與上海政府簽約，進駐世博村，未來規劃200坪的商場，將統一超集團旗下品牌引進，達到資源共享，創造最大效益。

統一超商流通次集團自2000年啟動登陸大計，由於該集團旗艦統一超商，之前卡在與總公司大陸授權問題未談妥，改聚焦經營超市量販、藥妝、餐飲等三大主軸，不過，2009年統一超商順利登陸，加上星巴克及Afternoon Tea陸續展店，統一超商營收2009年已成長二成以上。

三、競爭對手：台資超商喜士多、全家持續拓點

7-ELEVEN進駐上海市場，預料將掀起一波洗牌效應，已深耕多年的台資便利商店，包括潤泰集團的喜士多（C-STORE），及中國全家便利商店卻是老神在在，2009年持續擴大展店計畫，年底前，全家在中國的布點將達到305家，喜士多則上看1,000家。

喜士多便利連鎖店是最早進入大陸便利商店市場的台資企業，目前總店數350家，加盟占比30%，台灣人開的加盟店就高達20多家。喜士多總經理魏正元表示，2008年喜士多回台宣傳加盟計畫，獲得不錯的效益，吸引到想創造事業第二春的創業主前來加盟。預計2011年底前可再開到1,000家。

魏正元表示，喜士多以華東地區的布點最多，平均客單價為8至10元人民幣，與台灣差不多。不過，上海地區的租金占營業額約8%至10%，台灣則只有3%至8%；至於營收部分，以菸酒及鮮食為最大主力，菸可占到三成，鮮食則有二成占比。預計2011年，喜士多營運總部可望虧轉為盈，但要打掉累虧，得還要二至三年。

全家至2009年3月底，上海及蘇州地區已開了180家店、廣州20家，2011年底，中國全家目標店，希望在上海、蘇州達到300家、廣州50家。全家表示，2011年規劃淨增加200家店，目前平均客單價為10元人民幣，營收應會呈倍數成長。

全家指出，營收最大占比為鮮食，占了三成，而關東煮，每日每店可賣出400支以上，麵包100個，堪稱是中國全家的人氣商品。

表2-1
台資超商前進中國概況

企業	進入時間	店數	目標
全家	2004年	200家	年底開到305家
喜士多	2001年	350家	年底前開到1,000家
統一超	2009年	4家	三年165家、五年300家

資料來源：各公司

四、統一超商流通次集團大陸事業發展狀況表

品牌名	類型	成立時間	發展區域	目前店數
7-ELEVEN	便利商店	2009年4月	上海	4店
Cold Stone 冰淇淋	冰品連鎖	2007年	上海、北京、廣州、深圳、天津、蘇州等	34店
Afternoon Tea 統一午茶風光	和洋風輕食、甜點	2007年	上海	2店
康是美藥妝店	藥妝	2004年	深圳、廣州、珠海	11店
山東銀座超市	超市	2004年	山東	112店
星巴克	咖啡連鎖	2000年	上海、杭州、南京	167店
Mister Donuts	甜甜圈、飲料	2000年	上海	5店

五、2011年營收業績上看1,500億元

據了解，搶搭上海世博商機，除看好遊客餐飲需求，另一方面也希望在上海打響知名度，而目前統一超商旗下10個品牌的中國總店數已達450

家，還會陸續展店，預計2011年營收將增一成。

統一超商積極整合集團資源，除物流中心將共用，行銷資源也將兩岸共享，包括簽下蔡依林作為品牌代言人，台灣7-ELEVEN也將因上海門市開幕而發起新的促銷集點活動，法人推估，2011年統一超商集團總業績上看1,700億元。

（資料來源：林祝菁，工商時報，2009年4月30日）

問題研討

1.請討論統一超商進軍中國市場的展店計畫為何？
2.請討論統一超商進軍中國市場的戰略性涵義為何？
3.請討論除統一超商外，還有哪些台資同業相競爭？他們發展狀況如何？
4.請討論統一超商屬於晚進入上海市場的後發者，面對大陸本土超商品牌，以及台資及日商的高度競爭，你認為統一7-ELEVEN是否會勝出？勝出的關鍵點何在？台灣的統一超商在國內市場獨大，在大陸是否不易做到？是或不是？Why？
5.請討論統一超商在大陸還有哪些事業發展中？
6.總結來說，在此個案中，你學到了什麼？你有何心得、評論及觀點？

〈個案26〉康師傅頂新搶做中國第一大速食連鎖店王座

一、集團目標：未來十年內，達到6,000店規模

為了搶攻中國龐大的外食商機，頂新集團與日本知名蓋飯速食連鎖店吉野家攜手擴展中國速食市場，雙方將合資成立一家公司，資本額10億日圓，預計2011年吉野家在中國的店數將達到1千家；而頂新集團也規劃旗下所有速食品牌，在十年內達到6千家的規模，屆時可望成為全中國第一

大的速食連鎖店。

二、頂新與日本吉野家公司策略聯盟合資，共同拓展中國速食市場

吉野家（Yoshinoya Holdings）在日本宣布，旗下全額出資的子公司吉野家國際（Yoshinoya International）已與中國加工食品大廠頂新集團旗下的頂巧控股有限公司達成共識，已於2009年內共同於中國設立一家合資公司，負責吉野家在中國開設分店及營運。

對此，頂新集團證實，已跟日本吉野家簽訂意向書，但細節尚未完全敲定，無法對外公布其合資比例，且公司名稱也未定。另外，目前吉野家在中國已有幾百家的分店，未來設定的展店家數，則以現有的店數為基礎，再往上拓展。

吉野家目前在中國的分店約211家，大多開在沿海城市，吉野家表示，希望藉由合資公司的設立並活用頂新集團所擁有的市場能力來開拓中國內陸市場，初期將會鎖定四川。

此次與吉野家國際共同出資的頂巧控股，自1996年創業，頂新集團持股約88%，旗下擁有經營速食連鎖炸雞店的「德克士」，目前已在中國開設了約1,000家分店，僅次於肯德基和麥當勞，是中國第3大速食連鎖店。

頂巧控股旗下還有「康師傅私房牛肉麵」約有30家左右，頂新集團規劃，頂巧若再加上吉野家，總計有三個主要速食品牌，目前總店數約在1,200家左右，預計在2020年，「德克士」達到3,000家，「康師傅私房牛肉麵」2,000家，「吉野家」至少1,000家，總計6,000家，較2009年成長3倍之多。

三、中國外食市場規模高達20兆日圓，引起吉野家興趣

據吉野家統計，中國外食產業市場規模約20兆日圓，年平均以18%的成長率急速擴大，其中，隨著中國經濟成長所改變的飲食習慣，2008年中國速食市場規模自2005年的3.8兆日圓大幅成長至6.2兆日圓，也因此，吉野家早就進軍大陸市場多年。

不過，據市場人士透露，吉野家在中國闖蕩的成績不太理想，曾與頂新集團多次碰頭談合作，2009年3月吉野家社長親自飛往天津找頂新魏家

老大魏應州碰面，促成這次的合作。而日本伊藤忠商社持有吉野家21%股權，持頂新20%股權，雙方碰頭，伊藤忠扮演重要角色。

小檔案　合資公司的股東

股東名稱	頂巧（開曼島）控股有限公司
負責人	魏應行
設立時間	1966年4月10日
資本額	約20億日圓
主要持股股東	頂新（開曼島）控股88% Richoux Ltd.12%
股東名稱	吉野家國際
負責人	田中柳介
設立時間	2009年2月5日
資本額	1億5千萬日圓
主要持股股東	日本吉野家百分百投資

四、台商頂新集團旗下的各事業體與控股公司

控股公司	經營領域	頂新持股比例	旗下的事業體	魏家四兄弟負責人
康師傅控股	食品	36%	大陸茶飲料、包裝水、泡麵均為市占第一	魏應州
頂巧控股	餐飲連鎖	88%	1.德克士：大陸第3大速食連鎖店，目前有1,000多家 2.有樂和食拉麵、康師傅私房牛肉麵	魏應行
頂全控股	便利店	50.5%	上海、廣州全家	魏應行
台灣味全	食品	直接、間接持23%	國內冷藏飲料大廠	魏應充
頂基公司	地產	持100%	房地產租賃	魏應交

（資料來源：林祝菁，工商時報，2009年7月24日）

問題研討

1.請討論頂新集團十年內速食連鎖店數的總目標為多少？

2.請討論頂新與日本吉野家公司合資設立中國控股公司的內容為何？

雙方為何要合資合作？Why？對雙方的有利點何在？

3.請討論中國速食市場的規模有多大？是否仍在成長中？日本吉野家公司在日本市場是否碰到市場已飽和問題？

4.請討論頂新集團旗下各控股公司及其各事業體的現況為何？為何要有這些控股公司？Why？

5.總結來說，在此個案中，你學到了什麼？你有何心得、評論及觀點？

〈個案27〉成霖衛浴及廚具廠急衝大陸市場營收

一、中國大陸營收目標將在三年內成長4倍，與歐美市場占比相近

成霖董事長歐陽明表示，2009年起將側重中國大陸市場，預計2011年以前，大陸營收占比將較目前大增逾4倍達到33%，與歐、美市場並重。

歐陽明認為，2008年第四季與2009年第一季是全球景氣最差的時候，「最壞的情況已經過去了」，但對於未來還是要慎重。因應大環境改變，成霖原訂的五年計畫，2009年進行大修正，過去以追求營收成長為目標，現則轉為追求體質、文化深耕及獲利的成長。

他指出，將透過Q（Quality品質）、C（Cost成本）、D（Delivery配送）提高整體績效外，同時加重大陸內需市場的開發，作為未來新的成長動力。

二、台灣工廠已移到中國大陸，大陸銷售通路發展將走兩種不同的區隔路線

成霖為了控制成本，已將生產基地全數移至大陸，包括深圳、山東等地共設五座廠。至於銷售通路上，日前在上海設立的麗舍旗艦店主要走高價位路線，另一個通路品牌GOBO在大陸行銷超過二十年，走經銷商體系，現階段以一級城市為主。

成霖規劃，將引進美國自有品牌Gerber與Danz品牌進軍大陸，以時尚生活為特色，發展高檔衛浴廚具市場。此外，透過麗舍的大型旗艦店引進

國外其他高級品牌，搶攻高價市場。

看好大陸城鎮興起帶動的商機，GOBO遍布各地的經銷體系，將成為進軍二級以下城市的最大優勢，未來將加速開發中價位產品，搶攻鄉鎮城市。

歐陽明強調，目前成霖的全球營收比重中，歐、美市場分別占49%與42%，大陸占比僅占7%，透過行銷策略，預計到2011年，大陸營收比重將大增至33%左右，與歐、美等量齊觀。

（資料來源：邱馨儀，經濟日報，2009年6月22日）

問題研討

1.請討論成霖公司未來三年營收額的成長將放在哪裡？與歐美市場的占比又如何？為何要如此做？Why？
2.請討論成霖公司在中國大陸的銷售通路發展策略與做法為何？為何要如此做？Why？
3.總結來說，你從此個案中，學到了什麼？你又有何心得、評論及觀點？

〈個案28〉中國大型量販通路，台商大潤發稱王居第一

一、台商大潤發超越法商家樂福，居中國量販店之王

根據大陸媒體報導，挾著2008年快速成長的氣勢，台資通路業的代表：中國大潤發2009年上半年銷售成績成長約兩成，而其長年宿敵家樂福的銷售規模僅成長6.3%，因此上半年大潤發在中國的銷售收入已超過家樂福，可說已穩坐中國大型量販店「通路王」的寶座。

《每日經濟新聞》報導，大潤發上海總部一位高層主管向媒體透露，2009年上半年大潤發銷售收入成長兩成左右，而大潤發上海總部新聞負責人在《每日經濟新聞》記者詢問其銷售業績時亦無否認。另據家樂

福所公布的財報顯示，2009年上半年，家樂福在中國的銷售規模僅成長6.3%。

在中國大陸商戰上，台資背景的大潤發緊追法商家樂福已有數年之久，帶給家樂福芒刺在背的莫大壓力。如今大潤發終於在上半年市場上勝過家樂福，成功登上大型量販店「通路王」的寶座。

其實，2009年第一季，中國大潤發的銷售收入達115.6億元人民幣，已勝過家樂福108.6億元的收入。而在2008年，兩強的市場競爭中，中國大潤發以335.67億元的銷售收入，略遜家樂福338.19億元的業績，雙方距離可說僅一步之差。

報導指出，中國大潤發成長快速，2008年業績雖稍落後家樂福，但若以單店平均銷售額來計算，大潤發的單店成績還比家樂福高出7,996.5萬元。大陸市場人士認為，2008年家樂福銷售成長速度明顯下滑，很大一部分原因是受到中法外交關係陷入低點，以及大陸民眾抵制家樂福所致。

二、大潤發十年發展，後來居上

1998年，當中國大潤發在上海市閘北開出第一家門市店時，世界零售業巨頭家樂福、沃爾瑪已駐紮中國大陸將近十年，並在北京、上海、重慶等地擁有數量不少的門市店。

然而，後來居上的大潤發，卻在短短的幾年內就將沃爾瑪、特易購、易初蓮花、歐尚等國際巨頭甩在背後，如今又打敗其強勁對手家樂福。

三、將與法商歐尚量販店成立聯合控股公司，並在香港上市

外資法人圈傳出，潤泰集團擬在中國設一控股公司，將同時掌控中國大潤發及法國歐尚量販，雙方依營業額比取得等比股權，屆時同赴香港掛牌。目前中國大潤發董事長劉忠賢正與歐尚洽談細節，據悉雙方已達共識，最快年底前有機會在港上市。法國歐尚與大潤發之前在台合資台灣大潤發，歐尚2008年在中國營收81.5億人民幣（約391.2億新台幣），排名中國外資第11名。

四、中國前2大量販連鎖店比較表

名稱	家樂福	中國大潤發
2008年外資連鎖業排名	第1名	第2名
2008年中國百強連鎖業排名	第6名	第7名
2008年營收	338億人民幣 （約1,622億新台幣）	335.7億人民幣 （約1,611.3億新台幣）
年增率	14.1%	31.1%
店數	134家	101家
2009年計畫	持續展店	擬與歐尚量販策略聯盟，下半年赴港掛牌

（資料來源：李書良，工商時報，2009年7月26日）

問題研討

1.請上大潤發中國公司的官方網站，搜尋該公司發展現況的基本資料，並做說明之。

2.請討論台商大潤發與法商家樂福的競爭比較狀況如何？

3.請討論台商大潤發是否規劃上市的狀況如何？

4.總結來說，在此個案中，你學到了什麼？你有何心得、觀點與評論？

〈個案29〉台灣法藍瓷嚴選4%創意，五年營收翻36倍

一、法藍瓷的經營績效

2002年創立的瓷器品牌法藍瓷，全球擁有六千多個銷售據點，2007年全球營收為1,800萬美元（約合新台幣6億元），是成立當年（6月至12月）50萬美元的36倍；台灣區2007年營收較2006年成長47%。五年營收持續成長，來自一套新商品週期：每年兩季各一次「自己與自己競爭」的淘汰賽，讓設計師的創意，從設計到上市都能精準抓住消費者的心。

每年，法藍瓷有1,000件新產品設計圖稿，經過四步驟循環篩選、修正，決選出200件產品上市；再根據「二八法則」，最終只有40件成為當年度暢銷商品。

二、每年安排設計師出國參展，預測流行趨勢，畫出設計圖稿

淘汰賽的第一關，從國際禮品展中剔除不符合潮流的設計元素。總裁陳立恆每年帶領幾位設計師和部門主管出國參展，白天在現場蒐集資訊，晚上由成員提出報告後，再進行動腦會議，解構未來商品的趨勢特色。

「老闆看方向，設計師看細節。」行銷總監葉皓城表示，參展後由總裁界定下季產品「色、質、型」等設計走向。例如，顏色是黑白或亮彩、材質是平光還是霧面、造型來自什麼形式的線條、構圖、風格等。

資深設計師江銘磊認為：「設計師感受現場氛圍，就是設計的原點！」接下來才是將流行元素融入設計本身。比方，某次歐洲禮品展現場產品多呈現幾何圖形、高低層次和俐落線條的「現代感」，回國後，他一改「飽滿圓潤」的設計風格，刻意以「菱角構圖」表現形體，將展場的流行元素昇華為創新。

三、由主要銷售國家代表評選，依全球消費者眼光決定生產方向

帶回展場趨勢後，第二階段，法藍瓷15位設計師需在一個月內完成設計圖稿，每季約有500件「具賣相」的設計圖進入此階段的淘汰。總裁和各單位主管初步挑選，將圖稿寄至大中華區、美國、義大利、加拿大、澳洲、歐洲主要銷售國家進行「市場接受度評比」，由全球的眼光決定設計圖能否進入生產程序。

評比裁判包括大中華區一千多位業代、歐洲兩家代理商、美國十三家經銷商第一線人員，把消費者喜好回饋給當地行銷主管，再由主管給予各圖稿A、B、C、D四級分。綜合六國的分數意見，產生一個排行榜，榜上只取20%的設計圖進入生產階段。「法藍瓷各國銷售排行榜前十名，有80%是相同產品。」陳立恆認為，人類對美的感受是雷同的，透過全球評

分，可找出市場最大化的設計。

然而，設計圖交到研發部門進行打樣、雕模、白胚，在少樣產出上市前，還有三個月的開發期，由於市場需求隨時在變，圖稿仍動態的進行第三階段篩選與調整。第三階段調整的根據，來自每年六千多個經銷點、兩百多萬張日報、月報、季報和年報表；客服信箱中上千封全球顧客意見以及不定期面訪和問卷調查。其中，「銷售總表」是最直接的調查，行銷主管依經驗解讀消費者購買行為，歸納市場喜愛的顏色、杯盤或水果盤的功能性、五至八件套組或單品的「購買力分析」。

這些每日更新的市場反應，有時甚至扭轉設計概念。例如，「By the Sea（海洋系列）」，原圖稿是夏日悠閒的海邊午後，但市場分析結果顯示：「熱鬧氛圍在夏天較具吸引力」。神仙魚裝飾不變，卻完全推翻原本的「恬靜浪漫」風格，變成「夏日歡樂party」。

四、以秀展現場下單數做最終決選，決定商品將夭折、量產或延伸品項

淘汰賽的最後一關，即是秀展——新品發表會。經銷商和行銷單位在現場進行下單（Test Order），下單數可說是淘汰賽決選的評分表，決定產品是夭折、大量產出、或是加碼延伸更多樣的品項。譬如，2002年在紐約禮品展中獲得「最佳禮品（The Best in Gift Award）」殊榮的「蝴蝶系列」，當年五件式商品，現已陸續發展出三十多種品項，而後，延伸蝴蝶系列像推出「蝴蝶花園」系列，甚至設計出同系列的珠寶、飾品。蝴蝶商品推出至今，每月銷售成績仍經常是排行榜冠、亞軍。

「今天的熱賣不代表永遠的熱賣。」葉晧城精簡的說出消費者的善變。但法藍瓷客戶喜好度每年成長20%市調結果，加上台灣三萬名VIP每月回購率5%的成績來看，這套週期循環的淘汰賽，確實有效幫助設計師了解市場需求，同時創造消費者新的需求。

（資料來源：林育嫺，商業周刊，第1057期，2008年2月，頁92-93）

問題研討

1.請討論法藍瓷的經營績效如何？

2.請討論法藍瓷評選設計創意的幾道關卡內容為何？

3.總結來說，你從此個案中學到了什麼？你有什麼心得、觀點及評論？

第3篇

跨國企業在台灣行銷成功個案（計21個個案）

〈個案1〉克蘭詩品牌再生戰役

〈個案2〉韓國LG創造台灣營收百億的行銷策略

〈個案3〉「博士倫」視光品牌成功的六大操作手法

〈個案4〉Lexus（凌志）汽車在台灣行銷成功

〈個案5〉歐米茄錶成功行銷本土

〈個案6〉MAZDA汽車品牌再造成功

〈個案7〉青箭口香糖——口香糖長青樹，歷三十年不衰

〈個案8〉Sony Ericsson手機在台市占率衝上第2大

〈個案9〉台灣家樂福的經營與行銷策略

〈個案10〉TOYOTA台灣代理商和泰汽車常保第一的五個改革關鍵

〈個案11〉美國Converse運動鞋品牌在台灣的行銷策略

〈個案12〉香港商莎莎美妝店——M化對策、平價奢華，搶攻台灣美妝版圖

〈個案13〉中國大陸品牌進軍台灣市場水土不服成功不易

〈個案14〉金百利克拉克公司「靠得住」衛生棉的品牌再生戰役及整合行銷策略

〈個案15〉SK-II在台灣的整合行銷策略

〈個案16〉樺達硬喉糖品牌年輕化行銷策略

〈個案17〉COACH插旗台灣及中國大陸漸入佳境

〈個案18〉黛安芬內衣產品開發嚴格把關，新品陣亡率從五成降為一成

〈個案19〉資生堂Tsubaki洗髮精在高價市場奪得30%市占率

〈個案20〉沙宣鑽漾洗髮精行銷成功秘訣

〈個案21〉Häagen-Dazs把冰淇淋當LV精品賣

〈個案1〉克蘭詩品牌再生戰役

國內化妝保養品市場高達500億元之多，是一個競逐美麗與防老的兵家必爭市場，其中的競爭者均屬日系或美系或歐系的全球知名化妝保養品品牌，包括了SK-II、克蘭詩、迪奧、佳麗寶、香奈兒、萊雅、資生堂、植村秀、雅芳、雅詩蘭黛、雅頓、蜜絲佛陀、蘭蔻……諸多知名品牌。雖然這些國際知名品牌都有數十年，甚至上百年的悠久歷史，有些至今仍能屹立不搖，有些則出現品牌老化、消費群老化、品牌認知度弱化、知名度下滑以及業績大幅滑落之不利衰退現象。本文作者個人曾長期觀察及研究這幾年來，有些過去曾是知名的化妝保養品品牌，但如今卻出現品牌老化與業績顯現衰退的現象，例如：法國克蘭詩化妝保養品即是顯著的例子。

一、SWOT分析，檢視自己

克蘭詩化妝品台灣分公司，自2001年起，即面對自己品牌的老化及形象不夠鮮明等問題，展開SWOT分析，並得到如下結果：

(一)弱點

1.知名度弱。

2.品牌老化、形象不鮮明。

3.廣告預算低。

4.櫃位（在百貨公司一樓的專櫃位置）不佳。

5.商品認知度低（只有美白產品，但無彩妝品）。

6.有被百貨公司撤櫃之虞。

(二)威脅

1.面對市場各種新品牌大舉引進。

2.百貨公司過度促銷，價格優惠戰激烈。

3.消費者缺乏忠誠度。

(三)強項

1.產品力強，重研發。

2.試用品大量發送。

3.價位適中。

4.專業美容護膚Know How。

(四)商機

切入Niche（利基）商品市場

二、品牌重生，行銷戰役

克蘭詩台灣分公司，自2001年起，即浮現危機，因業績不理想，在百貨公司櫃位差，形象與櫃位交互惡性循環，且客層老化。

低潮期的2001年，品牌排名在全部三十三種化妝品品牌的排名中落居第19名。尤其撤出忠孝SOGO百貨公司影響最大、傷害最重。

克蘭詩台灣分公司這五年來，究竟如何化危機為轉機，並打出一場成功的品牌再生戰役，主要有下述幾項行銷策略：

(一)創新的產品策略導入

切入蘋果光筆彩妝新產品及超勻體精華液保養品。新品上市，一舉成功。

(二)採用本土代言人策略

原先法國總公司不同意用本土藝人為代言人，認為有損法國品牌，但後來被說服了，聽從台灣分公司的意見。

1.2001-2004年：用Makiyo為代言人。

2.2005-2006年：用小S為代言人。

3.2006年-：用楊丞琳為代言人。

(三)鑑於平面廣告稍縱即逝，女性雜誌又太多了，太分眾化了。因此，改用壹週刊雜誌，並且採廣編特輯方式呈現，而非單調廣告稿。

(四)當時，也採用一部分台北市公車車廂廣告，補強克蘭詩品牌的廣告強度。

(五)廣編特輯策略

1.由於正常各大報及各主要雜誌的公關報導，都沒有好版位提供出來（給別種公司用），廣告界也有限，且報社美容版編輯也不推薦。

2.因此在壹週刊，第一階段採取大膽八卦式及報導式的廣告，包括報導代言藝人的各種八卦生活及彩妝，甚至不少電視新聞主播臉上也要用蘋果光筆抹抹擦擦，會更上鏡頭，廣編特輯引起了蘋果光筆彩妝的話題出來；另外，在版面設計上，要求產品放小一些，但藝人話題，八卦故事，放大一些，引人想看。

3.在第二階段：則以第一人稱方式呈現版面設計。以小S代言直接來講產品。

例如：我這麼漂亮，因為臉上有克蘭詩蘋果光。

例如：我身材超棒，因為我用克蘭詩超勻體精華液。

4.第三階段：代言人的部落格，小S懷孕後待在家，每週由公司代替寫一篇日記心得，後來小S自己寫；此時廣告的Slogan為「帶球走也很美麗」。部落格點閱人數超過20萬人次。

(六)旗艦店策略

採開設克蘭詩「美研中心」旗艦店，打造新品牌形象。每一家美研中心花費1,000萬元投資裝潢，把它視為形象之廣告投資。為配合克蘭詩產品注重植物成分，故美研中心要求要加入花園的設計，而不是室內而已。事後，每一家美研中心均在三年內，就回收投資成本了。

(七)制訂促銷策略

1.提供試用品：法國總公司堅持每年花2%營業額做「試用品」（Sampling）做促銷活動。新顧客每年送4件，舊顧客平均送2件。

2.堅持廣告預算為業績營收的固定比例，但隨業績成長，此比例也會下降些。

3.不強迫推銷。教育第一線專櫃小組，不能強迫推銷，誠心誠意，長長久久的生意。不期望顧客第一次買很多，但願多來買幾次，頻率（Frequency）要高些，代表她對此品牌的喜愛及忠誠、習慣。

4.法國總公司並不認同投資電視廣告太多，做一小部分即可，這是政策。

三、品牌重生戰役的成果

克蘭詩五年來品牌重生戰役的成果非常顯著，包括：

(一)市占率

從2001年的1.4%→提升至2005年3.9%。

(二)品牌地位排名

從2001年的第19名→提升到2005年的第11名→2006年更晉升為第8名。

(三)業績（營收）成長

近五年來，每年成長率依序為：18%→38%→61%→52%→24%。

(四)全省據點數

從24個櫃位→增加到31個櫃位。

四、品牌再生的關鍵成功因素

此外，本個案所帶來之品牌再生的關鍵成功因素，主要有五點如下：

(一)品牌再生首先必須仰賴一個紫牛般的創新產品帶動，並切入利基市場，以「商品力」策略贏得消費者好評，然後才會對此品牌重新給予正面的評價。因此，商品力所帶給消費者的價值所在，是克蘭詩的首要關鍵成功因素。

(二)品牌再生，其次必須透過一個適切且具知名度及好感度的代言人策略，才能引起消費者的注意，並藉由話題報導的創造，重新打造這個品牌的高知名度及高認同度。尤其，台灣年輕人化妝保養品市場大都風靡一些偶像藝人或歌手，在代言人的帶動下，的確會成功吸引部分消費族群，以及提升業績的成長。本個案中的小S及楊丞琳代言人，就成功地扮演了讓克蘭詩品牌再生廣宣及產品代言人的角色。

(三)品牌再生，當然就是要做出驚人之舉的廣宣策略，而克蘭詩在當時，大膽採用八卦式及報導式的廣編特輯方式，也的確吸引不少人的目光，並更加深了對克蘭詩這個品牌的認知度。

(四)品牌再生，其他同時出招的整合行銷策略，包括開設花園高樓的旗艦店策略，廣發新試用品的贈送策略及第一線專櫃人員銷售專業與服務策略的同時搭配，也都是克蘭詩品牌再生成功的配套必要措施。

(五)最後一個因素，自然要回到組織因素。那就是克蘭詩品牌再生及業績回升，必然不可忘記一個人，那就是在2001年危機困局之中，找來了新任總經理何國珍小姐，由於她卓越、冷靜、樂觀、正確及具備高度信心等綜合特質之下，發揮她高度的領導能力，終能帶領日益下滑的克蘭詩台灣分公司重新回復到原有的市場地位，甚至還超過以前的成就。這是最高領導者所歸因之因素。

問題研討

1.請討論克蘭詩化妝品的SWOT分析為何？
2.請討論克蘭詩2001年起的危機浮現為何？Why？
3.請討論克蘭詩近五年來的品牌重生之七種行銷策略為何？
4.請討論克蘭詩獲致哪些品牌重生的成果？
5.請討論克蘭詩品牌再生的關鍵成功因素為何？
6.你認為克蘭詩未來要再更上一層樓，還需要著重哪些方面的努力呢？
7.綜合來說，你在本個案學習到了什麼？又啟發了些什麼？你對此個案有何感想及評論呢？

〈個案2〉韓國LG創造台灣營收百億的行銷策略

一、通路策略成功（先經營通路為優先）

(一)韓國總部不惜成本力挺，給予充分行銷預算，包括廣告及通路預算。

(二)深耕通路，打造品牌知名度。五年來，約110家家電經銷商拆掉原本招牌，專門銷售LG產品，掛上LG招牌。另外，LG手機掛招（招牌）店，亦達1,200家店。LG全面搶進家電及手機經銷商。

(三)LG營收，一半來自資訊3C販量店，一半來自全省經銷商。

(四)家電掛上LG招牌後，同時，各店內也大翻修，LG協助重新裝潢、採光、上架排列，改革傳統經銷店。

(五)請經銷店出席LG在內湖公司的經銷商會議，彼此檢討營運精進對策。

(六)每兩個月，就招待績優經銷店老闆去韓國旅遊兼參觀韓國LG世界的公司，那種親眼目睹的震撼感很令人感動。

二、差異化的產品策略

(一)認為「對開式冰箱」很有競爭力及市場。因為，台灣廠商傳統冰箱均無設計改善，沒有新鮮感；而且價格比歐美及進口貨便宜。

(二)推出強調安靜的「滾筒式」洗衣機，避免干擾住家。

三、價格策略敢拼及靈活

(一)搶國外進口貨價格。

(二)另外，若與國內業者競爭，就祭出價格戰競爭。

四、廣告策略成功

(一)以台灣區董事長朴洙欽為廣告演員，說出一口發音特別重的韓國國語，引人注意及信賴。

(二)Slogan喊出：Life's good。

(三)2006年由韓國總部推出大長今連續劇女主角「李英愛」為LG在全亞洲的品牌代言人。

(四)打出一波波強力的廣告攻勢，搭配通路全面掛招，品牌效果馬上浮現。

五、行銷成果

(一)從2001年成立台灣分公司營業額25億元，到2005年的100億元，成長4倍。

(二)市占率第一名產品：對開式電冰箱、滾筒式洗衣機及電漿電視等。

(三)為全球LG各國分公司，表現最優秀之一，朴董事長在韓國獲升官。

六、可將圖示架構（LG品牌在台灣成功4大行銷策略）

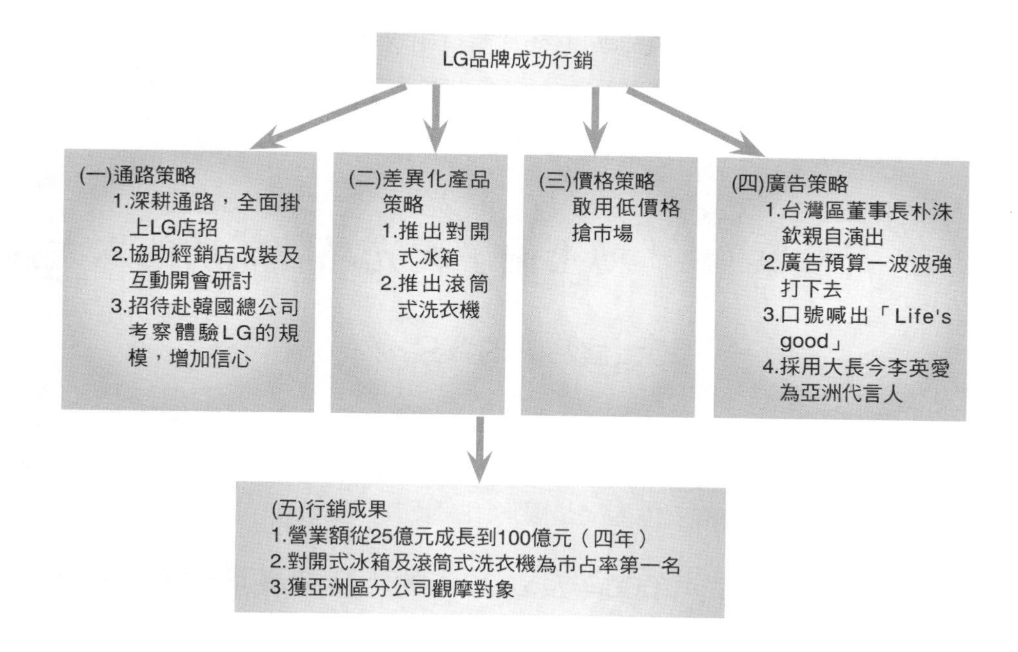

七、本個案關鍵成功因素（K.S.F）

(一)深耕通路，大膽投入通路革新與掌握必要的行銷預算資源。

(二)運用有效的差異化產品策略，成功切入白色家電市場。

(三)敢用低價格戰，不惜獲利，先搶占市場。

(四)韓國總部支持，廣告預算一波波強打下去，打出品牌知名度及認知度。

(五)台灣區韓籍董事長身先士卒，親自做廣告演員，親赴經銷店視導，融入台灣本土社會。

問題研討

1.請討論韓國LG公司在台灣通路策略成功的做法為何？

2.請討論LG的差異化產品策略做法為何？為何要採此策略？Why？

3.請討論LG產品的價格策略做法為何？Why？

4.請討論LG產品廣告策略成功的做法為何？Why？

5.請討論LG公司在台灣的行銷績效為何？

6.請綜述LG在台灣行銷成功的關鍵因素有哪些？

7.總結來說，你在本個案中學到了什麼？你有何行銷觀點的評論呢？你有何對LG的建言呢？

〈個案3〉「博士倫」視光品牌成功的六大操作手法

一、博士倫品牌的背景

博士倫是美國具有一百五十年經營歷史的老牌企業，也是國內視光產品的領導品牌之一。其主要對手是嬌生（Johnson & Johnson）公司。博士倫的主力產品是隱形眼鏡及其保養液。

二、2006年及2007年的「品牌溝通策略」演變

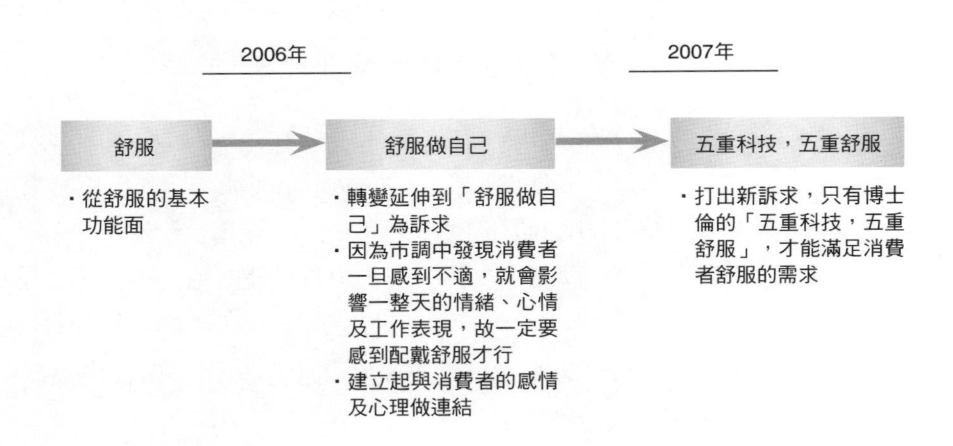

三、博士倫品牌成功的六個關鍵要點

(一)關鍵成功要點1：永遠的五道——深度消費者洞察（consumer insight）

如何才能做好消費者的洞察及消費者洞察的目的何在？如下圖所示：

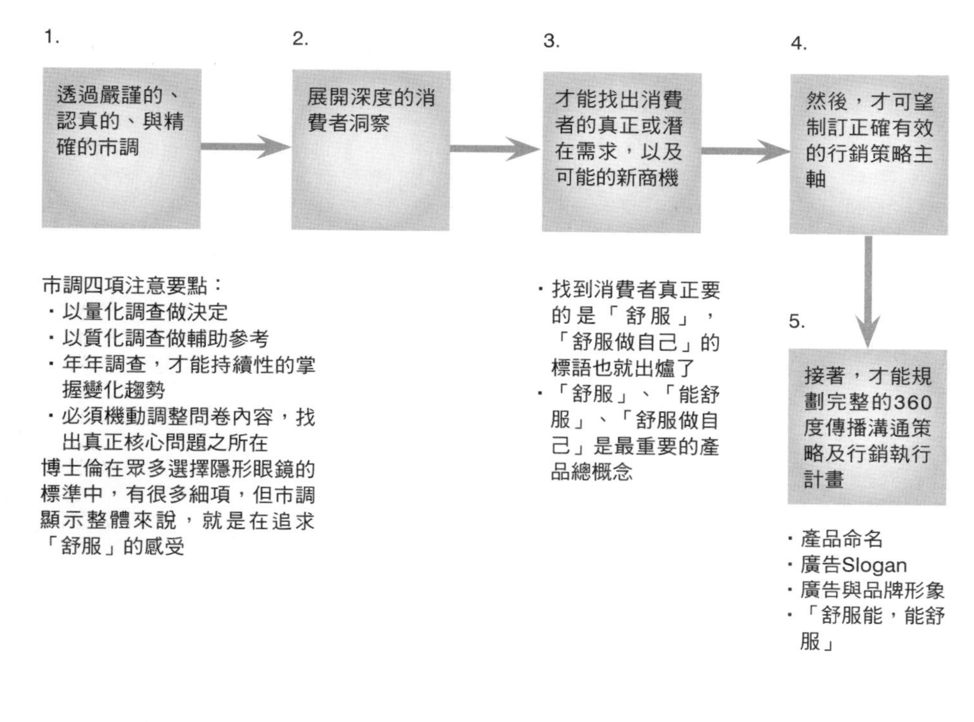

(二)關鍵成功要點2：抓住目標客層16-24歲年輕人的心

1.16-24歲之間是第一次配戴隱形眼鏡的年齡層。

2.這群消費者的特性分析是：重視品牌、價格、健康；喜愛公仔、個性化及富時尚感。

3.操作

(1)1998年：推出「小丸子」公仔。

(2)2004年：推出知名漫畫家製作一系列的衛教漫畫，傳達正確使用隱形眼鏡及保養液知識給七、八年級生。

(3)2006年：舉辦「博士倫麻豆兒美眉選拔賽」。

(三)關鍵成功要點3：如何有效運用網路行銷

1.精準的運用e-DM（電子廣告），但需注意必須定期更新資料庫名單，成功率才會提升。

2.關鍵字廣告搜尋，也要精準，才會有效。

(四)關鍵成功要點4：做好名人代言

1.必須找出目標群眾喜歡誰、偏愛誰、為何喜歡他們。

2.代言人要對品牌形象有加分效果才行。

3.後來找了SHE偶像團體代言，以SHE年輕活力的形象，拉近與16-24歲目標客層的距離。

4.隱形眼鏡保養液，則找天后級歌手蔡依林做代言人。

(五)利用感動行銷主動出擊

1.若消費者感受到自己被關懷的時候，就會被品牌感動，然後做品牌的強力連結。

2.博士倫操作手法，從專業出發

(1)教育消費者，只為你眼力健康。

(2)成立「視光免費服務中心」，只求你滿意。

(六)用心找到自己的藍海市場及藍海策略

國內大部分行業均已陷入紅海廝殺之中，如何找出新的藍海市場（例如老花眼鏡）施展藍海策略，就能再創新的成長。

四、品牌週期任務

品牌在長時間操作之後，一定會碰到各種變化，包括：

(一)如何在「成長期」，使之更蓬勃。

(二)如何在「停滯期」，使之產品再生。

(三)如何在「老化期」，使之品牌年輕化。

(四)如何在「導入期」，使之一炮而紅。

這是品牌經理應努力及未雨綢繆之處，才能使品牌維持成功與第一品牌而不墜。

五、結語：架構圖示

茲將本文內容重點摘示如下圖所示：

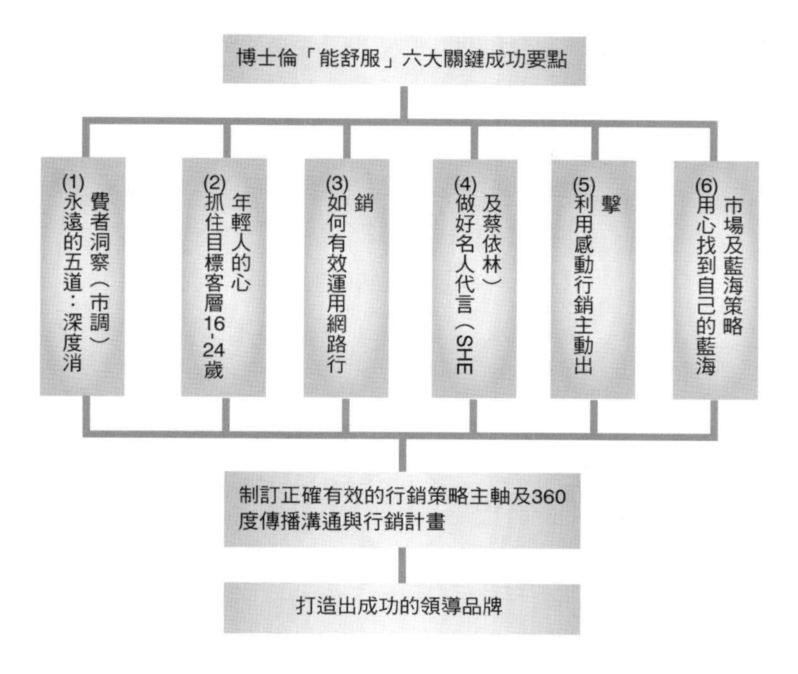

六、本個案「關鍵字」學習

(一)消費者洞察（Consumer Insight）。

(二)品牌傳播溝通策略。

(三)精確市調。

(四)抓住目標客層的心。

(五)網路行銷。

(六)選定正確代言人。

(七)感動行銷。

(八)藍海市場與藍海策略。

(九)品牌週期任務。

(十)領導品牌。

問題研討

1.請上博士倫（莊臣公司）官方網站，了解該公司及該品牌的初步相關資料，並討論之。

2.請討論2006年及2007年博士倫在「品牌溝通策略」的轉變如何？
3.請討論博士倫品牌行銷成功的關鍵因素第一項為何？其內涵邏輯又為何？
4.請討論博士倫品牌行銷成功的六項關鍵要點為何？及做法為何？
5.請討論品牌的週期任務有哪些狀況？
6.請列示本個案的關鍵字學習為何？
7.總結來說，在此個案中，你學到了什麼？你有何心得、啟發及評論？

〈個案4〉Lexus（凌志）汽車在台灣行銷成功

一、品牌總定位：「專注完美、近乎苛求」

(一)Lexus在1989年首度正式在美國上市，問世兩年便成為美國的暢銷車款。1997年正式在台上市就像Lexus汽車的流行廣告標語：「專注完美、近乎苛求」一樣，深植在消費者心中。

(二)Lexus汽車部門的負責員工，也都緊依著此八個字的信念，在(1)行銷工具；(2)宣傳手法；(3)選擇媒體；(4)售後服務等；把「專注完美、近乎苛求」的品牌精神徹底執行。

(三)在2005年度，Lexus汽車進口總數量超過雙B汽車，這都要歸功於Lexus汽車策略的成功，並且持之以恆的推動，真正做到了「清楚市場且全方位貫徹經營」。

二、精準描繪目標族群

(一)Lexus 1997年首度進口及研發行銷策略時，面對雙B、VOLVO、AUDI、JAGAR等高級車，已占有台灣高級車九成市場，挑戰非常大。

(二)但Lexus汽車最初便先精準的描繪出他們的目標族群，並從中發展契合的策略。

(三)Lexus汽車的目標族群年齡層較為年輕富有但低調，喜歡接受新事物，樂於挑戰及創新。因此，Lexus汽車希望以「專注完美、近乎苛求」的行銷理念，讓目標族群感受到他們的品質及服務，也一樣的執著。

三、提供周全顧客服務的試乘活動——小眾市場的高檔服務

(一)早期高級車市場由於太過穩固，容易導致比較忽略顧客服務這一環，因此Lexus即趁勢提供周全顧客服務及試乘活動，果然帶來不錯的迴響。

(二)由於Lexus汽車從新台幣160萬元到450萬元都有，其中又分為高級房車的頂級、中階及入門款三種，消費者族群特色相當明顯，因此，Lexus開始經營分眾市場。

(三)在2005年時，為頂級車款上市前，在中部日月潭舉辦兩天一夜的試乘及晚會活動，當時大約有500個潛在消費者參加，最後，在一個月內，有實際購車的消費者更高達二成，效果驚人。

(四)另外，Lexus透過市調也發現車主高達65%會習慣性參加藝文活動。因此，從1998年開始，Lexus每年度即開始贊助紐約愛樂音樂會、維也納音樂會、基洛夫芭蕾舞團，並保留現場座位，給Lexus車主優惠或免費的票價，讓他們感到有附加價值。

四、運用電視媒體及雜誌媒體

(一)由於大眾媒體電視的功能，在傳播品牌知名度方面，仍有一定效果，因此，到2007年止，Lexus每年仍有不少廣告量下在電視媒體上。因此，打開新聞頻道或Discovery或國家地理頻道，還是經常看到Lexus汽車廣告及其Ending用語：「專注完美、近乎苛求」，令人印象深刻。

(二)此外，在分眾雜誌媒體中，例如建築師、醫師等專業刊物，也是Lexus平面廣告的選擇之一。

五、面對不景氣中，業績仍能微幅成長3%

(一)台灣在2006年及2007年兩年中，汽車市場陷入下滑的趨勢，整體衰退10%-20%之間，全年銷售量從45萬輛下滑到36萬至38萬輛之間。但是Lexus在這兩年，仍能有微幅3%的成長，實屬難能可貴。尤其，2007年推出的最高級Lexus 460 LS加長旗艦車，原訂進口800輛賣，結果賣了1,200輛，每輛400萬元至450萬元之間，超過了原訂目標業績。

(二)未來如何在高級汽車市場中，做到：

1.更有差異化特色。

2.更好的顧客服務。

則是Lexus汽車的兩大持續努力的行銷目標。

問題研討

1.請討論Lexus品牌總定位為何？

2.請討論Lexus汽車的目標族群為何？

3.請討論Lexus汽車在歐洲高級車穩固的市場中，如何切入？

4.請討論Lexus汽車運用哪些媒體做廣宣活動？

5.請討論在不景氣中，Lexus的業績如何？

6.請討論Lexus汽車未來努力的方向為何？

7.請上台灣和泰汽車Lexus官網，了解及蒐集Lexus汽車有哪些車款及訂價為何？

8.請討論Lexus汽車有專門的銷售店，其與一般TOYOTA汽車銷售店是區別開來的，他們為何如此做？Why？

9.總結來說，在此個案中，你學到了什麼？你有何心得、啟發及評論？

〈個案5〉歐米茄錶成功行銷本土

一、全球品牌，落實本土化行銷宣傳策略

(一)1997年時，將歐米茄總部的全球行銷策略，調整為適合台灣市場的行銷活動，並選擇以任賢齊、李玟等形象健康的藝人，做好台灣區的代言人，吸引年輕族群的認同。

(二)引進滑雪運動錶時，找到以直排輪作為國內行銷主軸，結果立刻大賣。

(三)在推廣女用潛水錶時，從國外邀請一位女性自由潛水的世界紀錄保持人來台，透過鏡頭，把台灣海底世界之實傳遞給觀眾，搶盡媒體版

面。

二、整頓傳統舊通路，建立現代化系統管理

(一)傳統鐘錶店欠缺系統管理制度，而公司業務員也依循老傳統，靠喝酒搏感情來跑業務。後來台灣區公司開始展開變革，建立起幾十項服務檢查表，要求業務員與經銷鐘錶店，每天依據檢查表上的項目，逐一檢查錶店的商品陳列、燈光及服務流程。

(二)最早代理歐米茄的錶店，有100多家，但經考核後，砍掉一半，只剩50家。其中，再精選15家為A級店，並投入行銷經費，改善A級店的展開空間及行銷活動。

三、建立直營專賣店，掌握顧客資料

(一)傳統代理經銷錶店都不會給台灣區公司顧客資料。為直接掌握這些高價錶的金字塔頂端的客戶資料，公司於2000年底開始在高雄漢神百貨公司設立第一家歐米茄名品專賣店（OMEGA Bontigne），在2001年的櫃位中，業績開出紅盤。後來，在台北微風廣場及101大樓也展開拓點計畫。

(二)透過專賣名店，累積客戶資料庫，定期寄送客戶生日禮物、新款手錶上市訊息、獨享商品、優惠活動、藝文表演欣賞招待會等，建立歐米茄VIP俱樂部，深耕客戶關係。

(三)整合SWATCH集團總公司在台灣分公司旗下的14個手錶品牌，區隔及交叉運用不同的客戶層，發揮整體效益最大。

四、行銷成果

為擁有四十八年歷史的歐米茄錶品牌，在台灣打下第2名的市占率，平均每十支由瑞士進口的手錶，就有一支是歐米茄錶。

五、關鍵成功因素（K.S.F）

(一)全球品牌，本土化行銷，包括本土代言人、本土事件行銷活動、本土廣告製作等。

(二)改造及汰換傳統舊通路，建立現代化系統的行銷及營業制度與做

法，讓傳統通路活絡起來。

(三)建立直營專賣名店，塑造高級形象，並且掌握金字塔頂端的顧客資料。

(四)運用資料庫，展開VIP顧客會員經營與行銷活動，發揮更大行銷成果。

六、行銷成功架構圖示

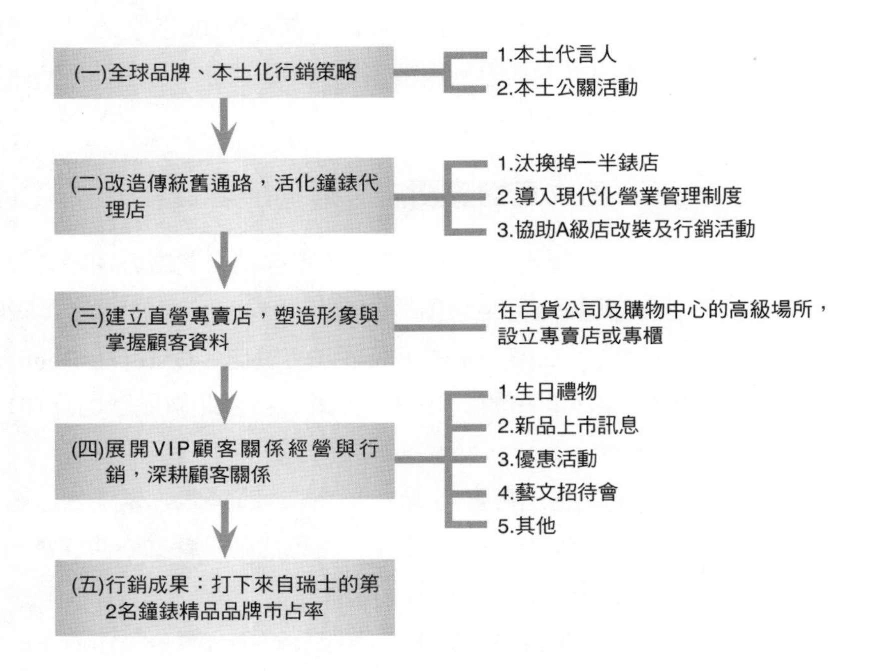

問題研討

1.請討論歐米茄錶在台灣如何展開本土化行銷策略？Why？

2.請討論歐米茄錶在台灣如何採取通路策略？Why？

3.請討論歐米茄品牌為何要建立直營專賣店？Why？

4.請討論歐米茄品牌的行銷成果為何？其K.S.F又為何？

5.總結來說，在本個案中，你學到了什麼？心得為何？你又有何行銷評論？

〈個案6〉MAZDA汽車品牌再造成功

一、艱苦年代：市占率低，品牌形象不鮮明，品牌很模糊

(一)1998年以前，MAZDA（馬自達）在台灣汽車市場，只是個模糊的身影，市占率只有0.7%，問及消費者對MAZDA的品牌印象，無法說出一個具體出來，勉強拼湊出一些雜亂的印象，好像是卡車專門車子、日本牌子、「拖拉庫」（台灣：卡車）的引擎馬力好。

(二)在1996年10月，美國福特汽車成為日本MAZDA大股東，因此，經營權轉到了福特公司。在福特接手MAZDA台灣總代理權之前，MAZDA台灣公司已連虧了五年，市占率僅0.7%，品牌印象不清且模糊。

二、重新打造品牌

(一)剛開始在重新打造品牌方面，從兩方面思考著手

1.必須跟主要競爭對手有所區別，才能在前幾大汽車公司，找出一條活路。

2.必須是消費者可以接受的品牌概念。

(二)找出品牌新定位：「日本精緻文化」

日式美學及日本獨特的精緻絕美、細膩、專注的文化氛圍，是MAZDA Taiwan要深入去理解，並轉化為讓消費者會感動、會共鳴的情境與語言。

(三)成功的品牌策略必須要以一致的概念，不斷地與精準地對日本客戶群進行深度的溝通及心靈對談，才能傳達品牌的精神。

(四)當時，推出的電視廣告CF，大家印象很深刻，完全由一個日本男人沉穩厚實的日文聲，作為廣告詞句。與一般汽車用中文發音，有很大的不同及吸引力，也帶出了「MAZDA」這個品牌高度的印象。

三、正確定位、品牌形象，產品及通路是四個成功要件

(一)改造不單是精神標語的重塑，更要在產品、服務及銷售尋求一致性及連結性。

(二)但「日本精緻文化」的品牌定位，只是一個信仰傳達，並不足以讓MAZDA品牌有血有肉。

因此，從品牌基礎建構到品牌價值打造，都必須與「產品」緊密結合，才不會做白工。

(三)MAZDA的產品研發還是很強的，每年都有不錯的口碑明星車款推出。其中，以MAZDA第一代到目前第五代，五年來累積銷售量已超過10萬台，每年都有2萬台的銷售業績。

(四)在通路策略方面，由於當時經銷體系士氣低落，於是重新制訂績效考核標準，加強品牌認知教育訓練，提供硬體資源協助，展開店面規劃設計工作。展示空間裡，日式山水翠竹，配合四季情境造景，並且奉上日式點心。

(五)至今MAZDA對品牌定位時把關非常嚴謹，如果違背「品牌精神」，廣告公司提出點子再妙，創意再好，也不會過關採用。

(六)MAZDA公司無論在策略創意落實，都有嚴謹流程，跟一般公司丟給廣告公司的做法很不同。

四、行銷團隊執行力：年輕、活潑、有幹勁

(一)MAZDA行銷團隊成員只有幾十人，不多，但每個人都很年輕，平均年齡是30多歲。

(二)這個年輕團隊有朝氣、勤奮好學、勇於接受來自各方挑戰，執行力能徹底貫徹，MAZDA的品牌價值就是這個團隊打造出來的。

五、行銷成果

(一)六年來，市占率從0.7%，上升到5%，擠下日本HONDA（本田）位居第5大汽車品牌。

(二)六年來，MAZDA營收業績成長10倍。

(三)每年在市場上賣出2萬台汽車，在這麼少的人員編制數下，創造此成績，算是台灣汽車公司效率最高的。

(四)廣告CF方式，經常改變。

六、本個案架構圖示

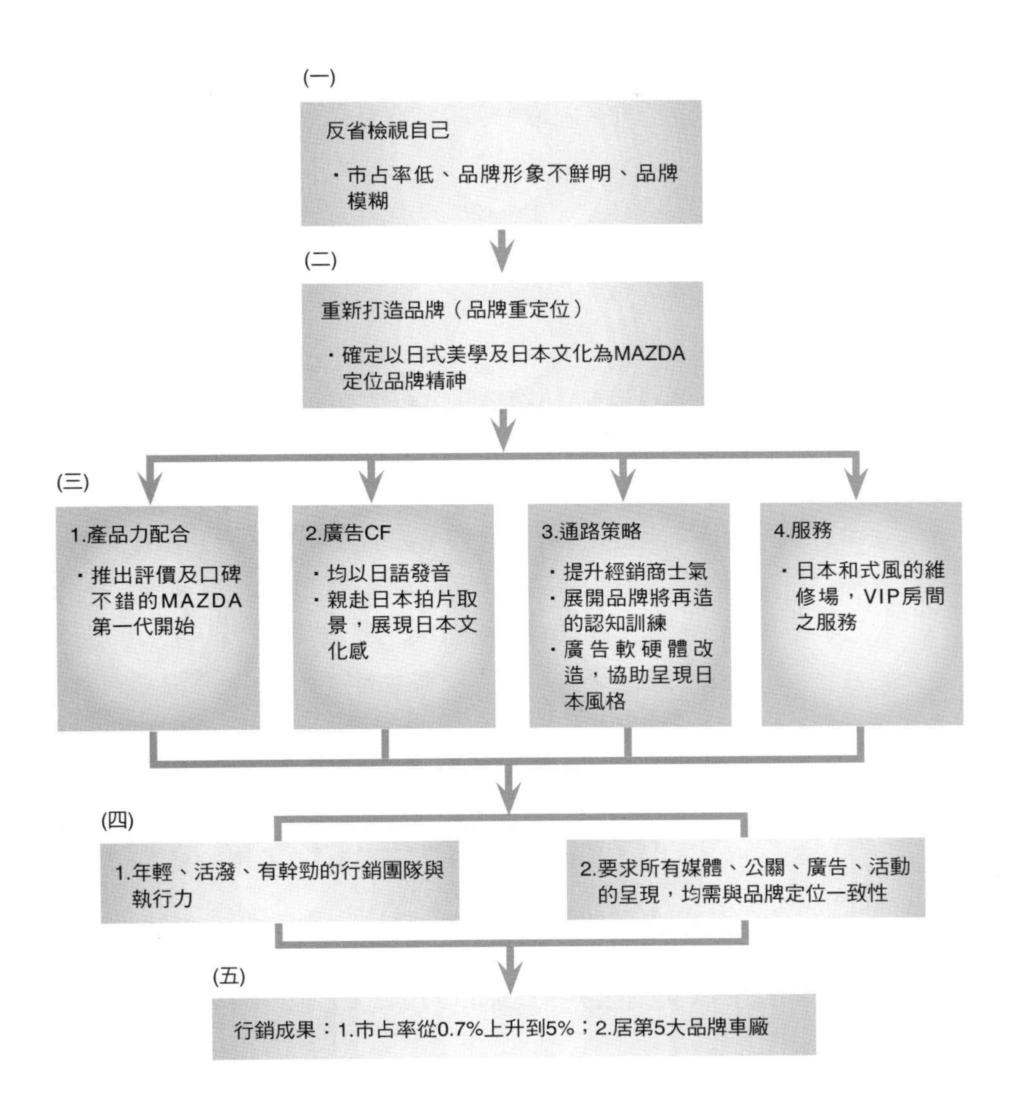

七、關鍵成功因素

(一)品牌重定位策略方向及內涵均極正確。

(二)所有行銷4P或8P/1S/1C活動，均與其品牌定位及品牌精神具一致性。

(三)產品力有效的配合，MAZDA汽車在設計、內裝及性能方面，均有好口碑。

(四)廣告CF全程日文發音及日本取景，深具吸引力。

(五)對通路經銷商改革成功。

(六)維修服務中心獨具五星級水準。

(七)年輕、有活力幹勁的行銷團隊人才及執行力。

問題研討

1.請討論MAZDA汽車在艱苦年代的行銷情況為何？
2.請討論MAZDA在重新打造品牌時，思考了哪兩項重點？
3.請討論MAZDA找出來的品牌新定位為何？為何要以此為定位？它為何是成功的？
4.請討論MAZDA 四個成功要件為何？
5.請討論MAZDA行銷團隊執行力狀況如何？
6.請討論MAZDA獲得什麼行銷成果？
7.總結來說，在本個案中，你學到了什麼？心得為何？你有何評論及觀點？

〈個案7〉青箭口香糖——口香糖長青樹，歷三十年不衰

一、競爭對手只剩LOTTE（ZYL ITTO）

(一)過去的司迪麥、芝蘭、飛壘、波爾口香糖均已不復見。

(二)只剩2005年底新上市的日本（韓國）品牌LOTTE（ZYTLITTO）口香糖苦戰市場第一大留蘭香公司的三種口香糖品牌。

二、定位策略

(一)三十多年來，青箭的廣告Slogan永遠不會漏了這一句：「青箭口香糖，使您口氣清新自然」，以及「像這個時候，就要來一片青箭口香糖」，此Slogan台詞就彰顯出明確的定位。

(二)定位除了清楚，也在掌握消費者的需求，「使您口氣清新自然」的定位，給消費者一個理由來購買。

三、廣告投資策略

(一)光是青箭一個品牌，每年就投入達1.3億元的廣告投資。以使青箭能持續不斷向消費者傳達一致的訊息，此亦是經營品牌的重點。

(二)為使品牌年輕化，廣告CF推出「小吃篇」及「大頭貼篇」廣告的多元場景及故事情節廣告。

四、通路策略

(一)通路商是非常現實的，他們重視的是迴轉率及毛利，即使是老品牌，也要每年檢視銷售力道，若銷售不佳，也會被下架的。因此，必須要有品牌優勢及銷售佳績，才會爭取到優勢，包括：鋪貨率高、貨架空間占有率高及陳列位置佳。

(二)留蘭香公司也經常充分配合通路商要求舉辦促銷活動。

五、多品牌策略

(一)除青箭、黃箭以外，還有Extra及Airwaves兩個品牌，也都經營相當成功。

(二)多品牌策略對取得貨架空間有利，並且壓縮對手空間。

(三)擁有強勢的多個品牌，在操作價格變化及促銷活動配合時，也較有彈性因應。

六、品牌年輕化策略

(一)品牌廣告年輕化

三十多年的歷史，讓青箭面臨自然老化的危機；而九〇年代末期自家新品牌Extra、Airwaves的崛起，也讓青箭的市場逐漸被瓜分，特別是愛嚐鮮的年輕族群，也逐漸轉移到新品牌。

備感威脅的青箭，因此朝向品牌年輕化的方向改革，近來的廣告就做了較大幅度的創新，添加了許多吸引年輕人的元素，像是小吃篇廣告首部曲，找來了林強製作其有搖滾味道的廣告歌曲；二部曲則請李威、林佑威兩位年輕偶像擔綱演出；而大頭貼篇廣告中，拍大頭貼的情境及幽默情節，都為迎合年輕人的喜好。

(二)口味改變，迎合年輕化

品牌化還落實在新口味的推出，2004年青箭正式推出「超強薄荷」新口味，這是三十年來的頭一遭，主要也是為了年輕族群的市場，根據青箭所做的調查，年輕男性消費者對薄荷的強度、清涼的口感有更強烈的需求，為了滿足他們，產品線才會做延伸。

七、關鍵成功因素（K.S.F.）

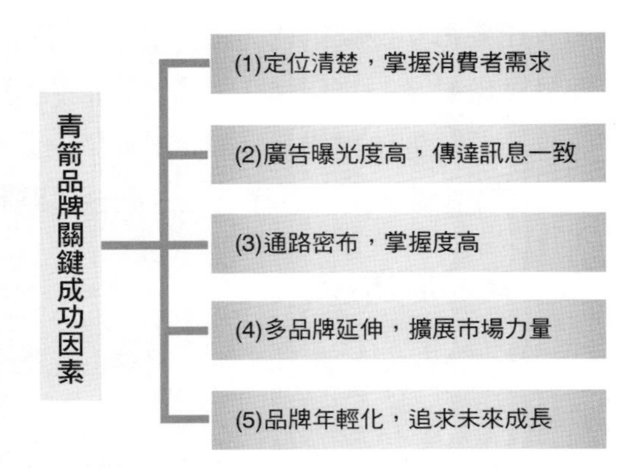

問題研討

1.請討論青箭口香糖的唯一競爭對手為何？
2.請討論青箭口香糖的定位策略為何？
3.請討論青箭口香糖的廣告投資策略為何？
4.請討論青箭通路策略為何？
5.請討論該公司採取多品牌策略，為什麼？目前有哪些品牌？
6.請討論青箭口香糖如何維持品牌年輕化策略？做法為何？
7.請分析青箭口香糖的K.S.F.為何？
8.總結來說，在本個案中，你學到了什麼？心得為何？你有何評論及觀點？

〈個案8〉Sony Ericsson手機在台市占率衝上第2大

一、合併初期市占率大幅滑落

(一)2001年10月，Sony與Ericsson合併為Sony Ericsson。但合併初期兩年，即2001-2003年底，卻出現水土不服現象。合併初期大虧到4.31億歐元（相當177億新台幣）。

(二)而在台灣Sony Ericsson公司的市占率也從第3大的10%，大幅跌落3%的慘境。

二、優勢互補，兩年後才轉虧為盈

Sony Ericsson花了兩、三年時間，才轉虧為盈，全球市占率也逐步回溫，2005年重回世界前5大。2006年第三季更衝刺到全球市占率8%，一舉站上全球第4大，僅次於NOKIA、MOTO及韓國三星。

三、全球願景目標：2011年挑戰全球第2名

Sony Ericsson全球市占率，在2010年超越MOTO（摩托羅拉手機），邁向第3位，僅次於NOKIA手機及三星手機；而在台灣的市占率則在2010年，繼續提高到26%。

四、台灣Sony Ericsson行銷策略奏效，在台市占率躍上第2大

(一)市占率破紀錄

2006年8月，台灣Sony Ericsson市占率突破10%的過去十年歷史紀錄，9月更衝上13%，使台灣公司成為Sony Ericsson在全球市場上表現最優秀的國家之一，並遠赴英國總公司接受頒獎表現的榮耀。2008年1月，其市占率更躍升到26%，位居第2名。

(二)行銷策略成功的六大關鍵

1.兩家大公司資源互補效應產生

Sony強在消費品領域，而Ericsson則強在無線通訊技術的領先。兩者互補之下開發出來的產品力，算是相當強的，具有十足競爭力。

2.產品採取精英策略，取代機海（眾多）戰術

(1)2002年度，Sony Ericsson在全球只推出4款新機型，2003年為5款，2004年為8款，2005年則為13款，相較於NOKIA及MOTO的40、50款而言，少了甚多。

(2)雖然Sony Ericsson機種少，但每一款均能熱賣，此為獨到之處。Sony總公司將集團資源全部投入在手機上，包括Sony總公司在全球賣得很好的Walkman MP3音樂功能加進手機中，成為目前在市場熱賣的W系列及K系列手機。另外，還有Sony總公司的照相手機功能亦加入。

3.Sony BMG知名歌手加入代言，使手機熱銷

Sony Ericsson更利用集團資源，即Sony & BMG（新力博德曼唱片公司）台灣公司旗下當紅歌手王力宏做新款照相手機的產品及廣告代言人，增強年輕族群粉絲的購買，為熱銷手機銷售量加溫。

4.通路策略——售價穩定，價差不大

Sony Ericsson手機在台灣通信行通路的售價，大致保持相當穩定性，不會先高後低，價格差距很大。因此，通路商不必擔心價格波動過大，使其庫存量價差也加大，而導致虧錢賣。因此，通路商也勇於進貨及樂於推銷。

5.新產品能符合電信公司加值功能服務的需求

Sony Ericsson由於研發能力強，近兩、三年推出電信的新機種，亦均能符合電信公司大力推動的圖鈴下載及數位影音傳輸等加值服務的需求；並為電信公司帶來更高的ARPU（每月營收額貢獻度），此亦提高電信公司的採購意願。

6.全球知名且一致性的品牌形象及品牌資產條件的擁有

此種全球性品牌形象的鞏固，也明顯的有助於消費者依賴性及促購力，這都是無形潛在的效益。

五、本個案行銷成功架構圖示

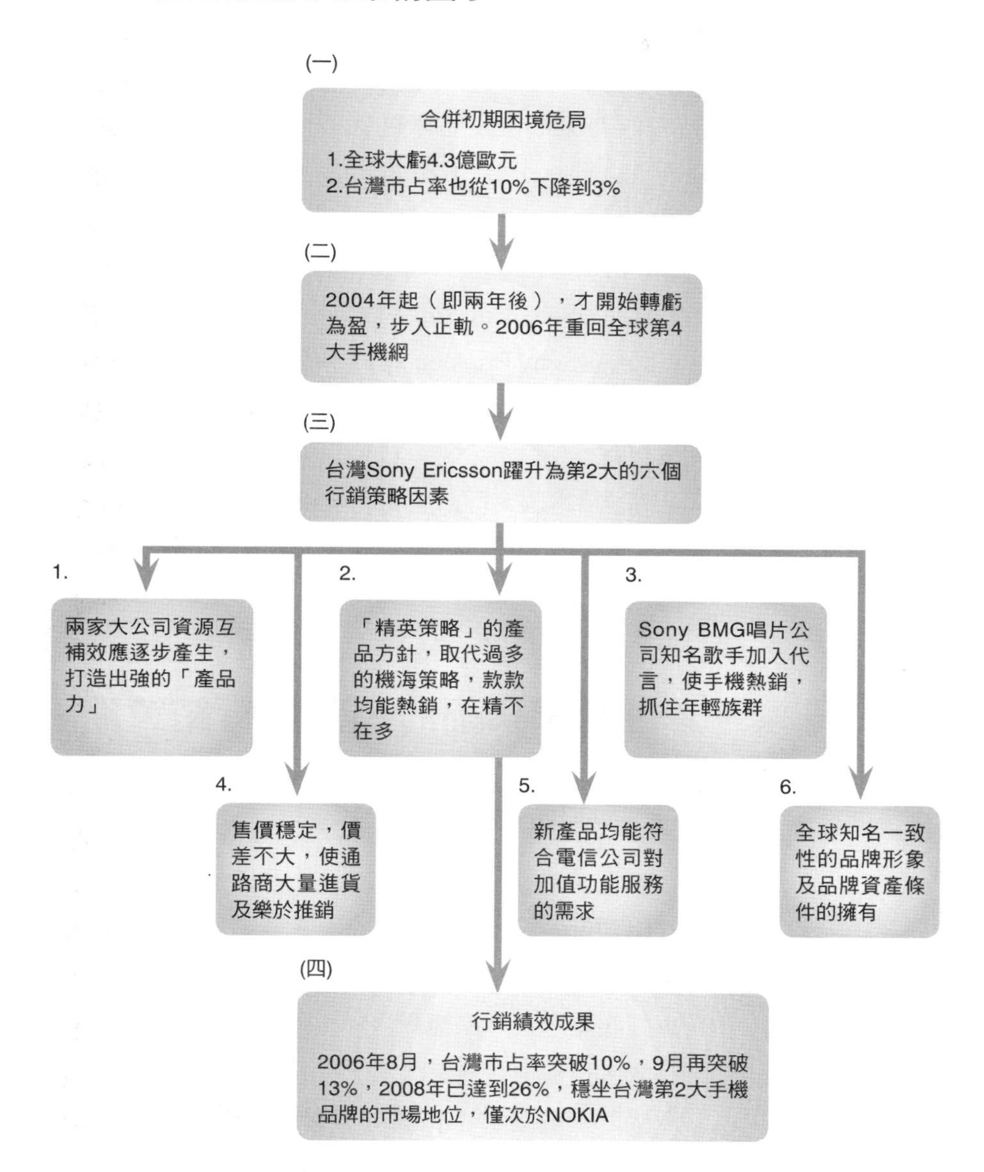

六、本個案行銷成功的K.S.F.

(一)Sony及Ericsson兩家大公司優勢資源互補套在一起的效應逐步浮現，奠定「產品力」的體質。

(二)產品策略：精英策略、主力產品策略及戰鬥型產品策略。

(三)不讓通路商吃貨虧損的風險發生，此為通路商安心策略。
(四)滿足電信公司加值服務的技術需求。
(五)台灣新力博德曼唱片公司代言人，資源的運用成功。
(六)全球知名優良品牌資產。

問題研討

1.請討論Sony Ericsson手機為何在合併兩年後才轉虧為盈？Why？
2.請討論Sony Ericsson 2012年的全球願景目標為何？
3.請討論台灣Sony Ericsson公司有哪些行銷策略，使其在台市占率躍上第2大？
4.請討論本個案行銷成功的架構圖示？
5.總結來說，在本個案中，你學到了什麼？心得為何？你有何評論及觀點？

〈個案9〉台灣家樂福的經營與行銷策略

一、台灣流通業競爭白熱化

台灣流通業競爭白熱化，要在微利時代，仍然站穩一席之地，就必須不斷推出創新手段，拉大差異化，才能殺出一條生路。

率先進駐台灣的量販業者萬客隆，經營十四年後，跟不上市場變化，只好吹熄燈號，家樂福全國開發總監田中玉分析：「萬客隆不是被家樂福打敗，是被消費者淘汰了。」

今天的消費者，不但講究優質的服務，還要求舒適的購物環境，量販業者只有不斷往前走，符合消費者永無止盡的需求，尤其進入微利時代，業者大打價格戰，更是需要靠市場戰略取勝。

二、未來零售業決勝點，將在通路占有率及行銷能力比高下

家樂福四年前併購英商特易購，目前全省有60家店，就是重要的通路實力，也仗著店數較多，相對更有能力打行銷戰術，可見通路和行銷兩者

相輔相成，也唯有衝高市占率，才能發揮更大的行銷威力。

為了摸清楚消費者口味，家樂福每年花3億元進行顧客調查，2009年更是投入14億元做行銷，田中玉相信，行銷可以化腐朽為神奇。他以薄酒萊為例，雖然是出於品質較差的釀酒葡萄，經過行銷包裝以後，創造獨特的文化氛圍，竟然化身為熱銷產品，推銷給「不懂得品酒」的人喝，就是「行銷能創造一切」的最佳寫照。

三、家樂福通路型態，將日益多元化與因地制宜導向

開拓不同的通路型態、發展創新店型，也是擴大差異大的方式。面對競爭者迅速展店，家樂福決定起身迎擊，2008年起推出小型店計畫，導入因地制宜的概念。

傳統的賣場面積大約3,000坪，小型店縮小格局，占地約1,000坪，從都市逐步往第二、三級城市拓展，同時在現有店內成立「家樂福便利站」、「家樂福藥妝店」等小型快速購物專區，嘗試小型店的營運模式。

四、家樂福的自有品牌是必走之路

零售流通業發展自有品牌商品，則是一條必走的路，也唯有加重自有品牌比重，才能增加利潤。田中玉表示，家樂福現在有8.2萬種品項，其中2,000種是自有品牌，貢獻7億元營收，占總營收的8%，占比未來還會不斷增加。

量販店業者發展自有品牌商品，占有較大的價格優勢，而且消費族群仍然可以和原有品牌區隔。田中玉舉例，若是帶伴手禮見丈母娘，一定要買「義美」蛋捲，如果買回家自己吃，就可以選擇售價便宜，但仍然是義美代工的「家樂福」蛋捲。

不過，自有品牌產品適用於基本產品，例如：原子筆、礦泉水、紙杯等，需要配方、技術門檻高的商品，就不適合推出自有品牌，例如：家樂福嘗試推出自有品牌牛奶，不斷遭遇挫敗，因為牛奶消費族群，並不在意產品是否便宜5元。

五、建置IT系統，提高工作效率化

精益求精的服務品質，更是流通業的勝出關鍵，其中專業的IT系統，則是提供人性化服務的前提。家樂福平均一家店，投資1億元建置IT系統，確保從物流、賣場到收銀台，一路順暢運作。

透過完整的IT系統，才能達到有效的管理，亦是增加永續競爭力的不二法門。例如：庫存區貨不夠了，透過系統管理，立刻自動下單；透過精密的計算，掌握客人流量，才能用科學方法排班，發揮工作人員的最大效用。

家樂福2007年推出「好康卡」和「信用卡」，也是結合IT系統的嘗試，希望掌握分眾消費者的特性，未來研擬行銷策略，不再亂槍打鳥，而能真正落實分眾行銷，減少行銷成本，又能提升效益。

六、不斷拉大與第2名的市占率，是主要戰略目標

放眼未來，田中玉強調「拉大市占率」將是主要目標。除了既有八座物流廠，家樂福還會加蓋三座物流廠，2009年物流廠數量可達二位數，加上300輛自有貨車，全少跑透透大衝業績。

台灣零售業競爭早已淪為紅海，但是看在田中玉眼中，傳統市場高達3,000億元的產值，對量販業而言，甚具開發潛力。對照歐洲，平均10萬人就能開一家量販店，台灣目前平均20萬人才開一家，仍有極大的展店空間，等待有心者捷足先登。

（資料來源：經濟日報，2008年12月5日）

問題研討

1.請討論台灣流通業競爭的狀況如何？

2.請討論家樂福公司田中玉總監認為未來零售業的決勝點何在？為什麼？Why？

3.請討論家樂福的通路策略型態將採用何種？為什麼？Why？

4.請討論家樂福為何認為自有品牌是必走之路？Why？

5.請先上台灣家樂福公司的官方網站，蒐集相關自有品牌的資料，並做一個完整的說明。
6.請討論家樂福自有品牌的產品有哪些較適合？有哪些較不適合？
7.請討論家樂福的IT系統做了哪些事情？其功效如何？
8.請討論家樂福為何強調要「拉大市占率」為主要目標？Why？
9.總結來說，在此個案中，你學到了什麼？你有何心得、啟發及評論？

〈個案10〉TOYOTA台灣代理商和泰汽車常保第一的五個改革關鍵

一、改革關鍵之一：建立完整產品線，每年均會有新款車推出上市

構造改革的第一步，也是關係到和泰能以後進之姿，搶占台灣車市No.1，甚至囊括三分之一車市的原因，就是完整的產品線。

1997年，豐田在台灣的商品線很不完整，轎車只有Premio跟Tercel兩種，無法和中華三菱汽車匹敵。看到商品力的薄弱，和泰開始規劃每年都必須有一款能涵蓋大範圍市場所需的新車種導入台灣。從2001年開始，台灣每年都能看到一款豐田的新車上市，從Altis、Vios、Camry到Wish、Yaris。

現在這幾款車，全部都是同級車中的銷售冠軍，無一例外。

「豐田汽車總是對於Timing掌握的很好，車型開發和時代的脈動，他們Match得很好。」一位競爭車廠的總經理說。

二、改革關鍵之二：強化改善經銷商體質，經銷商體質好，就能賺錢，向心力就高

關鍵也在於和泰將與顧客接觸的第一線經銷商，納入構造改革裡，改善經銷商體質，直接強化經銷商對消費者的服務。

因為，「沒有好的經銷商經營，是不可能做好客戶關係經營的。」邱文福一句話說出經銷商之於汽車銷售的重要，反觀其他汽車品牌相較豐田的劣勢，就在於缺乏良好的經銷商經營及管理。

和泰採用的方式是中央集權制。經銷商的車輛販賣資料、零件管理、客服，甚至連財務，所有資料都集中由和泰統一處理、分析。

和泰資訊部有六十多人，規模比一般資訊公司都還大，他們自己開發電腦管理系統，也幫經銷商建置。

所有資料進入電腦系統，和泰能定期比較經銷商的銀行借款利息、自有資金比例、汽車銷售狀況，更重要的還有顧客入庫率、售後服務表現等。

在這樣互利共生的結構中，不只改善經銷商的財務結構，更深化經銷商對顧客的服務品質。

1997年，全體經銷商共虧損1.7億元，到了2003年，他們共獲利20億元。有了獲利，和泰的經銷商也配合和泰的要求，增加據點及人員的投資，等於直接增加豐田汽車的銷售能見度。

裕隆通用汽車南區總經理黃朝池觀察，經銷商有賺錢，體質好，向心力就高，對總代理的要求執行度也更高。

邱文福更舉一個例子說明和泰經銷商的向心力。一天，豐田的銷售據點前，兩個豐田車主靠著車子站在路邊聊天，聊著聊著，經銷商的員工主動出來請兩位車主進去坐著聊。「我聽到這故事就想，當員工對品牌已經忠誠到這地步了，還能講什麼，他就贏了嘛。」邱文福說。

三、改革關鍵之三：改革薪獎制度，激勵員工衝出好業績

「身為總代理的和泰，核心競爭力就應該在於企劃及分析能力，唯有這樣，才是真正的總代理。」張重彥中氣十足地說。

其實這個總代理的角色，和泰也是在構造改革時才定位出來的。

當時和泰除了是總代理外，還兼做大車及堆高機的經銷，但在大車及堆高機部門尚未分割獨立前，這部門總是處於虧損狀態。

因為兩邊需要完全不同的核心競爭力，作為經銷商，要具備的是第一線營業活動能力。

因此，2003年，和泰正式將大車及堆高機分出來，前者移轉至長源汽車，後者則成立台灣豐田產機公司。為了把大車及堆高機部門獨立，和泰先是花了2億4,000多萬元辦理優退，再重新聘用。也重新改變計薪方式，降低本薪，並將獎勵從以「千元」計算，改為以「萬元」為單位。

張重彥還親自到全省溝通，不斷問業務，「你獎金領得到嗎？」來調整薪資與獎金的比例。「很怕留不住大車部門的人，如果那樣我一定完蛋，因為沒有人替我賣車。」

這招果然激勵員工衝出好成績。「這些人是靠激勵的，你錢丟了，他們就會去拚命。」張重彥說。

很快的，獨立出來的公司，也從虧損立即反轉，一年能獲利3億元。

四、改革關鍵之四：開拓更多的周邊事業，以因應企業對成長的需求

然而，即使能夠搶占到更廣大的市場，但也難以阻擋台灣車市的不振，和泰也因此開拓更多的周邊事業，以因應企業對成長的要求。

「當個經營者，面對萎縮的市場，你一籌莫展，對投資者怎麼交待，現在股價80塊，馬上就會掉到十幾塊。」張重彥認為，唯一的方法是，「本業要動，周邊事業也要動。」

所以和泰從1999年，就陸續成立租車公司和運、汽車貸款公司和潤，及汽車用品百貨的車美仕等，未來還要介入汽車拍賣領域。

而看中中國大陸更大的成長空間，和泰換個身分，到大陸擔任廣州豐田及一汽豐田的經銷商，目前已經有八個點。2008年，和泰就因此認列大陸投資獲利1億多元。

長達五年的構造改革，和泰從獲利11.5億元，到2003年的21.5億元，接近雙倍成長。業內業外都做了萬全準備的和泰，甚至遭遇2006年的車市大低潮，依然能獲利35億元。

六十週年的慶祝會上，才剛跨過30%市占率的和泰，再度喊出2015年市占率要達到40%。再度把目標調高，因為和泰不想成為龜兔賽跑裡安逸的兔子。張重彥說：「不然大家會想，股價不錯，獲利也有30、40億元，很安定，如果大家這樣就滿意了，那就糟糕了。」

（資料來源：天下雜誌，2008年6月15日，頁55-56）

問題研討

1.請討論和泰汽車的改革關鍵之一為何？

2.請討論和泰汽車如何改革經銷商？為何要如此做？Why？

3.請討論和泰汽車如何激勵員工衝出好業績？

4.請討論和泰汽車如何開拓周邊事業？為何要如此做？Why？

5.總結來說，在此個案中，你學到了什麼？你有何心得、觀點及評論？

〈個案11〉美國Converse運動鞋品牌在台灣的行銷策略

一、Converse開設球鞋精品店，展店五家，走精品路線是必然趨勢

全球知名運動鞋品牌Nike旗下美國帆布鞋品牌Converse，2011年就100歲了。Nike投入數億元打造Converse百年慶全球活動，台灣區總代理寶原興業總經理林天德指出，2009年10月在台北市東區開設第一家Converse精品店，2011年將大展拳腳，訂出展店五家的目標。

Converse 10月在東區開設第一家精品店，目前每個月業績至少80萬元。林天德表示，規劃2011年展店五家，但他擔心台灣分到的精品限量款不足。先前販售與日本原宿教父藤原浩合作的超級限量鞋款，當天有超過200多人搶購，最後是發號碼牌抽出40位購買。

「走精品路線是必然的趨勢。」他以南韓為例，南韓引進Converse時就定位為精品，並採單一品牌的店面銷售，2009年推出的平價款，就造成搶購風潮，一個月可賣出100多萬雙。

林天德指出，台灣Converse精品售價訂在2,000元左右，強調材質獨特、數量稀有，限量款只有36雙到360雙，且不能補單。另外，Converse單一品牌精品店與服飾配件，也將是2011年發展的重點。

二、代理商在台灣的行銷三策略，使業績飆升

美國百年知名帆布鞋Converse來台近十六年，台灣區總代理寶原興業總經理林天德接觸這個品牌長達十六年，試穿過6,000多雙，是Converse最忠誠的擁護者。

2005年，寶成集團取得台灣代理權，林天德協助寶成集團讓台灣Converse的品牌在台灣更加發光發亮，銷售與品牌都達到顛峰。

2003年以前，Converse在台年銷售量在20萬到30萬雙，為突破現況，林天德做了三個重要的策略活動。

他首先打破一向只邀請Top 10經銷商的慣例，向公司申請近300萬元經費，邀請所有經銷商、近600人到翡翠灣舉辦活動，租借近600坪的空間，依功能和月份展示鞋款。林天德指出，由於人數太多、房間數不夠，分兩天進行。2003年正值SARS爆發，當時老闆遲遲不批准經費，但他向老闆保證，這次活動一定能讓業績成長4倍。當年台灣Converse的業績就做到9,900萬元。

第二波改革是改變新品上架次數，由春夏與秋冬兩季新品上架的模式，改為一年四次。林天德表示，當時Nike與Adidas已採四季新品上架的方式，Converse的消費者多是年輕族群，很難等候六個月才能看到新品，可能會影響銷量，因此他推動四季更新的做法並獲得認同，且讓其他業者跟進。

第三件創舉是，改善對優異經銷商的獎勵，以經銷商營業額現金的2%-4%直接回饋，取代贈送出國旅遊等獎勵方式。

這些創新做法讓Converse業績從2003年開始一路攀升，2004年到2006年銷量是2003年之前的7倍，2008年經濟不景氣，運動類品銷售業績逐漸下滑，但營收仍與2007年相當。

三、百年慶舉辦公益活動

2011年是Converse品牌成立100周年，已有不少廠商與寶原興業洽談合作，寶原市場部經理諶克純表示，2011年計畫與飲料業者異業合作。

為替百年慶暖身，首先登場是為捐助給抗愛滋、肺結核與瘧疾的全球基本組織所舉辦的「Product Red（紅色商品）」活動。美國總部邀請全球

100名藝術家參與設計Converse商品，其中有一位台灣藝術家。

Converse也是唯一在RED慈善計畫合作夥伴中，只要消費者登陸Converse美國官方網站，就可獲准創造屬於自己的「RED」鞋款。RED慈善計畫合作夥伴還包括摩托羅拉、蘋果、亞曼尼等知名品牌業者。

（資料來源：經濟日報，2008年5月19日）

問題研討

1.請討論Converse台灣代理商的通路策略如何？為何要開闢精品店？

2.請討論Converse台灣代理商操作了哪些行銷策略而使業績飆升？

3.請討論Converse百年慶將舉辦什麼公益活動？

4.請討論Converse被哪家公司所併購？（請上網尋找相關資料）

5.總結來說，在此個案中，你學到了什麼？你有何心得、評論及觀點？

〈個案12〉香港商莎莎美妝店——M化對策、平價奢華、搶攻台灣美妝版圖

一、多重改造策略奏效，每年都有兩位數成長

港商莎莎國際看好台灣美妝市場的發展空間，在歷經近幾年加速門市展店的腳步後，現在要更強化產品組合、服務加值等優勢，以「平價奢華」的策略，在國內美妝市場開創新版圖。

莎莎國際台灣區總經理黃月寶指出，在莎莎國際集團的奧援下，她對發展台灣美妝、保養市場非常有信心，事實上，近幾年莎莎國際台灣分公司的業績，每年也都以兩位數成長，顯示這幾年她重新對莎莎的門市展店、市場定位、人員培訓等層面做改造的策略奏效。

以門市展店策略來講，莎莎2008年來台發展邁入第十一年，歷經前幾年在台穩紮穩打後，她主張應該把莎莎的優勢大舉發揮，因此近幾年加速展店。五年前，也就是莎莎國際來台發展第六年時，莎莎國際在台僅3家

門市，現在已有14家門市。

二、產品組合多元化，從高價到低價都有，迎合一次購足的消費者需求

在產品策略方面，莎莎的產品擴及美妝彩妝、保養、香水、頭髮、身體沐浴、美雜工具等類別，產品品牌有400多個，品項更達1萬5千多個，產品組合最多元化。台灣五大通路包括開架式、日本潮流、醫學美容、百貨專櫃、沙龍等通路的商品，莎莎幾乎都有，產品價格從幾10元的美雜工具，到上萬元的高級保養乳液都有。這種長期所累積，提供消費者一次購足環境的優勢，更應該善加發揮。

三、服務人員加強培訓，為顧客做免費服務，提升服務面的優勢，達到顧客的黏著度

在人員培訓策略，黃月寶認為，莎莎已經具備產品面的優勢，應該進一步再強化服務面的優勢，擴大建構更強的競爭門檻。因此，她主張，每個門市現場的美容師不僅服務要升級，進入公司後至少都要經過六個月的專業培訓，進入六至十二個月後進一步接受行銷、話術培訓，十二個月以上接受心靈成長培訓之外，門市應該強化免費服務的加值，包括幫客戶提供免費修眉、免費彩妝、免費臉部保養、免費諮詢等服務，及提供免費試用品供試用等，提升門市在消費者心中的消費價值與黏著度。

四、搭配店面人員的獎金誘因

當然，莎莎也考慮到，要做到每家門市的現場服務人員，都願意發自內心為顧客做這些免費的服務，除了觀念上的啟發、教育之外，也必須從制度面提高誘因，因此，公司也搭配提高獎金補助，提升美容師為顧客服務的品質，營造良性的循環。

五、莎莎美妝店的基本策略——用開架式通路的價格，讓消費者享受專櫃式通路的服務，落實平價奢華

黃月寶指出，莎莎的策略，就是用開架式通路的價格，讓消費者享受專櫃式通路的服務。讓消費者覺得在商品價格、服務加值兩個層面，享受

物超所值的優惠，這種「平價奢華」的策略，是因應M型社會的對策。要落實這個競爭策略，就必須回歸到產品面與人才服務面。

六、強化與消費者的互動，不斷觀察消費者的需求變化

至於行銷面，台灣莎莎國際這幾年也不斷在觀察掌握消費者的需求變化，除了採購更有競爭力的品牌與商品，有助於行銷之外，近來也陸續強化與消費者之間的互動。譬如邀集香水代理商舉辦莎莎香水之星選拔，同時把這項選拔，透過門市專櫃的促銷、戶外巡迴推廣、消費者投票、網路投票等活動，創造集體參與的效益。

黃月寶強調，門市的經營，不管是商品面、行銷面、現場人員服務面，就是要站在消費者的角度去思考，因為品牌的價值、門市的價值，最終都是回歸消費者來論斷決定，愈能貼近消費者的需求去思考，就愈能贏得消費者的青睞。當然，要掌握消費者的需求，是每家企業都想要知道的重點，這一點，還要仰賴科技工具的充分運用，以及善用財務報表的分析。

七、運用CRM系統，有效掌握主顧客的購買特性

以莎莎來講，每家店鋪會運用顧客關係管理（CRM）系統，掌握每個主顧客的購買行為與特性，在不同的時間，推出不同的會員活動，滿足甚至激發會員的購買力。而財力專長出身的黃月寶，更深懂數字會說話的精髓，充分運用產品客觀銷售數字背後所代表的意義，回頭修正各種決策的方向與品質。

（資料來源：工商時報，2008年3月17日）

問題研討

1.請討論莎莎美妝店的多重改造策略奏效，有哪些改造策略？

2.請討論莎莎美妝店的產品優勢為何？

3.請討論莎莎美妝店的現場服務優勢為何？

4.請討論莎莎美妝店的基本策略為何？

5.請討論莎莎美妝店如何與消費者互動？以及如何運用CRM系統？

6.總結來說，在此個案中，你學到了什麼？你有何心得、評論及觀點？

〈個案13〉中國大陸品牌進軍台灣市場水土不服成功不易

一、中國大陸製造產品已充斥台灣賣場，但中國品牌產品則仍少有成功

國際市場上，現在有愈來愈多中國品牌四處攻城掠地，如海爾家電、聯想電腦、青島啤酒等，在全球各地都取得不錯的銷售成績。但大陸品牌前進台灣時，多數卻水土不服，不是早早打退堂鼓，就是陷入進退兩難，台灣已成為大陸品牌既期待又怕受傷害的海外市場。

自台灣加入世貿組織（WTO）之後，已陸續開放大陸產品進口，根據國貿局的統計，至2007年12月底，准許進口大陸農工產品8,718項，占全部貨品總數的79.76%。與歐美市場一樣，廉價的「中國製造」商品已充斥台灣賣場、商店，更深入每個家庭中，但真正成功打入台灣市場的，卻屈指可數。

二、中國海爾家電鎩羽而歸

以家電業為例，大陸家電業以低價策略，迅速攻占歐美市場，海爾冷氣已成為美國三大空調品牌之一，洗衣機和冰箱更早就在美國占有一席之地；康佳電視在澳洲、中東和東南亞取得最佳業績；海信打入歐洲、南非市場；TCL則在越南、菲律賓銷售名列前茅。

台灣區電電公會副總幹事羅懷家認為，台灣區家電業的生產規模不夠，若沒有「重大因素」考慮下，引進大陸家電品牌來台，符合台灣中低收入階層的需求，也可推動台灣業者往更高階產品發展，大家應該樂觀其成。

但在語言文化相通的台灣，大陸家電業顯然觸礁了。海爾原本對台灣市場抱持厚望，2002年與聲寶策略聯盟，除了由聲寶代工，也希望互相代

理品牌。海爾希望透過聲寶的通路進入台灣市場。

海爾產品一開始藉由「家電特賣會」方式試探市場反應，但發現台灣消費者對大陸家電產品的接受度不高。

聲寶發言人陳柏蒼說，台灣廠商對引進中國品牌較敏感，主要的顧慮還是售後服務的保障，因為消費者仍然偏愛台灣國產品牌，聲寶從消費者觀點考量，後來未引進海爾的產品。

三、中國TCL冷氣，低價策略仍未成功

另一個積極搶進台灣市場的是TCL。TCL四年前由東森國際代理其產品，透過東森得易購販售冷暖除濕三用空調，以低於國產品牌三成的價格強力促銷，一度引起市場關注。

東森得易購內部人士對於TCL在台的銷售量不願透露，僅表示每年以1-3%穩定成長，售後也沒有接到消費者對品質提出抱怨。

不過2008年底，東森國際停止TCL產品的代理業務，使台灣市面上現在幾乎看不到大陸家電產品。東森國際承辦該業務的蔡先生坦承，不再代理TCL產品是因為銷售不佳。

業界人士認為，目前台灣土洋家電產品競價激烈，促銷期間經常也折價三至四成，TCL的低價策略能發揮的空間有限。

業界人士也認為，除了對售後服務的質疑，大陸家電產品與台灣規格不符、大陸品牌知名度太低，以及對中國貨品質普遍印象不佳，甚至「非經濟因素」的本土意識抬頭，都是大陸家電品牌在台灣施展不開的原因。

四、中國聯想電腦在台市占率跌

再以個人電腦為例，大陸品牌首推聯想電腦。聯想於2005年併購IBM個人電腦事業部後，在國際市場逐漸打響名號，並積極攻占海外市場。但聯想自2006年正式進入台灣市場後，採取的IBM和Lenovo雙品牌策略，顯然沒有奏效。

根據IDC統計，2005年第一季聯想併購IBM PC部門之初，在台灣市占率還有10%，但2006年就降至8%，2008年第一季更跌至3%。對此，聯想台灣區主管曾表示，聯想現階段任務不是衝銷售量和市場占有率，而是

組織重整，提高客戶滿意度。他認為，只要客戶滿意了，就會反映在市場成績上。

五、中國品牌未來在台灣行銷的成功因素

除家電和電腦，還有許多手機、藥品、食品飲料、餐飲，甚至服務業等大陸品牌，對台灣市場躍躍欲試，近來頻頻來台探路。不過在已趨成熟的台灣消費市場，大陸品牌若想占有一席之地，勢必要提升產品品質和形象，並建立完善服務配套，才有機會一搏。

（資料來源：工商時報，2008年3月12日）

問題研討

1.請討論中國海爾家電在台灣為何鎩羽而歸？Why？
2.請討論中國TCL冷氣在台灣的低價策略為何仍未成功？Why？
3.請討論中國聯想電腦併購IBM電腦後，在台市占率為何仍跌？
4.請討論中國品牌未來想在台灣市場行銷成功，應有哪些因素要做好？
5.總結來說，在此個案中，你學到了什麼？你有何心得、評論及觀點？

〈個案14〉金百利克拉克公司「靠得住」衛生棉的品牌再生戰役及整合行銷策略

一、「靠得住」衛生棉的品牌再生戰役圖

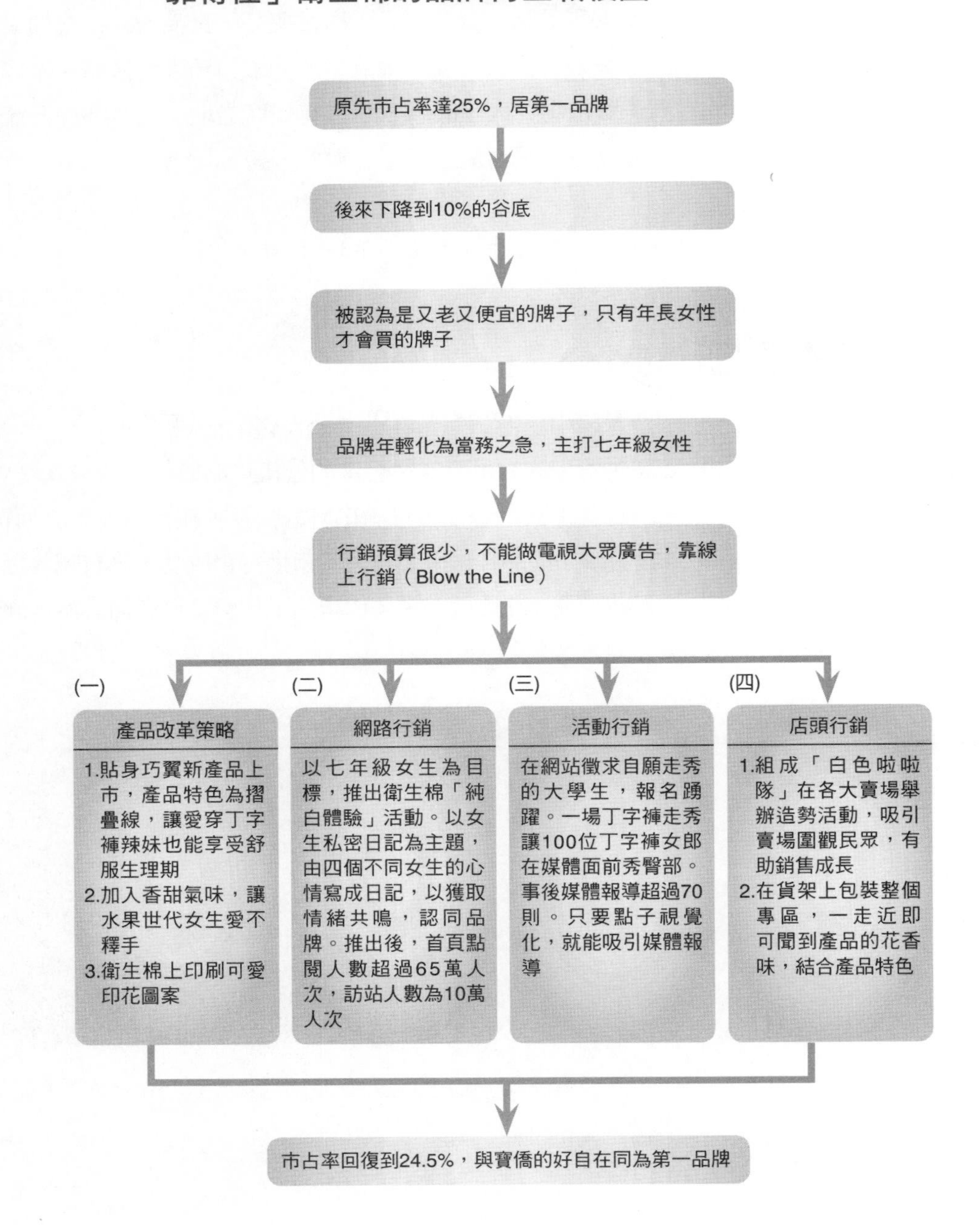

二、「靠得住」衛生棉在落到最後谷底的現象

(一)品牌地位變弱。

(二)是媽媽或姊姊愛用的品牌（品牌老化）。

(三)市占率連續四年急速下滑。

(四)通路商沒信心。

(五)業務員採殺價策略，價格愈殺愈低。

(六)沒有推出新產品。

(七)在區隔市場缺席。

(八)結語：產品經營績效極差。

三、五大主要競爭品牌

(一)P&G：好自在。

(二)花王：蕾妮亞。

(三)嬌生：摩黛絲。

(四)嬌聯：蘇菲。

(五)本土：康乃馨。

四、「純白體驗」的360℃傳播溝通十二種工具及活動齊發並進

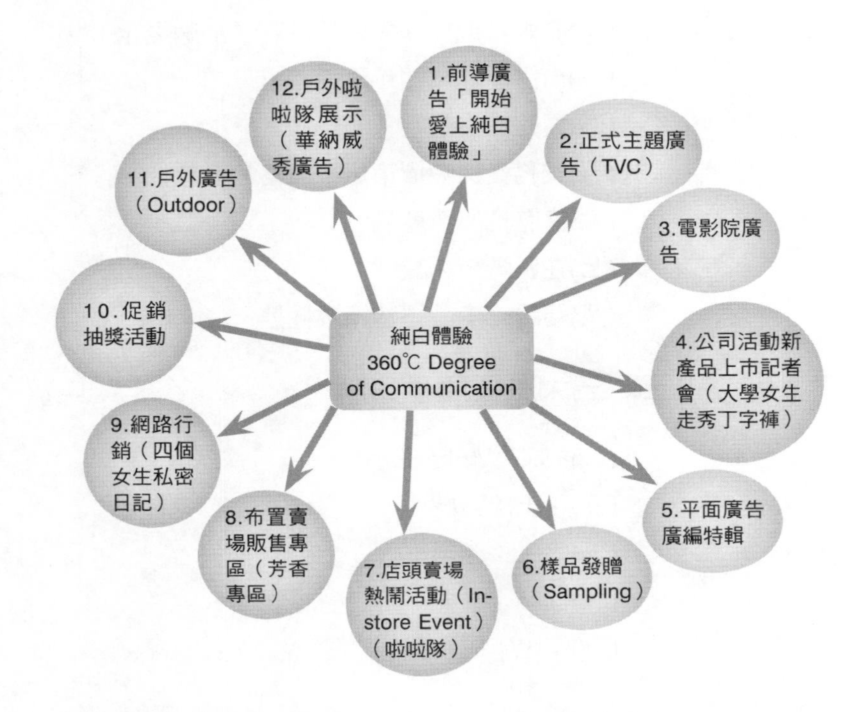

說明：廣告片找來一群並非藝人或明星的年輕女生，穿上純白短褲，加上對白生動的腳本，廣告推出來後，銷售量急速上升，購買者以18-28歲女生為主。

五、金百利克拉克公司產品開發四階段與對消費者的理解

(一)step 1

1.產品概念的產生（Product Concept Generate）。

2.焦點團體座談及篩選（Focus Group Disscusion & Screening）。

3.選定可以贏的概念（Select Winning Concept）。

(二)step 2

1.試作品使用測試（Sample Useage Test）。

2.試作品儘可能修正到完美。

3.確認是可以致勝的產品（Assure Winning Product）。

(三)step 3

1.展開廣告測試（Advertising Test）。

2.FGD及Modify。（FGD：焦點團體座談會）。

3.發展致勝廣告片（TVC），然後才正式花錢播出。

(四)step 4

1.展開包裝測試（Package Test）。

2.創造致勝包裝（Winning Package）。

〈附註〉

1.曾經十次退回廣告腳本及idea，直到真正滿意的廣告片腳本才停止。而廣告片拍出來之後，也經三修、五修，最後才真正定案。

2.包裝也花了一些工夫，要求具有設計質感。

六、靠得住衛生棉產品的發展——持續性的創新原則（Continue Innovation）

（年度）	2004		2005		2005		2006
（Slogan）	沐浴清新	→	親膚蘆薈	→	（純白體驗）貼身巧翼	→	（純白體驗）pH5.5

要點

(一)重點如何贏過競爭對手。

(二)要配合研發部門（R&D）的研發技術能力。

(三)有特殊專利權保護。

七、理解「通路商的運作及狀況」（Trade Marketing，通路行銷）

(一)通路商

「靠得住」衛生棉的販售通路，主要有量販店、福利中心、超市、便利商店、藥妝店（屈臣氏）、藥房等五大類通路。

(二)每一類通路商及每一家通路商的配合條件、狀況及要求等均不完全一樣。但少掉任何一個通路商，都會對業績不利，故需做好通路商的人脈及互動配合關係。

(三)品牌廠商與通路商互動往來的相關事項

1.產品的訂價（Price）。

2.產品的毛利（Margin）。

3.通路商上架費及其他收入。

4.品牌知名度。

5.企業形象。

6.促銷活動期的配合度。

7.量大進貨的折扣優惠。

8.旺季與淡季的不同做法。

9.物流進／退貨。

10.結帳、請款。

11.資訊連線。

12.賣場行銷活動的舉辦（試吃／試喝→現場展示→現場美容化妝→簽名會……）。

13.上架／下架相關事宜。

14.賣場區位的設計。

15.廣告預算多寡。

16.其他事項。

八、洞察及了解「消費者」（使用者、目標顧客群）

(一)Usage & Attitude; U&A（使用與態度）	(二)Shopper-purchase Behavior（理解顧客購買在賣場的行為）
1.消費地點、使用地點如何？ 2.使用頻率如何？ 3.採購量如何？ 4.品牌忠誠度如何？ 5.價格敏感度如何？ 6.競爭如何？ 7.採購因素及動機如何？ 8.決策權如何？	1.購買頻率如何？ 2.購買地點？ 3.購買時間？ 4.購買量？ 5.重要特質及關鍵活動？ 6.對現場促銷的誘惑力如何？ 7.6W、2H的追根究柢（What、Why、Where、When、Who、Whom、How、Much、How to do）

說明：

1.靜態的在家／在辦公室的消費者行為，以及到大賣場／超市之後的消費行為，並不一致。

2.去大賣場／百貨公司及去屈臣氏等的消費行為，也可能不一樣。

九、建立致勝「行銷組織團隊」戰力（Team Building）

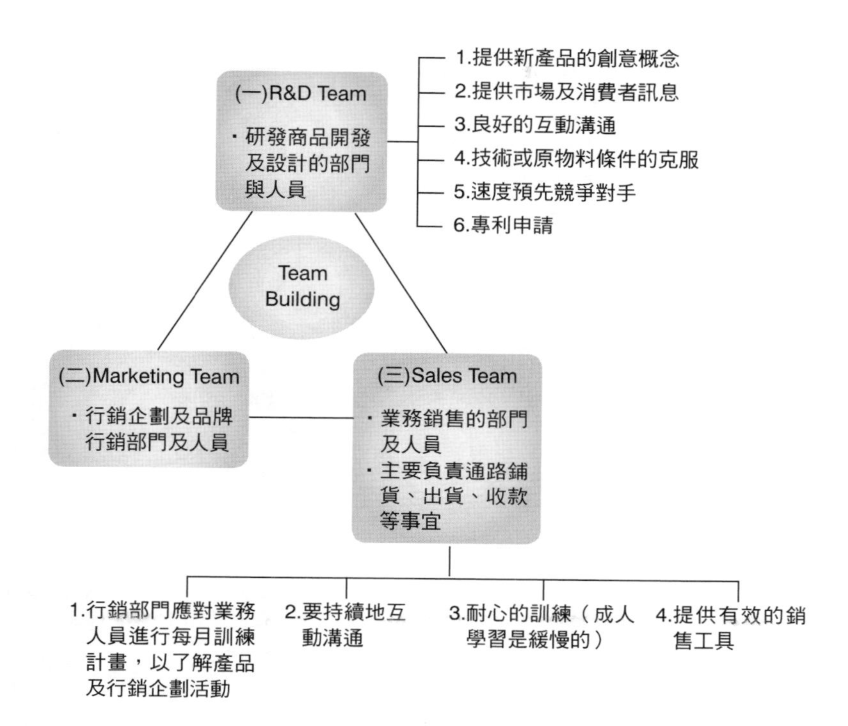

十、完美執行整合行銷三角架的六件事情做好

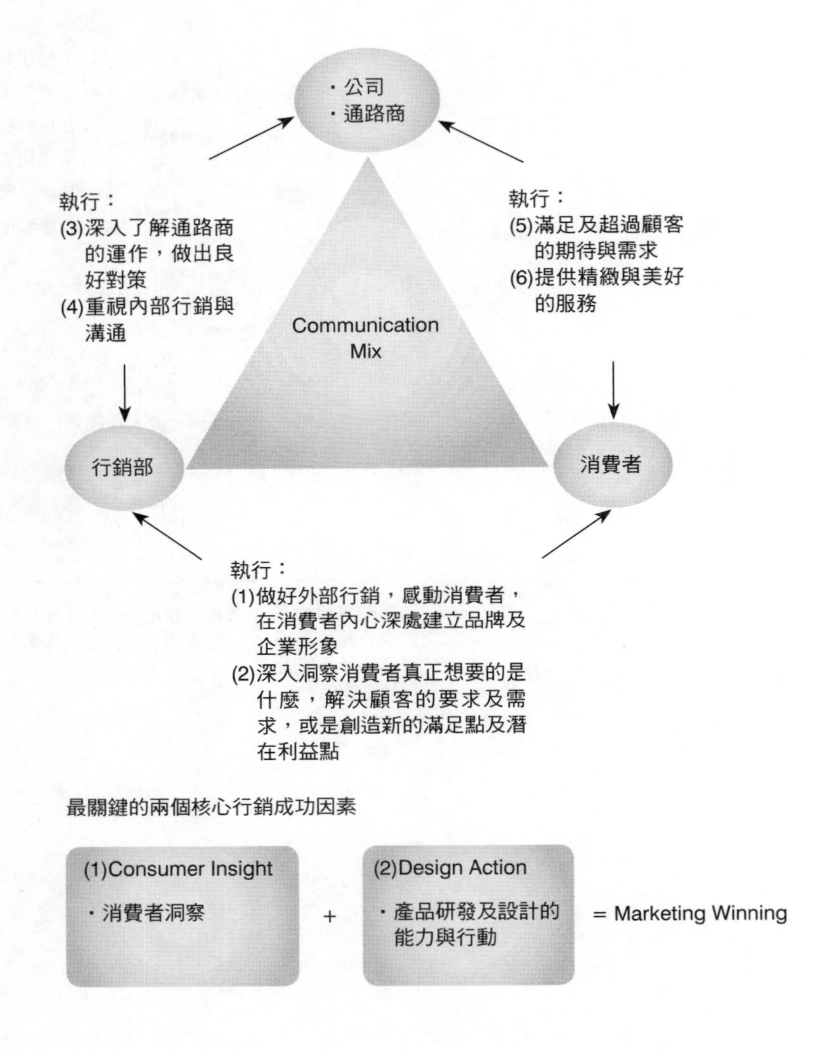

問題研討

1. 請討論「靠得住」衛生棉曾經落到最谷底的現象為何？為何會如此？Why？
2. 請討論靠得住的五大競爭對手為何？
3. 請討論靠得住純白體驗的360°整合行銷溝通做法為何？

4.請討論金百利克拉克公司產品開發四階段為何？
5.請討論靠得住衛生棉產品的發展原則為何？
6.請討論靠得住的通路行銷狀況為何？
7.請討論金百利克拉克公司如何洞察及了解消費者？
8.請討論金百利克拉克公司如何建立致勝的行銷團隊戰力？
9.請討論完美執行整合行銷的三角架及六件事情為何？以及靠得住兩個核心行銷成功因素為何？
10.總結來說，在此個案中，你學到了什麼？你有何心得、觀點及評論？

〈個案15〉SK-II在台灣的整合行銷策略

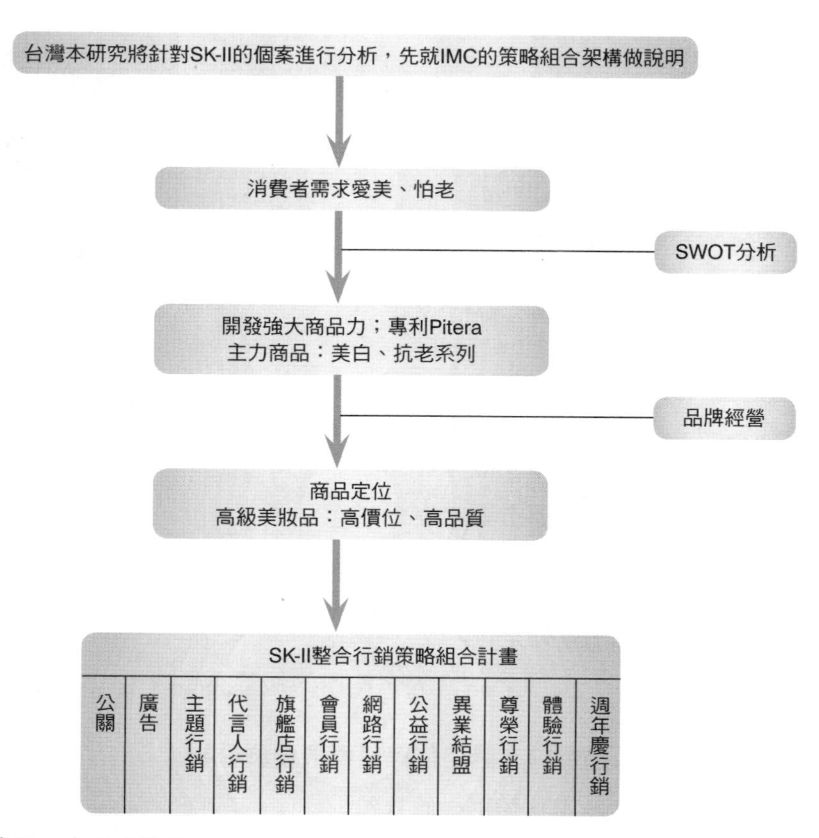

資料來源：本研究整理

一、重視消費者需求與商品開發

(一)強大的商品力「Pitera」為主軸開發全系列商品。

(二)重視消費者需求，有效落實與意見領袖的交流。

表3-1
SK-II 2005年最新全系列商品列表

系列	產品項目	
基礎保養系列	深層淨透潔顏油 活膚卸妝蜜 柔膚潔面乳	亮采化妝水 青春露 高效多元活膚霜
保濕系列	青春露精華 涵采保溼霜 瞬效激活水面膜	青春露面膜 青春滋養面膜 光透活膚粉餅／粉霜
美白系列	晶透煥白精華 集中淡斑水凝膜 全效防曬精華	晶透煥白面膜 晶透煥白粉餅／霜
抗老系列	水嫩無痕水凝露 緊緻抗皺修護精華 全效活膚面膜	緊緻煥顏精華 潤采活膚粉凝霜
油脂系列	淨脂平衡露 晶緻煥膚霜	
其他系列	光透活膚隔離霜 青春按摩霜 緊緻美體精華	滋養護唇膏 精緻柔光蜜粉
晶鑽極緻系列（2005年11月新推出的頂級產品）	修護精華 再生霜	

資料來源：本研究整理

二、市場區隔（S-T-P分析）

(一)早期市場定位

定位為熟齡婦女使用的保養品。

(二)重新定位

定位為適合大眾使用的保養品品牌。

(三)目前市場定位與目標消費群分析

1.目標市場的設定

鎖定為25-34歲的女性。

2.目標消費者群特性

重視產品效果，有足夠的購買力，主要消費者以轉換「現有專櫃保養品使用者」為主。

三、品牌建立與經營

圖3-1
全球最受歡迎的430種超級品牌分布圖

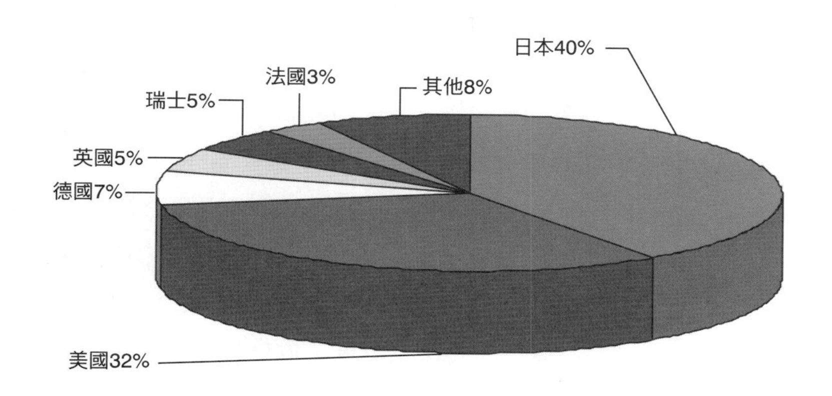

(一)綜合超級品牌成功條件，以SK-II為例

1.廣告排山倒海（高）。

2.超級品牌慣用策略（中）。

3.名字美麗動人（高）。

4.品味區隔（高）。

5.反映生活文化（中）。

6.附加價值（高）。

7.銷售全球（高）。

8.少做促銷（高）。

9.製造歷史議題（高）。

10.洋片宣傳（低）。

11.設計品味獨特。

12.外地代工（中）。

今天買與不買的決定，80%取決於女性；可見女性驅動消費、投資及創新商業模式的力量不容忽視，而SK-II就是擅用「價值行銷」打動女人心的佼佼者。

如果說LV是高價皮件的代名詞，SK-II就是高價女性美白化妝品的代名詞，在P&G旗下的眾多品牌，SK-II已成為最紅、獲利最多的第一品牌。

SK-II的品牌願景就是致力創造女性晶瑩剔透的美麗生活。

1.成立SK-II Beautique晶瑩護膚中心

開幕當天，分別在SOGO台北店門口與護膚中心內，以視訊方式，請到了SK-II三位美麗代言人：蕭薔、琦琦、舒淇，同時進行剪綵開幕儀式。

2.林憶蓮代言緊緻煥顏精華

活動訴求：林憶蓮希望膚質能像熱氣球一樣360度向上攀升，讓她的肌膚保鮮期可以無限延長。「SK-II全效活膚眼膜」代言記者會以勾人的眼神對現場男記者強力放電，充分展現電眼女王的魅力。

「SK-II侵蝕性傳言」危機處理：請皮膚科醫生廖苑利出面澄清說明。

(二)主題行銷

1.以旅遊為主題的行銷

SK-II鎖定經常性往來世界各地進行商務或旅行的客層，規劃出旅遊主題系列的產品組合，包括飛行途中及上、下飛機使用的時刻，及旅遊途中的防曬防護。

2.以溫泉為主題的行銷

提出泡湯保養是敷臉的最佳時機，建議消費者將青春敷面膜一起帶入浴室內進行敷臉計畫。

(三)代言人行銷

提到台灣操作明星為品牌代言的翹楚，首推SK-II，從劉嘉玲、蕭薔、鄭秀文、舒淇到林憶蓮，幾乎每個台灣女人，都能很快地將這些人名和品牌做直接的聯想，對品牌的記憶度提升，確實功不可沒。

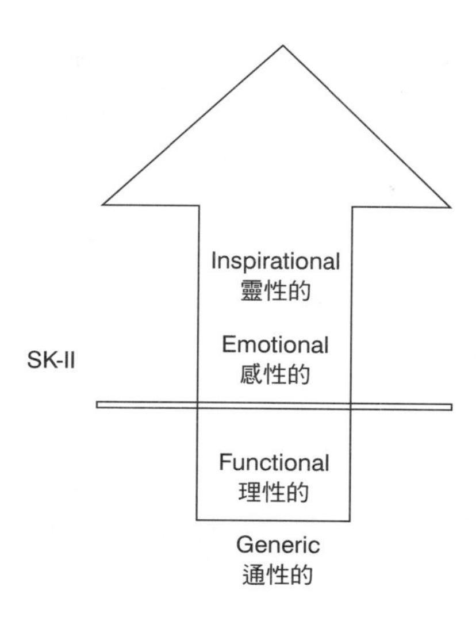

資料來源：本研究繪製

四、整合行銷策略組合

(一)公關活動策略

1.SK-II媽咪美白現況調查

媽咪們真正需要的應該是深層美白產品。

2.SK-II女性肌膚問題調查

台灣女性對肌膚保養最重視的三大訴求分別是：「肌膚水嫩有彈性」、「膚色乾淨無瑕疵」，以及「膚質透亮有光澤」。「瞬效激活水面膜」就是因此而誕生的。

(二)代言人行銷-1

表3-2
SK-II品牌廣告代言人(一)

代言人	代言產品
蕭薔	SK-II青春露、「六分鐘護一生」公益代言人、「無國界的美麗奇蹟」慈善活動愛心大使 SK-II青春露 潤采活膚粉凝霜（2003年10月）
劉嘉玲	「青春精華露」連續八年擔任代言人 緊緻抗皺修護精華（2003年11月） 緊緻美體精華（2004年1月）

代言人	代言產品
鄭秀文	緊緻平衡露（2003年2月） SK-II淡斑水凝膜（2004年4月） 深層淨透潔顏油（2004年7月） SK-II晶透煥白面膜（2005年6月）
琦琦	緊緻活膚系列（2003年1月）
林憶蓮	SK-II緊緻煥顏精華（2004年12月）

(三)代言人行銷-2

表3-3
SK-II品牌廣告代言人(二)

代言人	代言產品
舒淇	SK-II晶緻活膚乳液（2004年8月） SK-II晶緻換膚霜
莫文蔚	晶瑩活膚系列（2004年10月） SK-II全效活膚眼膜 SK-II瞬效激活水面膜
吳佩慈（NEW）	2005最新活動代言人 代言SK-II LXP頂級保養系列
丁乃箏（NEW）	代言SK-II LXP頂級保養系列 2005年最新平面廣告代言人
徐熙媛（大S）	代言SK-II全面膜系列 2005年最新廣告代言人

資料來源：本研究整理

(四)旗艦店行銷

1.台北101旗艦店

開幕日期：2003年11月14日

地點：台北101百貨

在台灣單一品牌銷售第一名的SK-II，在台北新地標首次引進頂級沙龍概念，設立SK-II第一座沙龍式專櫃。

2.SK-II Beautique晶瑩護膚中心

開幕日期：2004年1月6日

地點：忠孝東路與大安路口開幕活動，當天特別邀請SK-II代言人琦琦、蕭薔、舒淇共同出席。

3.服務

量身訂做歐式護膚手法，強調個人化服務。

4.SK-II提出「BEST護膚中心」的四個衡量基準

品牌知名度（Brand）、環境品質（Environment）、附加服務（Service）及量身訂做（Tailor-made）。

(五)會員行銷

SK-II針對其SK-II Club會員提供了多項服務：

入會方式：單次消費滿新台幣8,000元，即可成為晶瑩會員。

會員優惠方案（2009年最新）

1.會員獨享每季晶采好禮（一年四次好禮）試用。

2.生日當月可兌換生日獻禮。

3.可獲SK-II Club專屬季刊。

4.會員獨享優惠禮遇。

5.獨家設計異業優惠好禮。

6.優雅高尚的入會禮／升等禮／續會禮。

表3-4
SK-II晶瑩會員入會條件

時間	2003年12月1日起
會員等級	分為三級：晶瑩尊貴會員／晶瑩風采會員／晶瑩會員
入會資格	晶瑩會員：一次消費額滿新台幣8,000元（同舊制）
晶瑩之友卡	無
會員有效期限	自申請核准起一年內有效
續會資格	晶瑩尊貴會員：一年內消費額50,000元 晶瑩風采會員：一年內消費額20,000元 晶瑩會員：一年內消費額滿8,000元
續會有效期限	一年
升等資格	晶瑩風采會員：年消費50,000元可升等為「晶瑩尊貴會員」（含第一次入會之消費金額） 晶瑩會員：年消費滿20,000元可升等為「晶瑩風采會員」（含第一次入會之消費金額）

資料來源：本研究整理

表3-5
SK-II晶瑩會員卡類型表

會員類型	會員專屬優惠內容
晶瑩會員	獲得SK-II最新產品訊息 每季好禮兌換SK-II季刊 異業合作之商品或優惠活動 升等禮：會員期間累積消費額達新台幣20,000元，可升等至晶瑩風采會員 其他會員權益將不定期公布於SK-II網站或SK-II刊物上
晶瑩風采會員	獲得SK-II最新產品訊息 SK-II雜誌 入會禮 異業合作之商品或優惠活動 每季好禮兌換 升等禮：會員期間累積消費額新台幣50,000元，可升等至晶瑩尊貴會員
晶瑩尊貴會員	獲得SK-II最新產品訊息 每季好禮兌換 SK-II雜誌 入會禮 異業合作之商品或優惠活動 「晶瑩分享」聚會

資料來源：本研究整理

(六)網路行銷

1.SK-II「晶瑩剔透」的網路行銷

SK-II與Yahoo奇摩採用贊助網站的方式，在網路上進行十四天密集美白計畫活動，化身成為24小時不打烊的肌膚保養專家，與消費者（打入年輕族群）做更深入的溝通，讓消費者的心靠近、再靠近一點，強調建立忠誠比找新客戶重要。

主題贊助頻道則可以長期吸引網友的目光，持續曝光品牌並累積價值。

2.公益行銷

「六分鐘護一生」

「無國界的美麗奇蹟」慈善活動：捐贈100萬元予「無國界的美麗奇蹟」慈善活動，以實際行動落實企業回饋的精神。

(七)公益行銷

表3-6
異業結盟——SK-II 2005年異業結盟行銷活動表

結盟企業或廠商	活動內容
施華洛世奇	為了慶祝SK-II二十五週年，特別推出內含日本獨家「施華洛世奇水晶鑽飾粉盒」的限量「晶敏柔光禮盒」
HP	【印的保養品】 HP與SK-II聯手塑造「最上相的水漾美人」 凡購買HP PS 325/375相片印表機，即贈SK-II潤采活膚霜「印的保養品」，Vivera恆采墨水讓你永保青春 資料來源：HP 2005/7
甲尚科技	【相片專用的青春面膜】 甲尚科技與SK-II聯合推出「數位美容院」開幕禮，買「SK-II寫真救星」相片編修軟體，就有機會獲得SK-II。甲尚數位美容館在應用展會場祭出買SK-II送SK-II的抽獎活動，拍照前內敷，拍照後相片外服，數位美容內外兼修，人像攝影更升級。

資料來源：本研究整理

(八)尊榮行銷（SK-II首度推出頂級保養）

「LXP晶鑽極緻系列」，加入每年以兩位數成長、年營業額超過23億元的頂級保養市場競爭行列。「LXP」代表「L（Luxury）」與「P（Pitera）」相乘的頂級奢華保養概念，也是為SK-II愛用者奉上的尊貴享受。

(九)體驗行銷（Pitera體驗廊）

SK-II於新光三越信義新天地香堤大道，設置「Pitera體驗廊」，讓消費者透過生活化及互動式的遊戲，親身感受Pitera神奇的功效。

五、現場實體環境分析

(一)整體店面CIS識別設計

極簡的線條，優雅的紅潤、白皙、銀亮配色，微妙呼應著「SK-II肌膚保養專家」與「女人的美麗與自信」的晶瑩信念。

(二)店面定期革新換裝策略

店面配合不同時期、不同產品、不同代言人及市場脈動，做定期革新換裝。

1.早期

是以蜜斯佛陀專櫃為主，SK-II不過是其中的系列產品。

2.中期

由於SK-II產品的熱賣，櫃位改成以SK-II保養品為主，蜜斯佛陀彩妝品為輔，且SK-II的高人氣也帶動蜜斯佛陀彩妝品的暢銷。

3.目前

全櫃設計多以SK-II為主，蜜斯佛陀轉變為搭配性的彩妝產品。

(三)現場行走路徑

櫃位儘量採用四面環繞開放空間，不但動線流暢，讓服務人員能於第一時間服務由四面湧進的消費者，提供最優質的貼心服務。

(四)櫃位安排

因近年來產品策略正確，櫃位不但爭取到較醒目的位置且空間坪數加大，這是一種正向循環，醒目無壓迫感的大型櫃位對消費者更具吸引力，相對業績扶搖直上，有助於未來櫃位的拓展。

(五)整體裝潢設計

強調優雅、質感、時尚及晶瑩剔透的整體設計，完整的產品介紹區及試用區，讓消費者完全融入SK-II所欲傳達的理念，進而引起認同感，刺激購買慾。

1.燈光

藉由現場投射燈的輔助，將代言人廣告燈箱及展示產品烘托得更「晶瑩剔透」。

2.地板

色系簡單明亮，避免喧賓奪主，以凸顯整體店面的設計感。

(六)環境氣氛營造

明亮有質感的整體設計，搭配現場人員深具時尚感的服裝及化妝，營造出高格調、晶瑩剔透的優雅氛圍。

(七)現場人員諮詢服務

強調主動式的服務，消費者臨櫃即隨侍在旁。提供消費者所需的各項諮詢服務，並藉由雙向互動中介紹適合消費者屬性的產品，進而達成銷售行為。

(八)服務人員服裝

人員服裝配合以SK-II企業識別系統獨有的紅潤、白皙、銀亮做設計，不但讓專櫃更具整體感，優雅時尚的服裝也展現出服務人員掌握保養彩妝流行趨勢的專業度，讓服務人員進行產品銷售時更具說服力。

(九)現場不定期公關活動配合

專櫃現場不定期舉辦活動，邀請代言人出席或聘請SK-II專業彩妝師親臨現場為消費者進行現場實地彩妝示範，吸引人潮聚集，匯集人氣以拉抬買氣。

六、週年慶活動分析

表3-7
SK-II歷年百貨週年慶行銷活動表

年度	週年慶活動與銷售力
2007年	SK-II全台櫃點：52個 業績成長率：10%以上 週年慶業績：持平 年度暢銷商品： No.1：青春露，SK-II明星商品，週年慶賣到翻。 No.2：面膜，包括青春敷面膜和水嫩美白面膜，是母親節檔專櫃保養品銷售第一，2001年4月份上市水嫩美白面膜後，每天銷售1千組。 NO.3：潤采多元活膚霜，因為容量大，超便宜，一推出即躍登SK-II熱銷排行榜。
2008年	九折的價格無限量供應新光三越卡友，如第一名的SK-II青春露，因水潤清爽，能立即吸收，且能維持角質內層水分平衡，改善皮膚粗糙狀況，所以最受到消費者喜愛，原價2,700元，卡友價2,340元。
2009年	推出祕密武器—四折特惠的日本人氣商品「晶緻柔光腮紅」。此外，向來訴求走高質感路線的SK-II，也將送出以香檳金緞面鑲著施華洛世奇水晶的晶鑽晚宴包。
2010年	SK-II 2010年週年慶的優惠禮，主要訴求是讓消費者享受「高品質」及「獨一無二」的禮遇，其中以香檳金緞面鑲著施華洛世奇水晶的晶鑽晚宴包，以及日本限定的晶緻柔光腮紅最受矚目。 SK-II首度推出價值2,200元的「緊緻美體精華」，參加各百貨公司品牌日當日限量買一送一的優惠活動，這也是SK-II首度正產品買一送一。 推出囊括青春露、青春敷面膜等Pitera經典商品，以及新品「全效活膚眼膜」和「瞬效激活水面膜」等多項超值明星特惠組合。 SK-II預計2011年週年慶業績比2010年上漲兩成，不完全憑藉促銷，而是以新產品上市刺激買氣。 2005年9月推出水面膜，一個月預購量衝至1.6萬份。

資料來源：本研究整理

問題研討

1.請討論P&G SK-II在台灣整合行銷操作的架構為何？
2.請討論SK-II的S-T-P架構分析為何？
3.請討論SK-II的代言人行銷及主題行銷活動為何？
4.請討論SK-II的公關活動策略及會員行銷操作內容為何？
5.請討論SK-II的專業行銷及體驗行銷操作內容為何？
6.總結來說，在此個案中，你學到了什麼？你有何心得、評論及觀點？

〈個案16〉樺達硬喉糖品牌年輕化行銷策略

一、面臨品牌形象老化的危機

早期樺達喉糖的傳統形象，是一個金色圓形的鋁盒包裝，裡面裝的是一顆顆軟棕色的軟糖，好像是爸爸級的品牌老化形象，不易吸收年輕人。

二、品牌年輕化的重要第一步：找王心凌做代言人

為了挽救樺達喉糖的品牌形象，並拉進與年輕人目標市場的第一步，就是該公司及廣告代理商共同決定找知名偶像歌手王心凌作為代言人。她被譽為「甜心教主」，唱片也廣受年輕人歡迎，發唱片也常居排行榜冠軍，人氣算是高的。

三、推出新產品：樺達「硬」喉糖

為了配合品牌全面大改造工程，葛蘭素史克（GSK）公司特別推出「硬喉糖」，以與傳統的軟棕色喉糖有效區別，並以薄荷最大眾化口味為主軸商品設計。

四、廣告訴求點：關鍵時刻，「硬」喉糖來了

(一)樺達硬喉糖這個產品，要傳達給目標顧客的唯一訴求很單純，

就是「硬」，要讓大眾知道，樺達不再只有軟喉糖而已，現在硬喉糖來了。廣告創意的發想是從消費者在一些重要時刻，偶爾會需要喉糖來舒緩喉嚨的不適。同時，廣告公司創意指導，洞察到了在「關鍵時刻」就要喉糖的消費者需求之事實。同時，在創意腳本上，就以「關鍵時刻」及「硬」這兩個廣告CF片的要素為組成，並邀請代言人王心凌擔任廣告片的主角人物。

(二)廣告CF的推出，首先先推出一支10秒的前導型廣告（Teaser），並採用懸疑手法，演出王心凌被吸血鬼追，情急之下，用硬喉糖敲門求救，而喉糖「硬」到破門而入。接著第二支CF，則演出王心凌快被吸血鬼追上的「關鍵時刻」，趕快吃下一顆硬喉糖，終於拯救了自己，嚇退吸血鬼。

五、廣告片播出後，躍居第一品牌

在2005年1月廣告播出後，到3月份，樺達硬喉糖，品牌知名度及銷售量即躍居為喉糖類的第一品牌，追過「京都念慈菴」。迄至2007年止，樺達與京都念慈菴兩個品牌的市占率都在伯仲之內，同時並列第一。而且，樺達這個產品已被年輕人接受了，品牌轉而復活。

六、360°全方位行銷傳播策略傳達一致性的訊息

(一)除了代言人及電視廣告CF成功之外，讓公司亦成功的運用戶外巨型廣告展現，包括在京華城大門口，及信義區和電影廣場等數個地方，均有特殊實體造型的看板廣告，非常吸引該地購物或看電影年輕消費族群的目光注視；而且戶外廣告的Slogan也與電視廣告CF一致性，那就是簡單的「樺達硬喉糖，來了」。這個品牌訊息清楚，易記與簡單，達到了品牌宣傳的一致性效果。

(二)此外，在公關媒體報導試吃產品的派對、記者會，以及事件行銷活動等，均被要求360°的行銷等策略整合在一起，避免有不同的概念出現，混淆了宣傳效果。

簡單來說，樺達硬喉糖的推出，360°的整合行銷傳播策略，就是全面性包圍唯一的產品概念，那就是「硬」。

七、廣告主（廠商）扮演行銷策略的核心領導者

(一)樺達硬喉糖的成功上市及知名度年輕化，在於該公司成功的推展了360°的行銷策略。首先是廣告主（葛蘭素史克公司）與廣告代理商、媒體服務購買公司及公關公司等，從一開始的策略發展過程及後續的執行過程，多方且密切地展開討論及辯證，而廣告主則扮演著核心的策略領導者及決定者的角色。

(二)該公司行銷預算並不多，如何選擇媒體及如何展現創意出來，以達成高知名度及良好的銷售業績，是廣告代理商媒體購買公司及公關公司等三方共同努力及有效分配的任務所在。

圖示行銷成功架構如下：

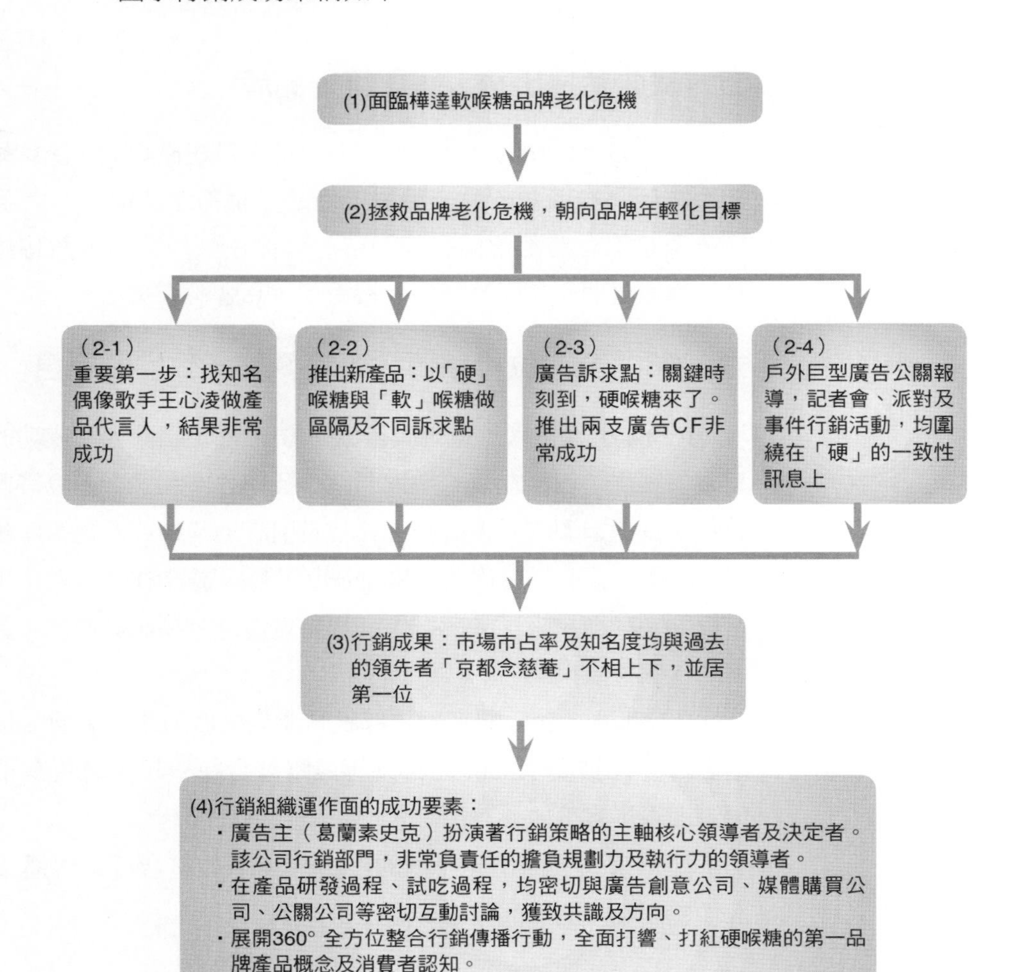

問題研討

1.請討論樺達在品牌形象曾面臨何種危機？該公司如何做第一步的因應對策？
2.請討論樺達喉糖推出什麼新產品？其廣告訴求點為何？播出之後成果如何？
3.請討論樺達硬喉糖360°全方位行銷傳播策略的操作為何？
4.請討論廣告主（廠商）是否應扮演行銷策略的核心領導者？Why？
5.請討論本個案的完整架構圖示？
6.總結來說，在此個案中，你學到了什麼？你有何心得、評論及觀點？

〈個案17〉COACH插旗台灣及中國大陸漸入佳境

一、台灣：最佳業績成長的海外市場，花七年時間，在台灣重新出發

長期追隨日本流行的台灣市場，已經緊跟在日本之後，六年間，台灣COACH業績成長超過300%。

這幾年來，COACH愈來愈受到台灣消費者喜愛，始終位居在10大精品排行榜的第四或第五名，僅次於LV、GUCCI、亞曼尼（ARMANI））等百年精品大名牌之後。

很難相信，現在這樣一個人氣居高不下的精品品牌，在1994年引進台灣後的前六年，銷售量竟曾每下愈況，深褐色系的小店面窩在百貨公司角落，始終乏人問津。

二、代理權轉手，曙光漸露

約八年前，COACH輾轉找上一手把GUCCI、CELINE、植村秀扶植成為台灣消費者心目中一線品牌的采盟集團，花了一年時間才終於敲定合作，而這些品牌在台灣還沒成立分公司時，就是交給采盟代理、銷售。

采盟與COACH終於簽約合作的當天，剛好是2000年10月5日COACH

股票上市。那一天，領導采盟代理團隊的陳歆，就在COACH紐約總部的會議室，和所有幹部開香檳慶祝，「但我沒買COACH股票，當時根本沒想到，COACH會成長得那麼快。」現在回想起來，陳歆還有點懊惱。

正當陳歆回到台灣，準備重新建立COACH在消費者心中地位時，百貨公司卻因為COACH賣得太差，想趁代理權轉換時，要求COACH把原有的店面關掉，本來全台灣的10家店，最後竟關到只剩下2家九坪大的店。

三、擴點策略正確與改裝店面重新設計轉型成功

沒有時間沮喪的陳歆，下定決心從這2家店做起。她先是砸大錢為這2家店改裝，不斷觀察消費者反應，順勢微調每個陳列細節。

擴點也是陳歆的另一個挑戰。因為COACH前任台灣代理商留下的印象，只要陳歆和百貨公司高層談設櫃，往往第一個反應就是，「COACH以前來過，但業績不好。」

直到2家店的業績步入軌道，很多百貨商場才又主動找上門，還曾一年內開過4家店。如果加上2008年的高雄夢時代購物中心的阪急店，COACH在台灣已擁有14家分店，店面一家比一家大，像中山北路旗艦店就擁有160坪的兩層樓空間，豪華致極。擴點策略正確，加上COACH產品同時也在轉型成年輕、時尚的設計，台灣COACH的業績開始狂飆，單店業績從每個月60萬元至70萬元，成長為每天60萬元至70萬元，週年慶時一天甚至可以突破幾百萬。

即使是百貨公司創下十年來營收最低、精品業叫苦連天的2006年，台灣COACH的銷量依然突飛猛進，硬是維持前五年的兩位數成長，飆到53%。

也因為如此，8月的COACH全球代理商大會上，陳歆帶領的采盟團隊，拿下最佳市場發展、最佳業績成長、最佳陳列和最佳店鋪開發等四項大獎，是COACH各國代理商中的大贏家。

四、中國大陸：最有潛力的海外巨大市場

和所有忙著在中國大陸開店的眾家精品品牌有志一同，挾著在日本與台灣的成功經驗，COACH已經在上海和北京等地擁有13家分店，未來幾年，COACH計畫在中國複製日本的成功經驗，宣稱在短期內將再加開

20-30家店。

還包括台灣、香港、澳門的大中華區，被COACH視為未來亞洲成長的重點區域，「大中華區是COACH未來除了北美、日本之外，最有成長潛力的『第三根砥柱』（The third leg）。」2007年5月接下國際事業部總裁一職的畢克萊指出。

畢克萊進一步說明，由於新興市場崛起，2010年前全球皮包與配件精品市場，大中華區就會占到10%，其他東南亞、中東、俄羅斯等廣大區域約15%，可見大中華區域的重要性。

五、深入調查及挖掘中國消費市場

一直把「傾聽消費者需求」當成首要任務的COACH，進入中國市場的第一步，也是開始廣泛進行消費者調查。

「能夠在中國市場獲勝的品牌，都是那些充分了解消費者的品牌。」2008年8月才加入COACH，曾被法國萊雅（L'ORÉAL）集團派任到亞洲至少十年的法籍COACH大中華區總裁維特（Thibault Villet）分析，中國大陸的消費者相當具有差異性，不管是所處地域、收入多少，或對國際品牌的認知都不同，所以了解消費者絕對是進入中國市場的重點。

在維特的主導下，COACH在2008年已完成4,000位首要及次要都市的中國大陸消費者調查，其中還有近300份質化調查，維特還親自參與了一半的焦點團隊訪談，重視程度不言而喻。

畢克萊則是從初步的報告中發現，中國消費者正開始探索精品，對於精品領域仍是新手，所以不太有先入為主的想法，是可以被影響的，「對COACH來說，現在是切入市場很好的時機。」

（資料來源：遠見雜誌，2008年12月1日，頁286-289）

問題研討

1.請討論COACH在台灣市場的發展狀況及歷程為何？

2.請討論COACH在台灣的行銷策略改變為何？

3.請討論COACH最大的海外市場在哪裡？COACH在中國市場如何深入調查及挖掘中國消費市場？

4.總結來說，在此個案中，你學到了什麼？你有何心得、評論及觀點？

〈個案18〉黛安芬內衣產品開發嚴格把關，新品陣亡率從五成降為一成

一、德國總公司設計團隊，認真聽取亞洲各公司行銷團隊所提出的需求，有效降低新品上市失敗率

假如你擁有絕佳的歐洲時尚設計團隊，亞洲行銷團隊如何跨越地理上的距離，將消費者在地需求傳達給設計師？

德國品牌黛安芬的做法是，由台灣、新加坡兩個亞洲種子國家的行銷團隊，每年兩次彙集亞洲女性需求，作為產品開發期的第一道步驟。這套制度實施十年來，讓評估新品開發成功與否的最高指標「產銷比」，從50%提升到90%，也就是每一百件原本有五十件要遭特價出清的內衣，現在只剩十件。

二、總公司改變「歐洲設計、亞洲賣」的錯誤策略，每年召開兩次歐亞團隊會議共同腦力激盪及深入討論

四十年前的黛安芬一直是台灣的領導品牌，每年營業額幾乎以兩位數字成長。隨著內衣市場蓬勃發展，1998年左右，競爭品牌已從一個增為四十個，黛安芬銷售不僅停滯，市調結果還發現，消費者對黛安芬的品牌認知竟包括「It's not design for me（不是為我設計）」。

於是，總公司改變「歐洲設計、亞洲賣」的策略，由亞洲行銷團隊在新品上市前一年即進行市場評估。每年六月和十二月，位於香港的產品開發設計中心，召開百人圓桌會議，由來自德國、瑞士、台灣、新加坡、香港的設計師、採購經理、行銷人員參與。

三、利用銷售數字觀察趨勢變化，經過二十次動腦會議，篩選出設計點子

台灣行銷團隊在這個跨國會議，報告的量化資料，包括從全台四百個專櫃每週記事表、一千位業務人員的銷售經驗、每日更新的銷售成績等；質化資料則是產品經理對趨勢的觀察，包含環保、樂活等議題。

其中，銷售數字可協助了解東方女性身型變化。譬如，台灣以三年作為統計基期。三年前A罩杯的銷售額占總銷售額三成，現在只有8%，平均上圍尺寸增大透露：強調上半身曲線的外衣款式會愈來愈多。因此，內衣設計可結合外露式、或較為活潑的外顯風格，與外衣互為搭配。另一方面，下圍平均尺寸提高，則提出功能性塑褲產品的需求。

再以比基尼式內衣「Party Bra」為例，品牌經理吳玲璇觀察到，台灣無肩帶內衣一年的銷售不到總銷售額5%，八場焦點團體訪談發現，賣得差的原因是：沒有安全感、包覆集中效果差，並且，年輕女性並不介意肩帶外露。

找到問題點，再結合消費者行為偏好，將產口概念轉為：夏天有「可外露式美背設計」的內衣需求。在跨國會議上經過一番激烈討論，2003年終於新品上市。該產品創造了新的銷售週期，改變台灣內衣夏季銷售淡季的生態，不只亞洲熱賣，其他各國則在冬天耶誕節的派對季節熱銷，至今全球每年銷售百萬件。

每一個熱賣商品的背後，要靠行銷團隊超過二十次動腦會議拋出上百個點子，每半年篩選出三十個帶到長達一星期的圓桌會議上討論。所有的點子只有40%會實現在設計中。

四、挑選公司內部60位同仁組成試穿部隊，不斷改革產品，確保上市前測的落實動作

進入產品設計階段到新品上市前的前置期，創意仍要經過在地考驗。這考驗從公司內部、工廠員工中隨機挑選60位同仁組成「試穿部隊」，嚴格執行由不同工作型態、不同年紀、不同尺寸的女生試穿，維持三個月的體驗。

譬如，加強「胸型集中托高」的魔術胸罩，在亞洲一直未被接受，試穿部隊發現，原來歐洲女性內衣脊心（內衣中心位置）寬度為0.7至1公

分，多出亞洲女性0.5公分左右，內衣形狀的提升效果只對豐滿的歐洲女性有用，亞洲女性穿起來不服貼，胸型反而下垂，魔術效果失靈。

「把沒把握變為有把握」行銷處資深經理黃淑玫強調，試穿先鋒能矯正亞洲創意到歐洲設計的產出過程中產生的誤差，多了這道程序，魔術胸罩在1995年上市半年銷售十八萬件，比過去最佳單品的銷售成績成長3倍。

長達一年的新產品開發，經過商品開發期，上市前置期色度、彈性、拉力等試穿、試洗的測試過程，到這裡，所有上市前測試才完成。

「行銷就像賭博，但不只靠幸運，而是要算出市場機會的成功機率。」吳玲璇解釋，產銷流程是環環相扣，但關鍵在於每一環節能否緊繫消費者需求。過去，黛安芬台灣行銷團隊只能被動銷售，現在則扮演東方女性代言人的角色，主動出擊。

（資料來源：林佩蓉，商業周刊，2008年5月8日，頁75-76）

問題研討

1. 請討論黛安芬公司採取什麼對策，使產銷比提升到90%？產銷比若下降，代表何種意義？
2. 請討論德國總公司「歐洲設計、亞洲賣」的政策有何缺點？為何要改變？Why？
3. 請討論黛安芬公司百人圓桌會議是什麼東西？他們如何運作？
4. 請討論為何要有「試穿部隊」？Why？他們如何運作？
5. 總結來說，在此個案中，你學到了什麼？你有何心得、評論及觀點？

〈個案19〉資生堂Tsubaki洗髮精在高價市場奪得30%市占率

一、洞察

(一)〈洞察1〉：台灣女性「哈日」風潮不減

Tsubaki原先為在日本市場推出極為成功的洗髮精品牌，後來延伸到台灣來，Tsubaki鎖定台灣哈日的女性目標族群，並以年輕女性為主，台灣有實質存在的一批消費族群。

(二)〈洞察2〉：以染燙的髮絲更要修護保養為訴求

Tsubaki最初推出紅色包裝瓶，瓶身並以山茶花為代表女性曲線。其中，紅色代表吉祥，山茶花油為日本皇室御用油，而Tsubaki的配方功能，可使女性髮絲更具彈力、光澤、甦醒。Tsubaki也有白色包裝系列，並著重在「黃金修護」，訴求「高質感受損修護」，Tsubaki藉此塑造為化妝品級的洗髮精。

二、行銷策略

(一)〈行銷策略1〉：採用日本重量級一線超人氣明星為代言

1.Tsubaki上市第一年提撥17億新台幣作為廣宣費用。一口氣邀請日本當紅的6位知名女藝人，包括：上原多香子、竹內結子、田中麗奈、仲間由紀惠、廣末涼子及觀月亞里沙等演出電視CF片拍攝。

2.廣告歌曲邀請日本超人氣偶像團體SMAP演唱「Dear Woman」，迅速打開品牌知名度。

3.第二年的「黃金修護」系列產品，又邀請相澤紗世、蒼井優、杏生方、香里奈、黑木瞳、鈴木京香等6位加入，成為12位一線女星聯合見證代言，為日本娛樂界的經典盛世。這些女星從20-40歲，都有自己的特質與形象，每位台灣女性消費者都能從中找到自己認同的對象，進而產生共鳴，帶動買氣。

(二)〈行銷策略2〉產品能夠物超所值

1.從日本進口的成本，儘可能壓到最低，公司決定自行吸收價差，爭取到250元以內的訂價，讓台灣消費者能夠接受。

2.在產品附贈品包裝上，以大瓶洗髮精贈送小瓶潤髮乳的促銷方式。

3.訂價雖較其他洗髮精為高（一瓶550ml洗髮精訂價新台幣240元），但因產品力夠強，且大卡司品牌宣傳，故「平價奢華」的形象依然深入人心，故能賣得不錯。

(三)〈行銷策略3〉公關、廣告宣傳並進

1.強力塑造在媒體上曝光。首先舉辦記者會，鎖定美容線記者告知產品上市訊息，並邀請代言人之一的廣末涼子來台宣傳；第二年則邀請觀月亞里沙來台造勢，記者會並有模特兒展現熱舞。此舉帶來影劇新聞高度報導。

2.TV CF電視廣告片拍攝6支，背景都有山茶花及6位女性藝人。TV CF的花費占總體行銷預算的20-25%。
平面媒體則以專業女性雜誌為主，包括較常閱讀的VIVI、大美人、VOGUE等時尚流行雜誌刊登平面廣告。

3.此外，還有人潮密集的台北捷運忠孝復興站、台北站的大幅燈箱廣告，以及台北信義區的戶外巨幅大樓廣告看板。

4.派樣試用等做法。

5.廣告歌曲「Dear Woman」也與廣播電台合作（好事聯播網），全天候強力放送歌曲，進行宣傳。

(四)〈行銷策略4〉強化在通路上架區位的顯著位置

1.在屈臣氏、康是美藥妝連鎖店中，爭取在門口上架的顯眼位置曝光。

2.擴大到全聯福利中心、家樂福、愛買等量販店的通路上架。

3.在店頭內的行銷措施，包括利用海報、地點、吊牌等製作物，在現場吸引消費者目光。

三、我們學到了什麼

1.行銷人員必須做好「消費者洞察」（Consumer Insight），並從其中，鎖定客層，精準行銷。

2.大公司才有行銷資源投入支持這個品牌（資生堂在台灣是大公司），小公司則無力投入此行銷預算，故做行銷要在大公司做才有資源與表現可言。

3.要打造品牌高知名度，必須透過新聞的話題性創造，而此又仰賴有品牌代言人，代言人或證言人愈強大，就愈有新聞性可言。因此，寧願花大錢挑選強而有力的代言人，此舉一砲打響新品牌知名度。另外，與媒體人員的關係也是平常要做好的，或是透過公關公司來操作。

4.行銷4P組合必須同時做好才行。Tsubaki的產品力、通路力、訂價力及廣宣力等4P都有一個完整的整合行銷規劃做法與執行，此4P都同時做到盡善盡美，無一缺失。

5.廣告創意與廣告明星藝人表現卓越，以6位+6位=12位一線藝人同時露面，這也是大手筆做法。

6.IMC（整合行銷傳播）手法高度展現運用，讓媒體呈現鋪天蓋地、無時無刻均可見到Tsubaki的品牌影像。

7.產品的行銷訴求，最好每幾年或每一年要更新一次，例如Tsubaki第二年推出黃金修護的概念化名詞。

8.總結圖示如下：

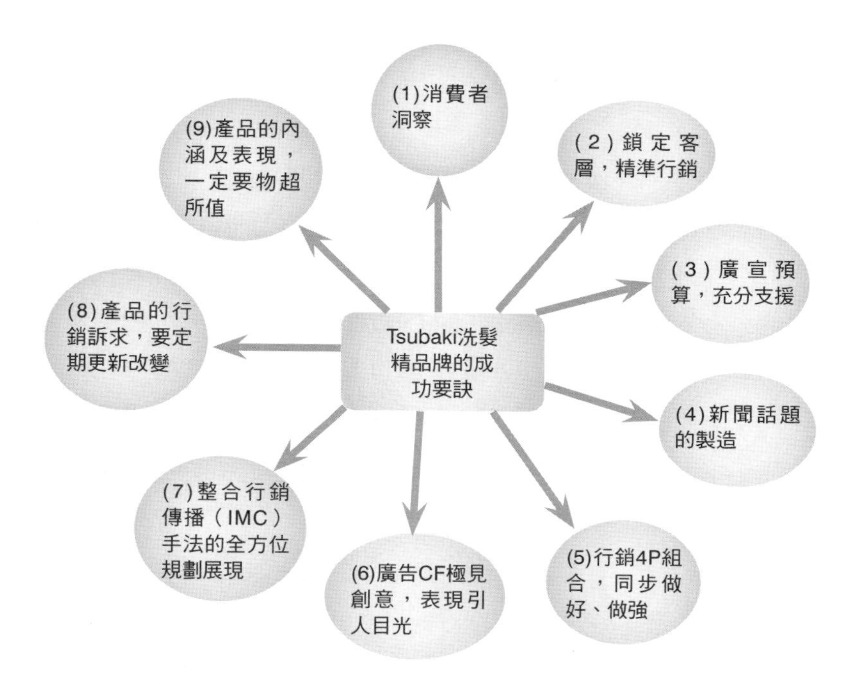

問題研討

1.請討論資生堂Tsubaki洗髮精品牌進口到台灣來銷售，它對台灣市場有何洞察？
2.請討論Tsubaki在台灣市場的行銷策略有哪些？
3.總結來說，在此個案中，你學到了什麼？你有何心得、評論及觀點？

〈個案20〉沙宣鑽漾洗髮精行銷成功祕訣

一、洞察

(一)〈洞察1〉台灣年輕女性呵護自己，從不手軟

沙宣設定的目標族群，為18-35歲女性，七成以上是未婚的粉領上班族及學生，講究完美的妝扮。沙宣引進日本鑽漾系列產品，強調閃耀、柔順、滋潤與護色修護效果，抓住愛美的某一群女性市場。

(二)〈洞察2〉以「時尚髮型」重新定位

沙宣鑽漾塑造為時尚、質感與專業特質。

二、行銷策略

(一)〈策略1〉時裝×音樂×髮型=沙宣

全新的沙宣鑽漾品牌概念，以Fashion、Music、VS三者為主軸，即時裝×音樂×髮型，並分別邀請這三個領域極具代表性的人物，包括：安室奈美惠、Patricia Field、Orlando Pita等3人，擔綱沙宣品牌塑造的重任。

1.Music音樂部分：以安室奈美惠為主角。
2.Fashion時裝造型：以「慾望城市」影集中的Patricia Field為代表。
3.VS髮型部分：以指定髮型師Orlando Pita為安室奈美惠量身打造的髮型。

(二)〈策略2〉產品力：帶著奢華香味的天使光環

1.在產品研發部分，展現「天使光環」髮質外，也加入特殊元素，包括香味。鑽漾系列的「奢華檀香香味」，包含了前味的水果香、中味的花香及後味的木質香，相當持久耐聞。根據寶僑在上市前的香味測試調查，約有93%的消費者感到滿意。

2.在包裝形式上，也特別強調質感及瓶子形狀的改變。

3.整個消費者對沙宣高級時尚形象，有所認同。

三、宣傳

(一)〈宣傳1〉結合演唱會與電視美妝節目，打響品牌知名度

1.請安室奈美惠擔任大中華區代言人。

2.邀請她來台舉辦演唱會，並贊助使消費者從訂票、收票、到現場聆聽等，都可以見到沙宣品牌的蹤影。

3.推出關鍵字搜尋廣告，只要輸入安室奈美惠、演唱會等，均可以品牌與演唱會同步曝光。

4.並且與通路商舉辦「時尚首席」的抽獎活動。

5.置入「女人我最大」美妝節目，教導消費者如何透過沙宣產品打造自己的新髮型。

6.花費鉅資在電視媒體上強打廣告，藝人安室奈美惠分別代表60年代、70年代、80年代三種不同造型，訴求沙宣是美麗造型打底的髮類保養品。

(二)〈宣傳2〉特殊通路與網路結合，創造口碑

1.沙宣也與台北東區知名夜店「LUXY」合作，舉辦Diamond Ladies Night的鑽漾女郎網路票選，成為沙宣的秀髮大使。

2.沙宣也走入台北頂級沙龍「A-Square」，打造沙宣VIP室，布置產品海報，提供新產品體驗使用，希望透過名人、貴婦及美妝部落格等意見領袖，創造話題及口碑的行銷效果。

3.沙宣也特別關注在時尚美容網站討論區及知名時尚部落格的口碑行銷，以產生群體同儕效益。

四、行銷成果

(一)沙宣洗髮乳成長13%、潤髮乳成長6%，而在整體市占率排名，亦創下歷史新高。

(二)沙宣在高單價開架式洗潤髮產品逆勢成長。

五、我們學到了什麼

(一)消費者洞察（Consumer Insight）

洞察到有一批愛護自己髮質，願意使用高價與沙龍專業等級的洗潤髮產品。

(二)重定位（Repositioning）

新產品系列的引進上市，有時候必須與原產品區隔，而重新定位，重新再出發。

(三)品牌概念的獨特性創意打造（Brand Concept）

例如，沙宣鑽漾=時裝×音樂×髮型，並用3位知名人物帶入所有的廣宣操作中，使強化品牌的內涵及訴求表現。

(四)產品力仍是核心點所在（Product Power）

研發人員一定要創造出對消費者有益的差異化特色、特質出來才行。如此，在廣宣訴求上才有力量。

(五)此即U.S.P（Unique Sale Point）獨特銷售賣點所在。

(六)利用電視媒體節目置入行銷（女人我最大）。

(七)結合藝人演唱會，打品牌知名度。

(八)異業合作行銷（夜店、頂級沙龍）。

(九)國外名人代言行銷（安室奈美惠）。

(十)產品上市前與上市後市場調查的必要性。

(十一)整合行銷傳播（IMC）的多元化、360°全方位的推動。

六、彙整圖示

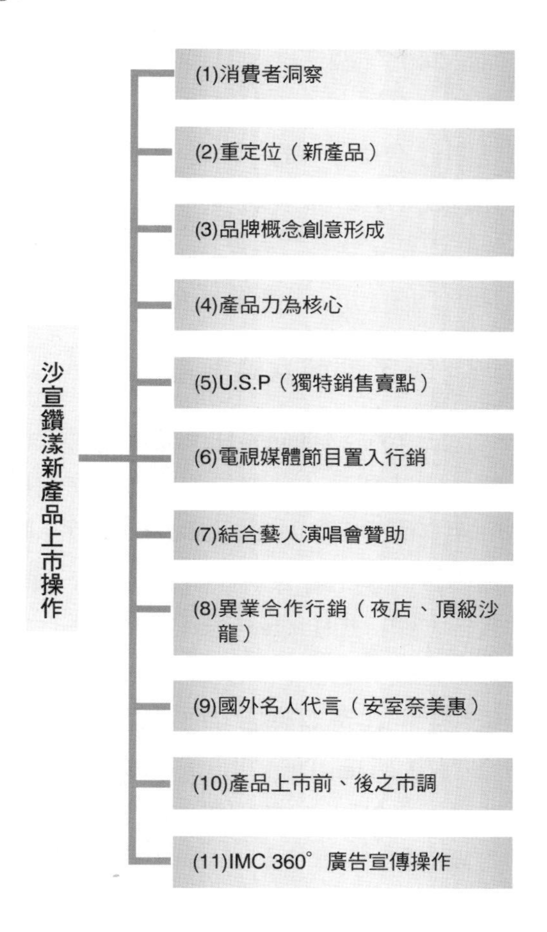

問題研討

1.請討論來自日本P&G公司的沙宣鑽漾對台灣洗髮精市場有何洞察？

2.請討論沙宣鑽漾的行銷策略及行銷宣傳為何？

3.請討論沙宣鑽漾的行銷成果如何？

4.總結來說，在此個案中，你學到了什麼？你有何心得、評論及觀點？

〈個案21〉Häagen-Dazs把冰淇淋當LV精品賣

2006年夏天，中山堂一場別開生面的Party，台灣第一名模林志玲穿著一身性感禮服出場，手上展示的不是頂級珠寶，更非高檔手錶，而是各種不同造形的冰淇淋。這不是精品的時尚派對，更非服裝秀，而是Häagen-Dazs的新品發表會。

以往，從來沒有廠商動念用時尚走秀方式，行銷冰淇淋。大膽推出這樣想法的，是三年前由香港Häagen-Dazs轉任台灣區總裁的黃潔霞。

一、鎖定都會女性客層

三年前，Häagen-Dazs的母公司General Mills從南僑集團手中收回代理權，同時調派在香港的黃潔霞前來擔任總經理。黃潔霞剛踏上台灣，第一件事便是重新為Häagen-Dazs進行品牌定位。「Häagen-Dazs冰淇淋不只是冰淇淋，應該是一種生活態度，一種Life Style。」黃潔霞以精品行銷眼光，從頭打造Häagen-Dazs。

曾經待過香港太古集團，賣過可口可樂，也待過化妝品公司，銷售高級化妝品；黃潔霞把可口可樂的食品飲料經驗，與化妝品的精品概念結合，將Häagen-Dazs塑造成冰淇淋界的LV。一般食品的銷售，頂多是辦試吃會。但是，黃潔霞想到用容貌美麗、身材姣好的模特兒走秀，來一場冰淇淋時尚秀。

記得首場的冰淇淋時尚秀是在天母店改裝的重新開幕，令Häagen-Dazs品牌經理朱蕙芳印象深刻，「由模特兒帶著冰淇淋出來走秀，讓人耳目一新，還以為是手錶或者高級珠寶的走秀呢！」黃潔霞更找來許多時尚名模如姚采穎、林又立，藝人如關穎、艾力克斯夫婦等，出席這場盛會；但她從未尋找任何人替Häagen-Dazs代言，因為她覺得Häagen-Dazs應有自身獨特魅力，沒有任何一個人足以代表。

有了清楚的品牌定位，溝通的對象便可清楚鎖定。針對主要客群都會區的女性，Häagen-Dazs在主要交通工具捷運站，推出車廂廣告；然而受到各界關注的，不是廣告本身，而是其加值的部分。

原來，Häagen-Dazs今夏推出仲夏野梅的新口味，於是包下一整列車廂，彩繪著狂放夏日野梅的圖案。正當設計、行銷部門對設計作品感到滿意時，不料黃潔霞看了僅說：「這麼漂亮的廣告，還能否再多做一點、多想一點什麼呢？」

不到一天，黃潔霞便率先提出創意想法：只要消費者與車廂廣告合照，憑照就可到門市，享受買兩球送一球冰淇淋的優惠。沒想到，這竟成功提高店面來客數及業績。這也是黃潔霞充滿創意及行動力的證明。

二、塑造高質感品味

水瓶座A型的她，富有創意、思考敏銳、求新求變。黃潔霞常常要求同事，多做一點、多想一些！在各種創意行銷的同時，並非毫無邏輯章法，初到台灣的她，就一改過去Häagen-Dazs行之多年的買二送一促銷活動，令當時業務部同仁，以及配合多年的通路都甚為不解。

但是，黃潔霞很有耐心地說明：「Häagen-Dazs應該塑造出高質感的品味，讓消費者願意花一球100元，卻也感到值得；而非以降價方式刺激消費，這樣反而會削弱品牌形象。」

三、改變通路策略

不僅注重行銷方式，黃潔霞對於拓展通路也相當重視。過去Häagen-Dazs都以便利商店、量販店以及拓展直營店為主。雖然過去一年成功拓展了18家門市直營店，但，畢竟店一家家開，人事、租金等成本大增，想快速提高獲利相當不易。

因此，2006年Häagen-Dazs改變策略，在餐飲通路下功夫，全面拓展到吃到飽的火鍋店及燒烤店。目前全台有將近三、四百家餐廳，都放有Häagen-Dazs冰淇淋，就好像一下子多了三、四百個專櫃一樣，到處吃得到。

但也令外界質疑的是，輕易在火鍋店或燒烤店，吃到免費的Häagen-Dazs，那消費者又為何要去傳統通路吃一球100元的冰淇淋呢？是否會流失金字塔頂端的客群呢？對此，黃潔霞卻樂觀地認為，這只是部分的廣告行銷策略。事實上，Häagen-Dazs相當慎選合作對象，餐廳的裝潢、風味，都需經過審慎的評估挑選，不合適的就馬上調整，因此，許多都是五星級飯店與高級自助餐廳，才在名單之列。

四、高價市場占有率90%，仍為市場龍頭品牌

台灣Häagen-Dazs在黃潔霞手中大刀闊斧調整三年，業績翻轉成長1倍。雖然，台灣每年有40億元冰淇淋市場，但真正能長期存活下來，穩定市占率的並不多；而在高價冰淇淋市場（一球90元以上），Häagen-Dazs便占有90%以上。

就目前觀察，主導平價冰淇淋市場的杜老爺，即隸屬於南僑集團。在失去Häagen-Dazs後，南僑又自創了一個卡比索冰淇淋，試圖與Häagen-Dazs競爭高價冰淇淋。此外，十二月初，統一超商集團也大張旗鼓地宣布，將代理美國第一的冰淇淋品牌Cold stone creamy，2011年將推出第一家直營店。

面對統一強大通路，與南僑挾著本土品牌優勢，在內外挾殺下，黃潔霞未來如何繼續維持高成長率，仍需觀察。但此當下，Häagen-Dazs仍為市場龍頭品牌，也是不爭的事實。

（資料來源：鄭呈皇，今周刊，2007年1月1日，頁116-117）

問題研討

1.請討論Häagen-Dazs的顧客群鎖定在哪裡？Why？

2.請討論Häagen-Dazs為何不願降價促銷？Why？

3.請討論台灣Häagen-Dazs公司如何改變通路策略？為何要如此？Why？

4.請討論Häagen-Dazs在台灣市占率如何？為何能有如此高之市占率？Why？未來是否會面臨其他競爭對手的挑戰，例如統一企業？

參考書目

1.李鐏龍（2008），《重行銷創新及開發人才，金百利克拉克行銷全球》，工商時報，2008年2月28日。

2.劉益昌（2008），《港商莎莎掌握社會脈動搶攻美妝版圖，M化對策平價奢華》，工商時報，2008年3月17日。

3.林國賓（2007），《布拉貝克領軍雀巢強力進攻營養產品與服務市場》，工商時報，2007年9月22日。

4.劉益昌（2008），《劉金標精益求精，巨大成功騎上國際市場》，工商時報，2008年2月20日。

5.李鐏龍（2008），《肯特積極創新行銷，期待突破可口可樂北美營運僵局》，工商時報，2008年1月11日。

6.王瑞堂（2007），《寶成邁向全球運動品通路龍頭》，經濟日報，2007年1月29日。

7.莊雅婷（2008），《松下電器90年老招牌要換了》，經濟日報，2008年1月11日。

8.陳怡君（2007），《麗嬰房，大陸獲利贏台灣》，經濟日報，2007年12月6日。

9.邱馨儀（2007），《統一加碼越南入股西貢飲料》，經濟日報，2007年4月26日。

10.黃貝玲（2008），《P&G啟示錄窮人也會消費》，經濟日報，2008年3月18日。

11.劉朱松（2008），《台灣百和品牌商品進軍歐洲》，工商時報，2008年1月8日。

12.王郁倫（2008），《宏碁今年強攻日本市場》，蘋果日報財經版，2008年2月13日。

13.徐秀美（2007），《大陸奢侈品消費時代來臨》，工商時報，2007年10月9日。

14.李麗美（2007），《Nike打造運動行銷王道》，工商時報，2007年12月9日。

15.王家英（2007），《宏碁中國通路變革啟示錄》，經濟日報，2007年10月4日。

16.陳翌函（2008），《Converse精品店展店五家》，經濟日報，2008年1月6日。

17.林貞美（2008），《華碩品牌營收年增5成》，經濟日報，2008年1月6日。

18.康彰榮（2008），《中國品牌登台灣，水土不服》，工商時報，2008年3月12日。

19.陳智偉（2008），《三星推低價手機搶新興市場》，蘋果日報財經版，2008年1月8日。

20.冉龍華（2008），《LV逆勢操作廣告打造品牌新地位》，工商時報，2008年2月25日。

21.張志榮（2008），《宏碁：3年內成全球第一大NB廠》，工商時報，2008年3月1日。

22.賴珍琳（2006），《宏碁總代理經銷模式奏效：犧牲毛利反而賺更多》，數位時代雙週刊，2006年5月15日。

23.李郁怡（2007），《做品牌讓OSIM淨利率連續五年逾27%》，商業周刊，第1023期，2007年7月，頁60-61。

24.呂國禎（2007），《成霖進軍中國頂級家飾廚衛》，商業周刊，第1016期，2007年5月，頁110-111。

25.李盈穎（2007），《愛彼錶全球只有13家分店營收卻連兩年成長逾28%》，商業周刊，第1028期，2007年8月，頁102-104。

26.王曉玫（2007），《華碩創新動能震撼世界》，天下雜誌，2007年12月19日，頁80-87。

27.吳琬瑜、王曉玫（2007），《施崇棠：大不一定美，精美靈活最重要》，天下雜誌，2007年12月19日，頁90-93。

28.謝光萍（2008），《創新，才是正道：手機決戰，Google進MOTO退》，數位時代雜誌，2008年3月，頁46-48。

29.楊霖凱（2006），《統一布局中國，羅智先成績老丈人滿意》，今周刊，2006年9月25日，頁126-128。

30.黃靖萱、王曉玫（2007），《宏碁併捷威，穩居全球與美國市場第三》，天下雜誌，2007年8月29日。
31.林淑惠、吳瑞達（2008），《聯強籌50億加碼西進》，工商時報，2008年3月22日。
32.陳穎柔（2008），《索尼愛立信邁向全球前3大手機廠》，工商時報，2008年3月14日。
33.陳敏蔚（2008），《巨大美利達海外自行車比高檔》，蘋果日報財經版，2008年3月12日。
34.陳柏誠（2007），《Benetton經營出現轉機》，工商時報，2007年3月30日。
35.林國賓（2007），《豐田汽車成為全球汽車製造銷售第一》，工商時報，2007年12月26日。
36.楊瑪利、游常山（2008），《三陽工業瞄準東協市場》，遠見雜誌，2008年3月1日，頁202-208。
37.莊致遠（2008），《寶熊漁具勇於創新逆境求勝》，貿易雜誌，2008年3月號，頁48-51。
38.蔡順達（2007），《台開的家具王國足跡從代工到自創品牌之路》，貿易雜誌，2007年2月號，頁42-45。
39.莊致遠（2007），《成霖企業兩岸大中華衛廚精品市場領導品牌》，貿易雜誌，2007年1月號，頁52-57。
40.楊瑪莉、王一芝（2007），《COACH複製日本經驗到全世界》，遠見雜誌，2007年12月1日，頁286-293。
41.林漢雲（2007），《花仙子找到藍海打造亞洲知名品牌》，貿易雜誌，2007年4月號，頁52-56。
42.楊曉君（2008），《荃瑞企業奈及利亞拓銷經驗談》，貿易雜誌，2008年3月號，頁52-54。
43.戴國良譯（2005），《P&G日本勝利方程式》，經濟日報企業副刊，2005年4月28日。
44.戴國良譯（2005），《資生堂搶建中國市場5000店》，經濟日報企管副刊，2005年5月12日。
45.戴國良譯（2005），《大金空調挑戰世界第一》，經濟日報企管副刊，2005年5月20日。

46.戴國良譯（2006），《ZARA贏在速度經營》，經濟日報企管副刊，2006年3月5日。
47.戴國良譯（2006），《COACH品牌再生》，經濟日報企管副刊，2006年2月20日。
48.戴國良譯（2007），《Lexus超越雙B的祕密武器》，經濟日報企管副刊，2007年1月5日。
49.戴國良譯（2007），《寶格麗精品璀燦人生》，經濟日報企管副刊，2007年4月15日。
50.戴國良譯（2006），《亞洲2萬店追夢日本Family-Mart改革上路》，經濟日報企管副刊，2008年5月20日。
51.戴國良譯（2006），《日本麥當勞強化現場力》，經濟日報企業副刊，2006年8月15日。
52.戴國良譯（2005），《東京迪士尼的行銷觀念》，經濟日報企管副刊，2005年9月10日。
53.戴國良譯（2005），《現代汽車韓國產業中興之祖》，經濟日報企管副刊，2005年11月25日。
54.李宜萍（2008），《成霖擴張全球品牌地圖，買果園併購術》，管理雜誌，第407期，2008年5月號，頁76-80。
55.吳怡萱（2008），《喜士多破解2大罩門逆轉虧損》，商業周刊，第1077期，2008年7月21日，頁88-90。
56.林宏達（2009），《捷安特成功騎上全球市場》，商業周刊，1038期，2009年3月15日，頁66-67。
57.鄭呈皇（2008），《台達友訊行銷全球》，今周刊，540期，2008年8月10日，頁82-83。
58.吳琬瑜（2009），《台商85度C大陸展店》，天下雜誌，2009年8月12日，頁116-119。
59.呂國禎（2009），《台啤進軍中國市場》，商業周刊，第1113期，2009年3月15日，頁112-117。
60.曾麗芳（2009），《台商大潤發大陸第一》，工商時報，2009年9月12日。
61.李至和（2009），《成霖企業邁向全球》，經濟日報，2009年10

月8日。

62.吳瑞達（2009），《統一超商進軍上海市場》，工商時報，2009年6月17日。

63.崔慈悌（2009），《台商麗嬰房的大陸祕訣》，工商時報，2009年8月6日，經營知識版。

64.林祝菁（2009），《花仙子打造亞洲品牌》，工商時報，2009年7月24日。

65.邱馨儀（2009），《統一企業入股越南市場》，經濟日報，2009年6月22日。

66.李書良（2009），《宏碁全球行銷漸入佳境》，工商時報，2009年7月26日。

67.林育嫻（2008），《捷安特征戰世界》，商業周刊，第1057期，2008年2月，頁92-93。

68.吳怡萱（2008），《黛安芬內衣產品開發嚴把關》，商業周刊，第2018期，2008年5月8日，頁75-76。

69.鄭呈皇（2007），《Häagen-Dazs把冰淇淋當精品賣》，今周刊，2007年1月1日，頁116-117。

國家圖書館出版品預行編目資料

國際行銷管理：實務個案分析／戴國良著.
——初版.——臺北市：五南，2011.09
面；　公分
ISBN 978-957-11-6381-9（平裝）
1.國際行銷　2.行銷管理
496　　100014946

1FQT

國際行銷管理：實務個案分析

作　　者一 戴國良
發 行 人一 楊榮川
總 編 輯一 龐君豪
主　　編一 張毓芬
責任編輯一 侯家嵐
文字編輯一 陳俐君
封面設計一 盧盈良
出 版 者一 五南圖書出版股份有限公司
地　　址：106台北市大安區和平東路二段339號4樓
電　　話：(02)2705-5066　　傳　　真：(02)2706-6100
網　　址：http://www.wunan.com.tw
電子郵件：wunan@wunan.com.tw
劃撥帳號：01068953
戶　　名：五南圖書出版股份有限公司
台中市駐區辦公室/台中市中區中山路6號
電　　話：(04)2223-0891　　傳　　真：(04)2223-3549
高雄市駐區辦公室/高雄市新興區中山一路290號
電　　話：(07)2358-702　　傳　　真：(07)2350-236
法律顧問　元貞聯合法律事務所　張澤平律師
出版日期　2011年9月初版一刷
定　　價　新臺幣500元

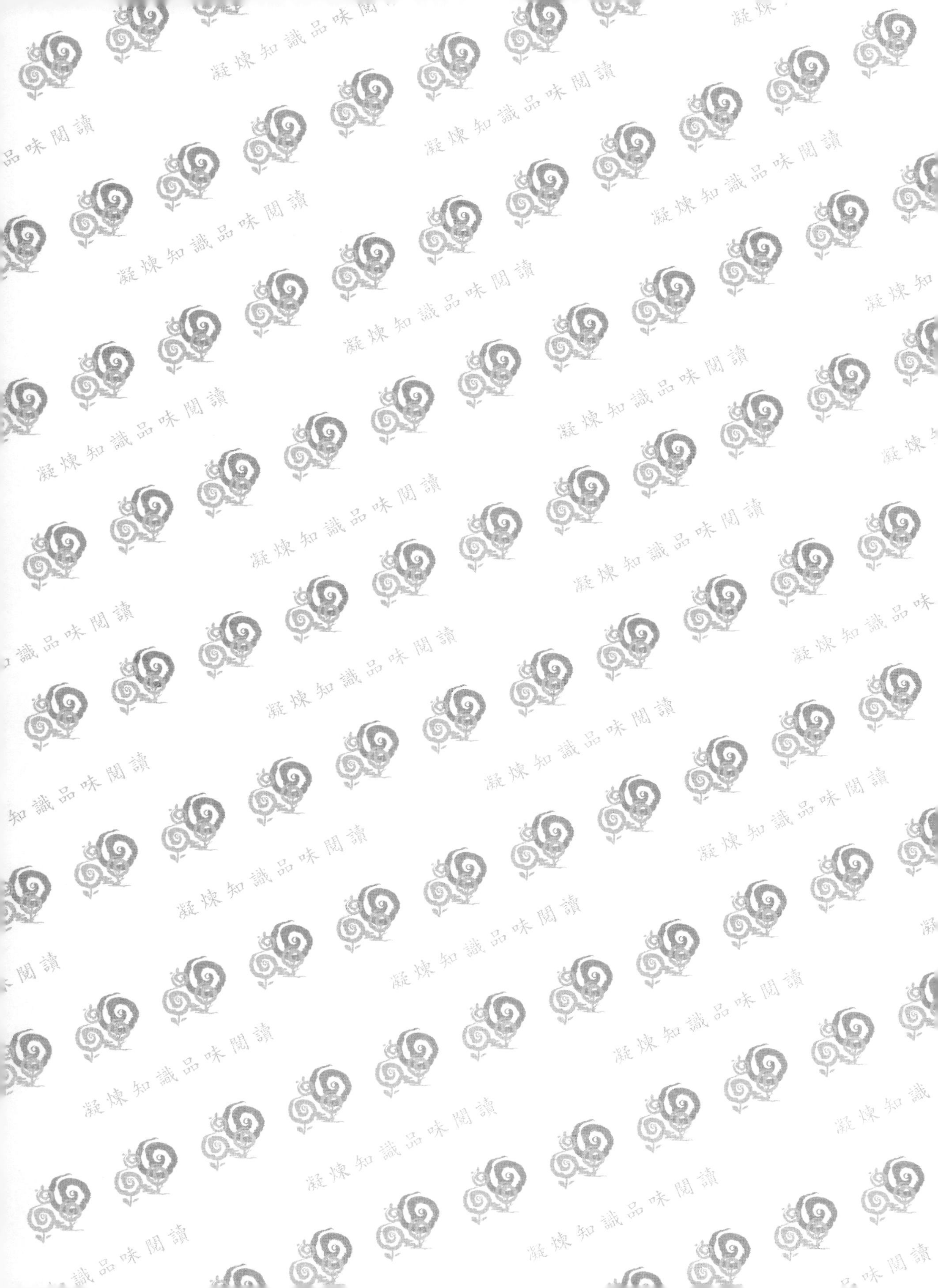

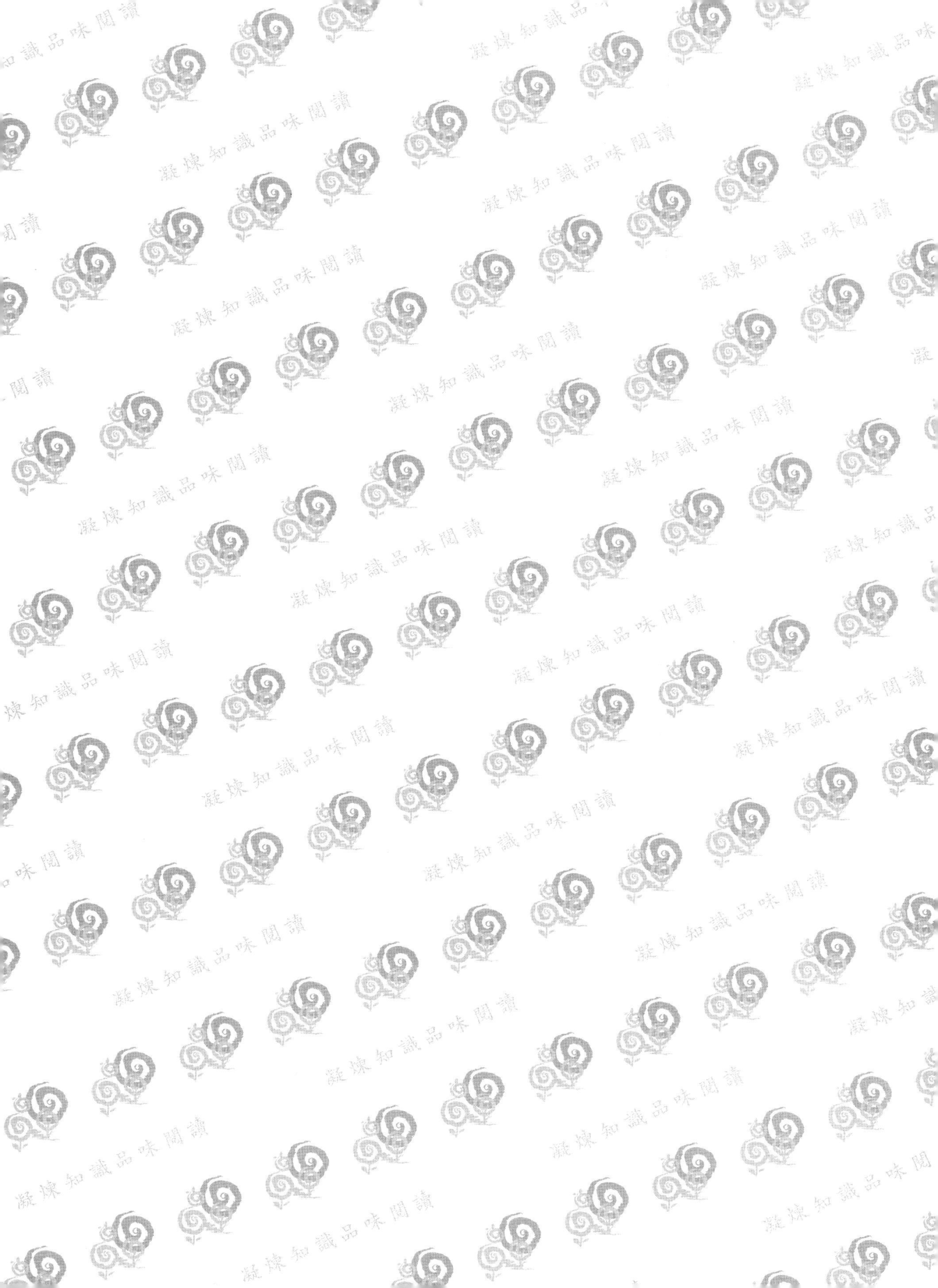
凝煉知識品味閱讀